En las profundidades

PENÍNSULA

En las profundidades

Lo que el océano nos enseña sobre nosotros mismos

James Nestor

Traducción de Arnau Figueras Deulofeu

PENÍNSULA

Título original: *Deep. Freediving, Renegade Science, and What the Ocean Tells Us About Ourselves*

Publicado por acuerdo con Mariner Books, un sello de HarperCollins Publishers.

Primera edición: marzo de 2024

Ediciones Península,
Diagonal 662-664
08034 Barcelona
edicionespeninsula@planeta.es
www.edicionespeninsula.com

REALIZACIÓN PLANETA - fotocomposición
Impresión y encuadernación: Huertas Industrias Gráficas S.A.
Depósito legal: B. 3.166-2024
ISBN: 978-84-1100-229-5

Printed in Spain - Impreso en España

PEFC Certificado
Este libro procede de bosques gestionados de forma sostenible
PEFC
PEFC/14-38300305
www.pefc.es

Índice

0

Estoy aquí como invitado. Soy un periodista que cubre un evento deportivo del que poca gente ha oído hablar: el campeonato mundial de apnea. Estoy sentado delante del pequeño escritorio que hay en la habitación de un hotel que da al paseo marítimo de la turística ciudad de Kalamata, en Grecia. El hotel es viejo, lo que se hace patente en las grietas llenas de telarañas que hay por las paredes, en las alfombras raídas y en las sombras de mugre de los cuadros que habían estado colgados en unos pasillos mal iluminados.

La revista *Outside* me ha enviado aquí porque el Campeonato Mundial Individual de Apnea de Profundidad de 2011 es un hito para la apnea deportiva: es la cita con mayor afluencia de participantes de la historia de este deporte poco conocido. Puesto que he pasado toda mi vida junto al océano, sigo pasando buena parte de mi tiempo libre en él y a menudo escribo sobre él, mi editor pensó que sería la persona adecuada para este encargo. Lo que él no sabía era que yo solo tenía unos conocimientos superficiales sobre la apnea. Nunca había practicado esta actividad, no conocía a nadie que lo hubiese hecho y no había visto practicarla nunca.

Dedico mi primer día en Kalamata a documentarme sobre las normas de la competición y las estrellas en alza de este deporte. No me quedo impresionado. En Google encuentro fotos de apneístas profesionales disfrazados de sirena, con carteles colgantes mientras flotan boca abajo dentro del agua y hacen sofisticados anillos de burbujas soplando desde el suelo de una piscina. Parece uno de esos pasatiempos excéntricos, como el bádminton o el charlestón, al que la gente se aficiona para poder hablar de ello en cócteles y mencionarlo en el alias de su correo electrónico.

Sea como fuere, yo tengo un encargo. A las cinco y media de la mañana siguiente, estoy en el puerto deportivo de Kalamata negociando para que me dejen subir a un velero de más de ocho metros de eslora que pertenece a un desaliñado expatriado quebequés. Su velero es la única embarcación con espectadores autorizada a seguir la competición, que tiene lugar en las profundas aguas abiertas que hay a unos 16 kilómetros del puerto deportivo de Kalamata. Yo soy el único periodista que hay a bordo. A las ocho ya estamos amarrados a una flotilla de lanchas motoras, plataformas y cosas varias que sirven de punto de salto de los competidores. Los buceadores del primer grupo llegan y toman posición alrededor de tres cuerdas amarillas que cuelgan de una plataforma cercana. Un juez hace la cuenta atrás desde diez. Empieza la competición.

Lo que veo a continuación me dejará confundido y aterrorizado.

Observo cómo un neozelandés delgado como un fideo llamado William Trubridge toma aire, se zambulle y patea con los pies descalzos para ir descendiendo por las aguas cristalinas. A Trubridge le cuesta hundirse durante los primeros tres metros, y hace grandes brazadas. Luego, a unos seis metros de profundidad, se le relaja el cuerpo, pone los brazos en los lados como un paracaidista en caída libre y va hundiéndose a un ritmo constante hasta que desaparece.

Un juez que está controlando una pantalla con un sonar desde la superficie sigue su descenso y canta las distancias a medida que Trubridge va bajando: «Treinta metros..., cuarenta metros..., cincuenta metros».

Trubridge llega al final de la cuerda, a unos cien metros de profundidad, da la vuelta y regresa a la superficie nadando. Después de tres angustiosos minutos, su minúscula figura reaparece entre las aguas profundas, como unos faros entre la niebla. Saca la cabeza del agua, espira, coge aire, le hace un gesto de que todo está bien a un juez y luego hace sitio al siguiente participante. Trubridge acaba de bajar y subir unos treinta pisos, todo ello con una sola bocanada de aire: sin equipamiento de submarinismo, ni un tubo con aire, ni un chaleco de protección, ni siquiera con la ayuda de unas aletas.

La presión a unos noventa metros de profundidad es más de nueve veces superior a la que hay en la superficie, suficiente para aplastar una lata de Coca-Cola. A unos diez metros, los pulmones se reducen a la mitad de su tamaño normal; a noventa metros, se encogen hasta el tamaño de dos pelotas de béisbol. Y, aun así, Trubridge y la mayoría de los otros apneístas que observo en mi primer día regresan a la superficie ilesos. Y las zambullidas tampoco se ven forzadas, sino naturales, como si para todas esas personas fuera de lo más normal bajar a esas profundidades. Como si fuera así para todo el mundo.

Estoy tan deslumbrado por lo que he visto que necesito contárselo a alguien de inmediato. Llamo a mi madre, que vive en el sur de California. Ella no me cree. «Es imposible», me dice. Después de hablar de esta cuestión, llama a algunos amigos suyos que han practicado el submarinismo con entusiasmo durante cuarenta años y me vuelve a llamar. «Habrá una bombona de oxígeno en el fondo del mar o algo así —dice ella—. Y te recomiendo que lo investigues antes de publicar nada de eso.»

Pero no había ninguna bombona de oxígeno al final de la cuerda y, en caso de haberla habido, y si Trubridge y los demás buceadores hubieran inhalado parte de ese aire antes de ascender, los pulmones les habrían explotado cuando el aire de la bombona se hubiera expandido al subir hacia la superficie y la sangre les habría burbujeado con nitrógeno antes de llegar arriba. Habrían muerto. El cuerpo humano solo puede resistir las presiones de una ascensión rápida desde noventa metros bajo el agua en su estado natural.

Algunos humanos lo manejan mejor que otros.

Durante los siguientes cuatro días, veo como varios participantes más intentan descensos hasta unos noventa metros. Muchos no lo logran y vuelven atrás. Salen a la superficie con la cara cubierta de la sangre que les sale por la nariz, inconscientes, o en paro cardíaco. Pero la competición no se detiene. Y, de algún modo, este deporte es legal.

Para la mayoría de los miembros de ese grupo, intentar bucear a una profundidad mayor de la que cualquier otra persona —incluso los científicos— hubiera creído posible merece el riesgo de sufrir parálisis o morir. Pero no para todos.

Esos días conozco a varios participantes que se acercan a la apnea desde una perspectiva más razonable. No les interesa mirar a los ojos a la muerte. No les importa batir récords o ganar a otro tío. Hacen buceo a pulmón porque es la forma más directa e íntima de conectar con el océano. Durante esos tres minutos debajo de la superficie (el promedio de tiempo que se tarda en sumergirse varias decenas de metros), el cuerpo guarda solo un leve parecido con su forma y funciones terrestres. El océano nos cambia física y mentalmente.

En un mundo de 8.000 millones de habitantes, del que se ha cartografiado cada palmo de tierra, buena parte del cual se ha urbanizado y del que se ha destruido una extensión demasiado grande, el mar es el último reducto de naturaleza salvaje que aún no se ha visto, tocado y descubierto, es la última gran frontera del planeta. Allí abajo no hay teléfonos móviles, ni correos electrónicos, ni tuits, ni *twerking*, ni llaves del coche que uno puede perder, ni amenazas terroristas, ni cumpleaños de los que uno puede olvidarse, ni penalizaciones por retraso en el pago de la tarjeta de crédito, ni cacas de perro que uno puede pisar antes de una entrevista de trabajo. Todo el estrés, el ruido y las distracciones de la vida se quedan en la superficie. El océano es el último lugar de la Tierra con verdadera tranquilidad.

A esos apneístas más filosóficos les brillan los ojos cuando describen sus experiencias; les brillan igual que a los monjes budistas o a los pacientes que mueren y les reaniman minutos después en Urgencias. Son personas que han logrado ir al otro lado. Y lo mejor de todo, como te dirán los buceadores, es que «está al alcance de todo el mundo».

De todo el mundo, literalmente: no importa tu peso, altura, género u origen. Los participantes congregados en Grecia no son los nadadores musculosos y sobrehumanos tipo Ryan Lochte que esperarías. Hay algunos especímenes físicamente impresionantes, como Trubridge, pero también hay estadounidenses rollizos, rusas de cuerpo pequeño, alemanes de cuello grueso y venezolanos de pelo ralo.

El buceo a pulmón contradice todo lo que sé sobre la supervivencia en el océano; le das la espalda a la superficie, te alejas nadando de tu única fuente de aire y buscas el frío, el dolor y el peligro de las aguas profundas. A veces pierdes el conocimiento. A veces sangras por la nariz y la boca. A veces no regresas vivo. Con el permiso del salto BASE —tirarse con un paracaídas desde edificios, antenas, puentes o formaciones geológicas—, el buceo a pulmón es el deporte de aventura más peligroso del mundo. Decenas, quizá cientos, de apneístas sufren lesiones o mueren cada año. Parece una conducta suicida.

Y, a pesar de todo, días después, cuando regreso a mi casa, en San Francisco, no puedo dejar de pensar en ello.

Empiezo a investigar sobre la apnea y las afirmaciones que hacen los competidores sobre los reflejos anfibios del cuerpo humano. Lo que encuentro —algo que mi madre nunca creería y de lo que la mayor parte de la gente duda— es que ese fenómeno es real y tiene un nombre. Los científicos lo llaman reflejo de inmersión de los mamíferos o, con un término más poético, Interruptor General de la Vida, y lo han estado investigando durante los últimos cincuenta años.

El término Interruptor General de la Vida fue acuñado por el fisiólogo Per Scholander en 1963. Hace referencia a varios reflejos fisiológicos del cerebro, los pulmones y el corazón, entre otros órganos, que se activan en cuanto metemos la cara debajo del agua. Cuanto más nos sumergimos, más pronunciados se vuelven esos reflejos, hasta el punto de que provocan una transformación física que protege nuestros órganos para que no implosionen bajo la inmensa presión subacuática y nos convierte en animales eficientes capaces de bucear en las profundidades marinas. Los apneístas pueden anticipar esos interruptores y aprovecharlos para bucear a mayor profundidad y durante más tiempo.

Las culturas de la antigüedad lo sabían todo de ese Interruptor General y lo utilizaron durante siglos para recolectar esponjas, perlas, coral y alimentos que pueden encontrarse a decenas de metros bajo la superficie del océano. Los europeos que visitaron el Caribe, Oriente Medio, el océano Índico y el sur del Pacífico en el siglo XVII contaron que vieron a personas de esas tierras sumergiéndose a más de treinta metros y permanecer bajo el agua hasta quince minutos con una sola bocanada. Pero la mayoría de esos relatos datan de hace cientos de años, y los conocimientos secretos del buceo profundo que tuvieran esas culturas se han perdido para siempre.

Yo empiezo a preguntarme: si hemos olvidado una habilidad tan significativa como el buceo profundo, ¿qué otros reflejos y aptitudes habremos perdido?

Me pasé el siguiente año y medio buscando respuestas, viajando de Puerto Rico a Japón, de Sri Lanka a Honduras. Observé a personas sumergiéndose hasta treinta metros y clavando transmisores por satélite en las aletas dorsales de tiburones que devoran personas. Me sumergí decenas de metros en un submarino de fabricación casera para contemplar medusas luminiscentes. Hablé con delfines. Los cachalotes me hablaron. Nadé junto al depredador más grande del mundo. Permanecí durante un tiempo mojado y semidesnudo dentro de un búnker bajo el agua con un grupo de investigadores colocados de nitrógeno. Floté en gravedad cero. Me mareé navegando. Y el sol me quemó la piel. Y tuve mucho dolor de espalda por las decenas de miles de kilómetros que volé en clase turista. Y ¿qué descubrí?

Descubrí que estamos conectados con el océano de una forma más íntima de lo que la mayoría de las personas sospecharían. Nacemos del océano. Todos los seres humanos empezamos a vivir flotando en el líquido amniótico, que tiene casi la misma composición que el agua del mar. Nuestras primeras características se parecen a las de un pez. Al embrión de un mes, primero le salen aletas, no pies; está a un fallo genético de que le salgan aletas en lugar de manos. En la quinta semana del desarrollo de un feto, su corazón tiene dos cavidades, un rasgo que también tienen los peces.

La sangre humana tiene una composición química asombrosamente similar a la del agua marina. Un bebé nada a braza por reflejo cuando se le pone bajo el agua y puede aguantar la respiración tranquilamente durante unos cuarenta segundos, más que muchos adultos. Perdemos esa capacidad cuando aprendemos a andar.

A medida que nos hacemos mayores, desarrollamos reflejos anfibios que nos permiten sumergirnos hasta profundidades increíbles. Las presiones de esas profundidades nos dañarían o nos matarían en tierra firme. Pero no en el océano. El océano es un mundo distinto con unas normas distintas. Es un lugar que a menudo exige una mentalidad distinta para comprenderlo.

Y cuanto más nos sumergimos en él, más raro se vuelve.

Cuando estás en las primeras decenas de metros, la conexión humana con el océano es física: puedes notarlo en tu sangre salada, verlo en las ranuras —que parecen agallas— de un feto de ocho semanas y percibirlo en los reflejos anfibios que los humanos comparten con los mamíferos marinos.

Al rebasar el límite al que el cuerpo humano puede acceder haciendo apnea y sobrevivir, pasados los doscientos metros, la conexión con el océano se vuelve sensorial. Podemos verla reflejada en los animales que habitan las profundidades marinas.

Para sobrevivir en ese entorno sin luz, frío y con una gran presión, animales como los tiburones, los delfines y las ballenas han desarrollado sentidos extras para orientarse, comunicarse y ver. Nosotros también tenemos esas capacidades extrasensoriales; como el Interruptor General, son vestigios de nuestro pasado colectivo en el océano. Esos sentidos y reflejos son latentes y los humanos casi no los usamos, pero no han desaparecido. Y parecen reactivarse cuando los necesitamos con desesperación.

Esa conexión —entre los océanos y nosotros, entre nosotros y las criaturas marinas con las que compartimos buena parte del ADN— es lo que fue arrastrándome hacia las profundidades.

Al nivel del mar, somos nosotros mismos. La sangre fluye del corazón a los órganos y las extremidades. Los pulmones toman aire y expulsan dióxido de carbono. Las sinapsis del cerebro se activan a una frecuencia de unos ocho ciclos por segundo. El corazón bombea entre sesenta y cien veces por minuto. Vemos, tocamos, percibimos, saboreamos y olemos. Nuestros cuerpos están aclimatados a vivir aquí, en la superficie del mar o por encima.

A una profundidad de unos veinte metros, no somos nosotros del todo. El corazón late a la mitad de su ritmo normal. La sangre empieza a alejarse a toda prisa de las extremidades para ir a las zonas más vitales del torso. Los pulmones se encogen a una tercera parte de su tamaño habitual. Los sentidos se entumecen y las sinapsis se ralentizan. El cerebro entra en un estado profundamente meditativo. La mayor parte de los seres humanos pueden llegar a esa profundidad y sentir esos cambios que ocurren dentro de su cuerpo. Algunos eligen seguir sumergiéndose.

A unos noventa metros, estamos cambiados por completo. La presión a esa profundidad es nueve veces mayor que en la superficie. Los órganos se encogen. El corazón late a una cuarta parte de su ritmo normal, más despacio que la frecuencia cardíaca de alguien que está en coma. Los sentidos desaparecen. El cerebro entra en un estado de ensoñación.

A ciento ochenta metros, la presión del océano —casi dieciocho veces mayor que en la superficie— es demasiado extrema para que la mayoría de los cuerpos humanos la resistan. Pocos apneístas han intentado sumergirse hasta tal profundidad; menos son los que han sobrevivido. Donde los seres humanos no pueden ir, hay otros animales que sí pueden. Los tiburones, que pueden descender por debajo de los doscientos metros —y mucho más— utilizan sentidos distintos de los que conocemos. Uno de ellos es la magnetorrecepción, una sintonización de los latidos magnéticos del núcleo fundido de la Tierra. Algunos estudios sugieren que los humanos tienen esta habilidad y que es probable que la emplearan para navegar por los océanos y por desiertos sin referencias durante miles de años.

En torno a los doscientos cuarenta metros parece estar el límite absoluto del cuerpo humano. No obstante, un apneísta austríaco está dispuesto a correr el riesgo de sufrir parálisis o de morir para superar ese umbral.

A trescientos metros de profundidad, las aguas son más frías y casi no hay luz. Se activa otro sentido: los animales no perciben su entorno con la mirada sino con el oído. Con ese sentido extra, denominado ecolocalización, los delfines y otros mamíferos marinos pueden «ver» lo bastante bien para localizar una bolita de metal del tamaño de un grano de arroz desde una distancia de unos setenta metros y pueden distinguir una pelota de pimpón de una de golf desde noventa metros. En tierra firme, un grupo de personas ciegas han aprovechado la habilidad de la ecolocalización y la utilizan para ir en bici por calles llenas de tráfico, salir a correr por el bosque y percibir un edificio desde unos trescientos metros. Ese grupo no es especial; con el entrenamiento adecuado, todos podemos ver sin abrir los ojos.

A más de mil metros de profundidad, el agua es permanentemente negra y las presiones son setenta y cinco veces mayores que en la superficie. Para los animales que viven en esas profundidades, el peligro acecha desde todas las direcciones. Las rayas eléctricas se han adaptado aprovechando los impulsos del interior de su cuerpo para paralizar presas mortalmente y mantener alejados a los depredadores. Los científicos han descubierto que cada célula del cuerpo humano también contiene una carga eléctrica. Los monjes budistas tibetanos que practican la tradición bön de la meditación tummo han aprendido a concentrar esas cargas celulares para calentar su cuerpo durante los inviernos terriblemente fríos. En Inglaterra, unos investigadores han descubierto que, al controlar la potencia de las cargas celulares de nuestro cuerpo, los humanos no solo podemos generar calor, sino también tratar muchas enfermedades crónicas.

A tres mil metros, una profundidad negra e implacable, encontramos cachalotes, cuya conducta, de forma sorprendente, se parece más a nuestra cultura e intelecto que la de cualquier otro organismo del planeta. Los cachalotes pueden comunicarse entre ellos de maneras que podrían ser más complejas que cualquier forma de lenguaje humano.

A seis mil metros y más abajo, las aguas más profundas dan lugar a los entornos más inhóspitos del mundo. Las presiones son entre seiscientas y mil veces mayores que en la superficie; las temperaturas están no muy por encima del punto de congelación. No hay luz y hay muy poco alimento. Y, a pesar de todo, en ese lugar la vida persiste. De hecho, esas aguas infernales podrían ser el origen de toda la vida que hay en la Tierra.

Dos millones de años de historia humana, dos mil años de experimentos científicos, varios siglos de aventuras en el fondo marino, cien mil estudiantes de posgrado de biología marina, programas especiales de la PBS, la televisión pública estadounidense, los programas de la Shark Week y, a pesar de todo —a pesar de todo eso—, solo hemos explorado una pequeña parte de los océanos. Sí, por supuesto, los humanos han alcanzado grandes profundidades en algunas ocasiones, pero ¿de verdad han visto algo? Si comparamos los océanos con el cuerpo humano, la exploración actual del océano es el equivalente de sacar una foto de un dedo para intentar entender cómo funciona el cuerpo. El hígado, el estómago, la sangre, los huesos, el cerebro, el corazón de los océanos —lo que hay dentro, cómo funciona y cómo funcionamos nosotros en su interior— siguen siendo un secreto, buena parte del cual permanece escondido en unos territorios oscuros y sin luz.

Que quede claro: este libro tiene una trayectoria descendente. Con cada capítulo iré descendiendo un poco más, desde la superficie hasta el fondo del mar más oscuro. Bajaré lo máximo que pueda físicamente; luego, para las profundidades a las que no pueda acceder, delegaré la labor en uno de los muchos animales del fondo marino con los que los humanos compartimos unas similitudes inesperadas y asombrosas.

Los estudios y las historias que presento a continuación representan tan solo un ápice de las investigaciones actuales sobre los océanos y pertenecen en concreto a la conexión humana con ese territorio. Los científicos, aventureros y deportistas que aparecen en este libro son solo algunos de los miles de personas que están escarbando los misterios del mar.

No es casualidad que muchos de los investigadores sean también apneístas. Aprendí al principio de mi viaje que el buceo a pulmón era algo más que un deporte; también era una forma rápida y eficaz de acceder a algunos de los animales más misteriosos del océano y estudiarlos. Los tiburones, los delfines y las ballenas, por ejemplo, pueden descender más de trescientos metros, pero no hay forma de estudiarlos a tales profundidades. Algunos científicos han descubierto hace poco que, esperando a que esos animales regresen a la superficie, donde se alimentan y respiran, y luego acercándose a ellos en sus condiciones —buceando a pulmón—, pueden estudiarlos de mucho más cerca que cualquier submarinista, robot o marinero.

«Hacer submarinismo con equipamiento es como conducir un cuatro por cuatro por el bosque con las ventanas subidas, el aire acondicionado encendido y la música a todo volumen —me dijo un investigador apneísta—. No solo te aíslas del entorno, sino que lo alteras. Asustas a los animales. ¡Eres una amenaza!»

Cuanto más me sumergía en ese grupo, más quería compartir los íntimos encuentros que mantenían con sus sujetos de estudio. Empecé a bucear a pulmón por mi cuenta. Me convertí en un alumno de la forma. Bajé a las profundidades.

Por lo tanto, mi entrenamiento en el buceo en apnea también forma parte de la espiral descendente de este libro: una búsqueda personal encaminada a superar los instintos de tierra firme (el respirar, para entendernos), encender el Interruptor General y afinar mi cuerpo para convertirlo en una máquina de bucear. Bucear a pulmón era la única forma que tenía de acercarme lo más cerca posible de los animales que tanto nos estaban enseñando sobre nosotros mismos.

Aun así, sabía que bucear a pulmón tenía sus límites. Ni siquiera los buceadores expertos suelen descender por debajo de los cuarenta y cinco metros con comodidad, e incluso cuando lo hacen, no pueden quedarse ahí mucho rato. En promedio, un apneísta novato —yo, por ejemplo— no es capaz de pasar de unas pocas decenas de metros durante varios meses de frustración. Para alcanzar esas profundidades mayores y ver los animales que viven en aguas profundas y nunca se acercan a la superficie, seguí a otro tipo de apneísta: una subcultura de oceanógrafos aficionados que están revolucionando y democratizando el acceso al océano. Mientras otros científicos, los que trabajan en instituciones públicas y académicas, rellenaban solicitudes de becas y se veían afectados por los recortes de la financiación, esos investigadores aficionados construían sus propios submarinos con piezas de fontanería, rastreaban con iPhones tiburones que devoran personas y descifraban el lenguaje secreto de los cetáceos con artilugios hechos con escurridores de pasta, palos de escoba y algunas cámaras GoPro no profesionales.

Hay que decir, en honor a la verdad, que muchas instituciones no llevan a cabo ese tipo de investigaciones porque no pueden. Lo que hacía ese grupo de investigadores aficionados era peligroso. Y a menudo totalmente ilegal. Nunca una universidad autorizaría a sus estudiantes de posgrado a navegar varios kilómetros mar adentro en una barca destartalada para ir a nadar con tiburones y cachalotes (que tienen dientes de veinte centímetros de longitud y son unos de los depredadores más grandes del mundo) o a descender cientos de metros bajo el mar en un submarino casero sin licencia y sin seguro. Pero esos investigadores inconformistas lo hacían todo el tiempo, a menudo costeándolo de su propio bolsillo. Y, con su equipamiento chapucero y sus presupuestos austeros, se pasaban más horas con los habitantes de las profundidades del océano de las que se había pasado nadie antes que ellos.

«Jane Goodall no estudió los simios desde un avión —me dijo un investigador *freelance* sobre la comunicación de los cetáceos que trabajaba desde un laboratorio que había montado en el piso de arriba del restaurante de su esposa—. Del mismo modo, no puedes pretender estudiar el océano y sus animales desde un aula. Tienes que hacerlo *in situ*. Tienes que meterte en el agua.»

Y eso es lo que hice.

–20

Lo que Houston es para las estaciones espaciales lo es una casa azul turquesa de dos pisos en Cayo Largo para el Aquarius, el único hábitat subacuático permanente que existe en el mundo. Delante de la casa hay un buzón apoyado en un bloque de hormigón y atado con una brida a un montón de madera desgastada. La entrada del patio, cubierta de gravilla blanca, está llena de coches sucios y de hace décadas. Después de cruzar una amenazante valla de tela metálica y subir por una escalera de madera, uno se encuentra una puerta corredera de cristal que da a una sala adornada con paneles al estilo de los años setenta. El Centro de Control está a la derecha.

El Aquarius está dirigido desde lo que, en esencia, es una habitación de una residencia estudiantil. Hay armarios de madera de roble en los pasillos, sofás raídos colocados en ángulos extraños en el salón y chicos quemados por el sol en bermudas y con la gorra del revés que están en la cocina comiendo fideos instantáneos hechos en el microondas.

Saul Rosser, el director de operaciones, me invita a la plataforma de observación. Rosser, que tiene treinta y dos años y hace dos que trabaja en el Aquarius, lleva un polo negro, unos pantalones marrones holgados, calcetines blancos y zapatos negros: el uniforme oficioso de un ingeniero en su tiempo libre. Frente a él, en un escritorio modular, hay tres monitores, un teléfono rojo y un cuaderno de bitácora. Rosser me estrecha la mano y luego se excusa. Tiene que atender una llamada.

—Pomada —dice una voz de mujer chisporroteando por el altavoz.

—Recibido: pomada —dice Rosser.

—Aplicando pomada —dice la voz.

—Recibido: aplicando pomada —responde Rosser.

En un circuito cerrado de vídeo que hay delante de Rosser —en una de las diez pantallitas que se ven en los monitores—, aparece una imagen granulosa de una mano que aplica pomada a una rodilla.

—Pomada aplicada —dice la voz.

—Recibido: pomada aplicada —contesta Rosser.

Rosser documenta cada palabra a mano en el cuaderno. El altavoz calla. Él mira la pantalla de vídeo y observa cómo la mujer enrosca el tapón del tubo de pomada. Al cabo de un instante, en otra pantalla, que ofrece un ángulo distinto, se ve la espalda de una mujer mientras camina por una habitación diminuta y mete la pomada en un cajoncito blanco. El vídeo está pixelado y parece como si la transmisión procediese del espacio exterior. Salvo por el hecho de que la mujer es joven, rubia y lleva unas bragas de bikini y una camiseta, lo cual, en cierto modo, hace que el Centro de Control se parezca más aún a una residencia estudiantil.

—Cambio —chisporrotea la voz de la mujer por el altavoz.

—Cambio —dice Rosser.

La mujer, Lindsey Deignan, hace investigación sobre las esponjas en la Universidad de Carolina del Norte en Wilmington. Lleva ocho días viviendo en el Aquarius y permanecerá allí dos días más antes de volver a la superficie. Tiene un rasguño en la rodilla que requiere atención médica y un rato al sol para curarse, pero la investigadora no va tener ni lo uno ni lo otro hasta dentro de unos días. En el Aquarius no hay ni sol ni médicos. Si Deignan abriese la escotilla trasera y nadara hasta la superficie, es probable que muriera; la sangre le herviría y con gran probabilidad le saldría disparada por los ojos, los oídos y otros orificios.

En nombre de la ciencia, Deignan y otros cinco investigadores —llamados acuanautas— se han ofrecido voluntarios para someter su cuerpo a una supercompresión de 2.482 hectopascales para poder bucear todo el tiempo que quieran sin tener que preocuparse en ningún momento por el síndrome de descompresión. El único requisito es que, una vez que los acuanautas se dirigen al Aquarius, que está situado a unos 11 kilómetros de la costa, donde estamos, deberán permanecer allí durante una semana y media, hasta que termine la misión. Luego van a someterse a un proceso de descompresión, un lapso de diecisiete horas hasta que su cuerpo pueda volver a la presión que hay en la superficie y hasta que el nitrógeno se disipe de forma segura.

En nombre de la investigación, he venido aquí para ver qué logran esos científicos al pasarse diez días viviendo en el equivalente de una autocaravana sumergida. Además, aún no sé bucear en apnea, así que esta es la mejor forma que tengo de hacerme una idea del enfoque inmersivo de la investigación subacuática.

Un médico que visitó el Aquarius hace unos años demostró lo que le ocurriría a Deignan y a los demás acuanautas si de repente les entrara claustrofobia y desertasen sin hacer descompresión. El hombre se sumergió y extrajo sangre de un acuanauta que estaba terminando una misión larga, vertió la sangre en un vial y volvió a la superficie. Cuando el médico llegó arriba, la sangre burbujeaba con tanta violencia que hizo saltar el tapón de goma del vial.

—Imagínate lo que le ocurriría a tu cabeza —dice Rosser, pateando sus cómodos zapatos negros debajo del escritorio. Me viene en mente Sissy Spacek en *Carrie*.*

La posibilidad de que la sangre burbujee es solo uno de los inconvenientes de vivir bajo el agua en una caja de acero. Incluso con aparatos de aire acondicionado funcionando a máxima potencia, nada termina de secarse allí abajo. Por eso los acuanautas del Aquarius suelen ir medio desnudos y por eso Deignan se aplicó pomada a un rasguño diminuto que tenía en la rodilla. Con esa ubicua humedad, que oscila entre un 70 y un 100 %, las infecciones campan a sus anchas. Y también el moho; y el dolor de oídos. Algunos buzos experimentan una tos seca constante.

En 2007, Lloyd Godson, un australiano de veintinueve años, intentó pasar un mes viviendo a tan solo tres metros y medio bajo el agua en una cápsula autosuficiente llamada Biosub. No fue la soledad lo que terminó venciéndole, sino la humedad. En pocos días, la humedad que había en el interior del Biosub era de un 100 %, goteaba agua del techo y la ropa de Godson estaba empapada y criando moho. Empezó a marearse y a desmayarse, y le entró el pánico y

* Los síntomas del síndrome de descompresión, causado por el nitrógeno que sale del torrente sanguíneo y crea burbujas cuando la presión desciende de repente, no siempre son inmediatos. En estudios que se han hecho con cerdos y otros animales, se ha visto que la liberación de nitrógeno alcanza un nivel crítico unos treinta minutos después de que el animal haya vuelto a la superficie después de una zambullida profunda. Primero, empiezan a doler las grandes articulaciones del cuerpo, como los codos, las rodillas y los tobillos. Comienza a sentirse comezón en la piel y aparecen manchas. Se paralizan las extremidades y aparece una sensación de quemazón en los pulmones. En casos extremos, el organismo muere.

la paranoia. Aguantó menos de dos semanas. En el Aquarius, hay grupos de acuanautas que han vivido en condiciones parecidas hasta diecisiete días. Fabien Cousteau, nieto del famoso explorador oceánico francés, está planeando llevar a cabo una misión de treinta y un días en el Aquarius en 2014.

Si la humedad que hay en el Aquarius no te hace tirar la toalla, quizá lo haga la presión. Ciento doce toneladas de agua hacen presión sobre el Aquarius en todo momento. Para impedir que entre agua, el hábitat tiene que estar muy presurizado, lo que a unos veinte metros por debajo de la superficie representa una presión unas dos veces y media mayor que la que hay en la superficie. Estar dentro del Aquarius es lo contrario de la sensación que produciría estar a una altitud de unos 4.000 metros. Las bolsas de patatas fritas quedan aplastadas como una tortita. El pan se vuelve denso y duro. Las instalaciones para cocinar se limitan a agua caliente y un microondas, y la mayor parte de los alimentos son comida de *camping* envasada al vacío. Años atrás, un buzo auxiliar trajo a los acuanautas una tarta de limón con merengue en un recipiente hermético. Al abrir el envase, la presión había aplastado el dulce hasta convertirlo en una fina lámina de papilla blanca y amarilla.

Ahora Rosser está observando una pantalla en la que se ve a unos acuanautas preparándose para dormir. (Escribe en el cuaderno de bitácora que los acuanautas están preparándose para dormir.) Uno comprueba el nivel de oxígeno en una pared del fondo. (Rosser escribe en el cuaderno de bitácora que un acuanauta ha comprobado el nivel de oxígeno en una pared del fondo.) Y ese proceso sigue durante los siguientes veinte minutos.

El Aquarius está bajo vigilancia las veinticuatro horas del día. Unos micrófonos graban las conversaciones en todas las salas. Se registra cada movimiento, gesto y acción. La presión atmosférica, la temperatura, la humedad y los niveles de dióxido de carbono y oxígeno los comprueba un ordenador cada pocos segundos. Las válvulas de presión se comprueban cada hora. Una pequeñísima rotura en el sistema podría tener un efecto dominó que provocaría que se inundase la sala en la que viven los acuanautas, lo que los ahogaría al instante. Rosser y los demás supervisores están ahí para asegurarse de que esto no suceda. Hasta la fecha, han hecho un buen trabajo.

Durante las dos últimas décadas, el Aquarius ha acogido más de ciento quince misiones y solo ha habido una víctima mortal, que fue consecuencia de un fallo de un aparato *rebreather* y no tuvo nada que ver con el laboratorio.

No obstante, los miembros del equipo del Aquarius se han salvado por los pelos en varias ocasiones. En 1994 un generador se incendió durante el paso de un huracán, con lo cual los acuanautas tuvieron que evacuar el lugar de inmediato después de hacer descompresión con unas olas de cuatro metros y medio. Cuatro años después, durante otra tormenta con vientos de más de 110 kilómetros por hora, el Aquarius se desenganchó de su base y casi quedó destruido. En 2005, los mares se volvieron tan impetuosos que el Aquarius —que pesa unos 272 kilos— fue arrastrado más de tres metros por el fondo marino.

Sin embargo, para los acuanautas, el peligro, los espacios reducidos, dormir en literas delgadas, comer patatas fritas aplastadas y estar de brazos cruzados mojados y semidesnudos son un pequeño precio que hay que pagar para tener un acceso sin restricciones a los primeros seis pisos del océano, una profundidad que los investigadores llaman zona fótica.

La vida en las primeras decenas de metros del mar se parece mucho a la vida en tierra firme, solo que hay mucha más. Los océanos ocupan el 71 % de la superficie de la Tierra y acogen a casi el 50 % de sus organismos conocidos: la mayor área habitada que se haya encontrado hasta la fecha en todo el universo.

La profundidad de las aguas superficiales, llamada zona fótica (donde hay luz), varía según las condiciones. En las aguas turbias de las bahías cercanas a la desembocadura de un río, podría ser de tan solo unos doce metros; en las claras aguas tropicales, puede alcanzar unos ciento ochenta metros.

Donde hay luz, hay vida. La zona fótica es el único lugar de los océanos donde hay luz suficiente para que se produzca la fotosíntesis. Aunque solo representa un 2 % de todo el océano, acoge cerca de un 90 % de la vida que conocemos. Peces, focas, crustáceos, entre otros organismos, tienen su hogar en la zona fótica. Las algas marinas, que representan el 98 % de la biomasa de los océanos y no pueden crecer en ningún otro sitio que en la zona fótica, son esenciales para toda la vida en la tierra y en los océanos. El 70 % del oxígeno de la Tierra procede de las algas marinas. Sin él, no podríamos respirar.

No obstante, nadie sabe cómo las algas pueden generar tanto oxígeno y cómo el cambio climático podría afectar a ese proceso. Esto, entre otras cosas, es lo que los acuanautas del Aquarius intentan averiguar. También están intentando resolver enigmas marinos más místicos, como el secreto que hay detrás de la comunicación «telepática» del coral.

Todos los años el mismo día, a la misma hora, por lo general dentro del mismo minuto, los corales de la misma especie, aunque estén separados por miles de kilómetros, de repente desovan en perfecta sincronía. Las fechas y las horas varían de año a año por razones que solo conocen los corales. Y lo que es aún más extraño es que, mientras que una especie de coral desova a una hora determinada, otra especie que está justo a su lado espera a una hora distinta, o a un día distinto, o a una semana distinta antes de desovar en sincronía con su especie. La distancia no parece tener ningún efecto; si desgajáramos un fragmento de coral y lo metiéramos en un cubo debajo de un fregadero en Londres, en la mayoría de los casos ese fragmento desovaría en el mismo instante que otros corales de la misma especie repartidos por todo el mundo.

El desove sincrónico es esencial para la supervivencia de los corales. Las colonias de corales deben expandirse de forma continua para crecer sanas. Para seguir estando sanas y fuertes, deben reproducirse fuera de su patrimonio genético y mezclarse con colonias vecinas. Una vez liberados a la superficie, el esperma y los huevos de los corales solo tienen unos treinta minutos para juntarse. Si pasa más tiempo, los huevos y el esperma de los corales se dispersan o mueren. Los investigadores han descubierto que, si el desove sufre una desincronización de tan solo quince minutos, se reduce mucho la probabilidad de que una colonia de coral sobreviva.

El coral es la estructura biológica más grande del planeta y cubre más de 45.000 kilómetros cuadrados del fondo marino; además, puede comunicarse de una forma mucho más sofisticada de la que cualquier persona había concebido nunca. Y, aun así, el coral es uno de los animales más primitivos de la Tierra. Los corales no tienen ni ojos, ni orejas ni cerebro.[1]

Y pronto no quedará mucho. En todo el mundo, las colonias de coral están desapareciendo a un ritmo de récord. El 50 % de los corales de la Gran Barrera de Coral de Australia han muerto. En algunas zonas del Caribe, como Jamaica, las poblaciones de coral han disminuido más de un 95 %. De las colonias que hay frente a la costa de Florida, un 90 % se extinguieron durante la pasada década. Las causas de esas muertes no están claras, pero los científicos creen que la contaminación y el cambio climático son los culpables. Dentro de cincuenta años, los corales podrían haberse extinguido, y con ellos habrá desaparecido uno de los extraños misterios no resueltos del mundo natural.

Para los acuanautas del Aquarius que investigan los corales, su trabajo es una carrera contrarreloj: una de las muchas con que me encontraré en los próximos meses.

Desde que Aristóteles propuso dar la vuelta a un tarro gigante, meter a un hombre dentro y sumergirlo bajo el agua, los humanos han diseñado toda clase de sistemas sofisticados para explorar las aguas superficiales de la zona fótica. La mayor parte mataron a sus ocupantes o los dejaron maltrechos. La historia de la exploración subacuática está jalonada por los huesos de aquellos que intentaron bajar a las profundidades.

En el siglo XVI, Leonardo da Vinci elaboró un esbozo de un traje de buceo: estaba hecho de piel de cerdo, tenía un saco en el pecho para retener aire y una botella en la cintura para recoger la orina. (Nunca llegó a construirse.) Años después, otro italiano propuso poner un cubo con retazos de cristal encima de su cabeza y sumergirse seis metros. (Fracasó en los ensayos.) En la década de 1690, el astrónomo inglés Edmon Halley, que tiempo después daría nombre a un cometa, propuso sumergir a un hombre dentro de un enorme cubo de madera y suministrarle aire a través de barriles de vino. (Nunca lo intentó.)

El primer artilugio de buceo capaz de llegar a la profundidad del Aquarius lo inventó en torno a 1715 John Lethbridge, un comerciante de lana que vivía en Devon, en Inglaterra, con sus diecisiete hijos. El aparato se construyó utilizando un cilindro de madera de roble de 1,80 metros que tenía una portilla de cristal en la parte de la cabeza y agujeros para los brazos con una manga de cuero en cada lado. Se suministraba aire por medio de un tubo que llegaba hasta la superficie. Todo el aparato parecía de lo más primitivo y frágil, pero Lethbridge logró sumergirlo hasta unos veinte metros durante media hora en cada sesión, a pesar de que, como escribió el propio Lethbridge, se hacía «con gran dificultad».

Un siglo después, un maquinista de Brooklyn llamado Charles Condert presentó una forma más ágil y «segura» de explorar el fondo del mar: el primer aparato autónomo para respirar debajo del agua, es decir, el primer equipo de buceo de la historia. El artefacto consistía en un tubo de cobre de 1,2 metros que se montaba sobre la espalda de Condert y una bomba hecha con el cañón de una escopeta que bombeaba aire hacia la máscara de goma que cubría la cara de Condert. Cada vez que el hombre quería respirar, tenía que accionar el artilugio hecho con el cañón de escopeta y recibía una racha de aire fresco. En 1832, Condert presentó el artefacto en el East River de Nueva York y se convirtió en el primer buzo exitoso del mundo. Ese mismo día, cuando el tubo de cobre se rompió a una profundidad de unos seis metros, Condert se convirtió también en la primera víctima mortal del submarinismo.

Al artefacto de Condert pronto le siguieron otros inventos. En Inglaterra, John Deane ató el casco de un bombero a un traje de goma para crear el primer traje de buzo fabricado en serie. Desde la superficie, una bomba suministraba aire a través de una manguera que estaba conectada a la parte posterior del casco, lo que permitía al buzo, por primera vez, permanecer a profundidades de casi veinticinco metros durante cerca de una hora. El casco de Deane fue un gran éxito, pero era peligroso. El aire comprimido que se bombeaba al traje lo hacía susceptible a cambios repentinos y extremos de presión durante las inmersiones. Si el casco o el tubo de aire se rompían, la presión en la dirección contraria creaba un vacío en el traje que «estrujaba» el cuerpo del buzo hacia fuera, con lo cual le salía sangre por la nariz, los ojos y los oídos. Esos estrujones ocurrían de vez en cuando. Algunos eran tan potentes que la carne del buzo se le desgarraba del cuerpo. En un caso, a un buzo se le arrancó una parte tan grande de su cuerpo que no se pudo enterrar mucho más que su casco, que estaba lleno de un amasijo de sus sangrientos despojos.

Cuanto más se sumergían los seres humanos en el océano, más grotescas y violentas eran las consecuencias. En los años cuarenta del siglo XIX, los trabajadores de la construcción utilizaban unas estructuras herméticas llamadas *caissons* o pozos de cimentación para construir cimientos bajo el agua para puentes y muelles. Para impedir que se filtrase agua, esas estructuras se llenaban con aire presurizado de la superficie. Tras permanecer en esos lugares tan solo unos días, los obreros solían indicar que padecían dolencias como sarpullidos, manchas en la piel, dificultad respiratoria, convulsiones y dolor articular extremo. Luego empezaban a morir.

Esa enfermedad se hizo famosa con el nombre de enfermedad del *caisson* o, más popularmente, enfermedad del buzo. En inglés, se llamaba *the bends* ('retortijones'), por el dolor atroz que sentían los obreros afectados en las rodillas y los codos. Más adelante, los científicos descubrieron que el paso del aire presurizado que había en esos pozos al aire normal de la superficie hacía que el nitrógeno burbujeara en el cuerpo de los trabajadores y se les acumulara en las articulaciones.

Tendrían que pasar otros cuarenta años para que los ingenieros entendiesen que no era la profundidad del agua lo que aquejaba a los exploradores de los océanos, sino las máquinas que se sumergen a gran profundidad. De forma paradójica, mientras los buzos occidentales, con trajes construidos cuidadosamente o metidos en *caissons*, se ahogaban o se les arrancaba la carne de la cara o sufrían la enfermedad del buzo en profundidades superiores a los veinte metros, más de 3.000 kilómetros al sur, los pescadores de perlas persas se sumergían con regularidad al doble de profundidad y lo hacían sin nada más que un cuchillo y una sola bocanada de aire. No padecían ninguna de esas dolencias, y llevaban miles de años haciendo inmersiones hasta esas profundidades.

Al final, los ingenieros occidentales desarrollaron sistemas sofisticados para proteger el cuerpo de las fuerzas subacuáticas. Averiguaron cómo las presiones cambian en las profundidades y cómo el oxígeno se vuelve tóxico. Los inventos primitivos de Lethbridge y Deane terminaron desembocando en trajes acorazados con aire comprimido, submarinos y también tablas de descompresión para los submarinistas.

En 1960, Don Walsh, un teniente de la Marina estadounidense, y Jacques Piccard, un ingeniero suizo, sumergieron una cámara de acero bautizada como *Trieste* hasta una profundidad de 10.911 metros en la fosa de las Marianas, en el océano Pacífico: el fondo del mar más profundo. Dos años después, los seres humanos vivían debajo del agua.

El primer hábitat subacuático, construido por Jacques Cousteau, se erigió diez metros por debajo de la superficie del océano en una zona frente a la costa de Marsella. Con el nombre de Conshelf, era casi tan grande como la cabina de una furgoneta Volkswagen, e igual de frío y húmedo. «Son muchos los peligros y superan los desafíos», dijo Cousteau acerca de Conshelf. De hecho, tantos eran los peligros que Cousteau envió a dos subalternos en su lugar. Aguantaron una semana.

Al cabo de un año, Cousteau instaló un modelo más lujoso y de cinco habitaciones —con salón, ducha y dormitorios— en el fondo marino frente a la costa de Sudán. En unas imágenes de la expedición, que aparecieron tiempo después en el documental de Cousteau, galardonado con un óscar, *A World Without Sun* [Un mundo sin sol], se ve una especie de paraíso futurista/francés donde, de día, los acuanautas se pasaban el rato flotando por jardines marinos de Technicolor y, de noche, fumaban, bebían vino y cenaban platos franceses preparados meticulosamente y veían la televisión. Los acuanautas duraron un mes. Su única queja fue que allí abajo no había mujeres para «hacerles compañía».

A finales de los años sesenta, se estaban construyendo más de cincuenta hábitats subacuáticos en todo el mundo, y estaba prevista la construcción de otros muchos. Australia, Japón, Alemania, Canadá e Italia estaban todos zambulléndose. Cousteau predijo que las futuras generaciones de humanos nacerían en aldeas subacuáticas y «[se adaptarían] al entorno para que no hiciera falta la cirugía para permitirles vivir y respirar dentro del agua. Entonces habremos creado el hombre-pez». Parecía que la carrera por el espacio interior había empezado.

Pero entonces se detuvo. Tras solo algunos años, casi todos los hábitats se eliminaron. La vida subacuática resultó ser un desafío mucho mayor y algo mucho más caro de lo que nadie había imaginado. El agua salada corroía las estructuras de metal; las tormentas desgajaban los cimientos del fondo marino; los acuanautas vivían con un miedo constante al síndrome de descompresión y a las infecciones.

A fin de cuentas, esa era la época del espacio; los hombres estaban llegando a la luna y construyendo casas que orbitaban la Tierra, así que pasarse varias semanas bajo el agua en un receptáculo frío y húmedo —en un entorno que no podías ver, por no decir que te vieran en él— parecía absurdo. Y pocos habitantes terrestres podían identificarse con la investigación sobre microbiología y la toxicidad del oxígeno que se llevaba a cabo allí abajo. Los científicos habían demostrado que los humanos podían sumergirse hasta los fondos más profundos de los océanos y vivir bajo el agua, pero... ¿y qué?

Hoy en día, casi toda la investigación sobre los océanos se lleva a cabo desde la superficie mediante robots que se hacen descender desde la cubierta de una embarcación. Los humanos saben más sobre la composición química, las temperaturas y la batimetría (la topografía submarina) de los océanos, pero también se han distanciado de ellos desde un punto de vista tanto físico como espiritual.

La mayoría de los investigadores marinos (o, por lo menos, los que entrevisté en las primeras fases de mi recorrido) nunca se meten en el agua. El Aquarius, una de las últimas instituciones oceánicas en las que los investigadores se mojaban y vivían entre la humedad durante diez días en cada expedición, estaba previsto que se cerrase.

Yo quería verlo; quería ver esa última pieza del legado institucional de la exploración oceánica antes de que pasara a formar parte del vertedero de inventos que están oxidándose en el fondo del mar. Quería ver cómo los expertos autorizados investigaban el océano antes de irme a pasar un año con los científicos rebeldes.

Cayo Largo, a unos 11 kilómetros de la costa, en medio del proceloso mar. Estoy a punto de intentar mi primera inmersión de dieciocho metros hasta el Aquarius. Le hago un gesto con el pulgar hacia arriba al capitán de la lancha motora que me ha traído hasta aquí, me ajusto la boquilla e inicio la inmersión. Desciendo cinco, diez, quince metros y detecto una ristra de burbujas que emerge del fondo marino, como una catarata invertida. Entonces veo a un buzo de seguridad del Aquarius envuelto en las burbujas, que me indica que me acerque. Nado hacia él, agacho la cabeza y, al cabo de unos segundos, reaparezco en el aire de la húmeda cubierta que hay en la parte posterior del Aquarius.

—Ya te puedes quitar el traje de neopreno —me dice un hombre desde la parte de arriba de la escalera de metal. Me da una toalla para que me la ponga alrededor de la cintura—. Y bienvenido al Aquarius.

Se llama Brad Peadro y será mi guía por las instalaciones. Puesto que en el Aquarius siquiera un charquito minúsculo puede tardar días o semanas en secarse, todos los visitantes deben dejar el equipamiento de submarinismo y la ropa mojada junto a la puerta. Con la toalla en la cintura, sigo a Peadro por la cubierta y hasta la sala de control. El chillido de voces amplificadas que sale de los altavoces y las ráfagas de aire presurizado hacen eco contra las paredes de acero. Una vez dentro de la sala, veo a dos hombres y dos mujeres sentados muy juntitos alrededor de una mesa de cocina. Son estudiantes de posgrado de biología marina de la Universidad de Carolina del Norte en Wilmington y están acabando una misión de diez días en la que han investigado las esponjas y el coral. Entre ellos hay una bolsa aplastada y medio vacía de galletas Oreo.

—Las largas jornadas son exasperantes —dice Stephen McMurray, un hombre pálido que hace investigación sobre la dinámica poblacional de las esponjas. Mete una cuchara en una taza de poliestireno que contiene fideos instantáneos y por una ventana mira el fondo marino que tenemos debajo.

—Aquí abajo nada está seco nunca —dice John Hanmer, sentado frente a McMurray—. Nunca.

Hanmer, que estudia los peces loro, ríe y se mira las manos. Otra acuanauta, Inga Conti-Jerpe, está sentada a su lado. El pelo, apelmazado y crespo, se le pega a la cabeza como yeso mojado.

—La presión te hace cosas interesantes en la piel —dice riéndose entre dientes.

Todos los acuanautas ríen, pero luego se callan. Vuelven a reír, pero luego vuelven a callarse. No puedo evitar pensar que aquí abajo todo el mundo es un poco raro. No es como si tuvieran claustrofobia, como esperaba; están demasiado alegres para eso. Básicamente, parece que estén borrachos.

Me cuentan que tener tu cuerpo presurizado a 2.482 hectopascales durante largos períodos puede producir un leve delirio. A presiones más altas, se disuelve más nitrógeno en el torrente sanguíneo, lo que termina produciendo el mismo efecto que el óxido nitroso o gas de la risa. Cuanto más nitrógeno hay en el torrente sanguíneo, más drogados se sienten los acuanautas. Al término de una misión de diez días, todos los miembros del grupo están como si se hubieran colocado inhalando gas de la risa.

A Lindsey Deignan, la acuanauta que vi echarse pomada en la rodilla desde el Centro de Control la noche antes, se la ve especialmente aturdida.

—Cuanto más tiempo pasamos aquí, más grande resulta el espacio —dice con una amplia sonrisa—. Ahora es como si fuera tres veces más espacioso. ¡Tiene las dimensiones de un autobús escolar! ¡Pero parece más grande que eso!

Para mí, la confusión eufórica de los acuanautas es como una estrategia de afrontamiento esencial en este lugar húmedo, estrecho y peligroso. Toallas mohosas, metal oxidado y una humedad sofocante son las principales características de la vida aquí. Y no puedes levantarte e irte a casa sin que te salga sangre por los ojos. Y, para colmo, cada treinta segundos, más o menos, los vaivenes de las olas de la superficie cambian la presión dentro del Aquarius, lo que nos obliga a todos a compensar la presión de las cavidades sinusales destapándonos los oídos.

La visita continúa. Peadro me conduce tres pasos al este, hasta el dormitorio —dos filas de literas con tres camas, una encima de otra— y luego volvemos a la cocina. Hasta aquí la visita, dice. No queda nada por ver en el Aquarius.

Me he dado cuenta de que no hemos visto ningún baño, y le pregunto a Brad si nos lo hemos saltado.

—Solemos salir a la parte de atrás —dice señalando la entrada de la cubierta por donde he llegado nadando. La puerta de entrada del Aquarius también hace de letrina.

Los baños tienen la mala fama de ser difíciles de manejar en los hábitats subacuáticos, sobre todo por los constantes cambios de la presión atmosférica, que puede crear vacíos dentro de las cañerías. En los primeros hábitats subacuáticos, los retretes explotaban y salpicaban de desechos todo el compartimento. El inodoro del Aquarius es una innovación, pero es tan pequeño y ofrece tan poca privacidad que los acuanautas prefieren hacer sus necesidades en las aguas de detrás de las instalaciones. Eso también conlleva sus problemas. La fauna marina se pelea por la «comida» humana. En una ocasión, a un acuanauta que estaba sumergido en la cubierta de la cintura para abajo le mordió el culo un pez hambriento.

Peadro me dice que vuelva a la cubierta de entrada. A 2.482 hectopascales, el nitrógeno suele tardar noventa minutos en alcanzar un nivel peligroso, pero algunas veces puede ocurrir antes; por prudencia, el Aquarius permite a los visitantes permanecer en las instalaciones media hora como máximo. Se ha terminado mi tiempo de visita.

Me pongo el traje de neopreno, salgo por la puerta salpicando y pateo para adentrarme en la turbia agua azul. El borboteo constante de mi regulador de buceo asusta a todo lo que me rodea; es como si hubiera ido a observar pájaros con un soplador de hojas atado a la espalda. Y el traje de buzo, la bombona y el enredo de tubos que envuelve mi cuerpo me impiden siquiera sentir el agua del mar.

Estando dentro del Aquarius he tenido esa misma sensación. Aunque el hábitat permite a los acuanautas llevar a cabo investigaciones de gran valor a largo plazo, permanecer en ese tubo de acero y mirar al océano por ventanas y pantallas me ha provocado una sensación de aislamiento desesperante. Me he sentido mucho más conectado con el océano y sus habitantes surfeando en su superficie que dentro de un cilindro de goma y acero a seis pisos de profundidad.

De vuelta a la lancha motora, me quito el equipamiento de submarinismo y me siento en la cabina del capitán. Antes de irnos, unos miembros del equipo de apoyo del Aquarius tienen que llevar algunas latas de comida y provisiones a los acuanautas.

El capitán, un hombre intenso y quemado por el sol llamado Otto Rutten, que lleva más de veinte años trabajando en el Aquarius, me da una botella de agua. Me cuenta algunas situaciones en las que se salvó por los pelos: rescates en alta mar, explosiones y ascensiones de emergencia.

—Aquí esto era el Oeste —dice—. Es decir, ni siquiera usábamos equipamiento de submarinismo para muchas de las entregas.

Explica que si se bajaba buceando con una bombona de oxígeno se tardaba demasiado y solo se podían hacer algunas zambullidas seguidas antes de que el nitrógeno del torrente sanguíneo se acumulase hasta alcanzar un nivel peligroso. Así pues, en lugar de eso, Rutten y los otros miembros del equipo se ponían un traje de baño, aletas y gafas de bucear y bajaban las provisiones buceando a pulmón.

Para bajar nadando mientras uno lleva un recipiente voluminoso y hermético y luego volver a la superficie, se tardaba bastante más de un minuto. Le comento a Rutten que él y los demás buceadores se detendrían en el Aquarius para coger aire antes de volver a la superficie. Rutten se ríe y dice que, de haberlo hecho, el aire a alta presión probablemente lo habría matado.

Despojándose de todo el equipamiento —las bombonas, los pesos, los reguladores y los aparatos para controlar la flotabilidad—, Rutten y sus compañeros de trabajo podían bucear a mayor profundidad, con mayor frecuencia y cuatro veces más deprisa que alguien equipado con la tecnología más avanzada.

Le pregunto a Rutten si recibió alguna formación especial para bucear a pulmón hasta tales profundidades.

—Pues la verdad es que no —dice—. Es sencillo. Coges aire y al agua.

–90

En 1949, un teniente bajo y fornido de las Fuerzas Aéreas italianas llamado Raimondo Bucher decidió intentar una escena peligrosa potencialmente mortal frente a la costa de la isla de Capri. Bucher navegaría hasta una zona de aguas profundas, cogería aire y descendería treinta metros hasta el fondo. Allí le esperaría un hombre con un traje de buzo. Bucher recogería un testigo con una carta de pergamino enrollada dentro del cilindro de manos del buzo y volvería a la superficie. En caso de completar la zambullida, ganaría una apuesta de 50.000 liras; en caso contrario, moriría ahogado.

Los científicos alertaron a Bucher de que, según la ley de Boyle, la zambullida lo mataría. Formulada en torno a 1660 por el físico angloirlandés Robert Boyle, esa ecuación predecía el comportamiento de los gases a varias presiones e indicaba que la presión a treinta metros haría encoger los pulmones de Bucher hasta un tamaño diminuto. Él se tiró al agua de todos modos, cogió el testigo y regresó a la superficie sonriendo, con los pulmones perfectamente intactos. Ganó la apuesta, pero, más importante aún, demostró que todos los expertos estaban equivocados. La ley de Boyle, que la ciencia había considerado una verdad absoluta durante tres siglos, parecía no cumplirse debajo del agua.

La zambullida de Bucher estaba en la línea de una larga lista de experimentos —la mayor parte de ellos muy crueles e incluso monstruosos según los estándares actuales— que parecían indicar que el agua podía prolongar la vida de los humanos y otros animales.[1]

Esta línea de investigación podría decirse que comenzó en 1894, cuando Charles Richet juntó varios patos y les ató una cuerda al cuello. Cogió la mitad del grupo, les apretó la cuerda hasta que las aves no podían respirar y luego cronometró cuánto tardaban en morir. Después repitió el proceso con la otra mitad, pero a esos los estranguló debajo del agua. Los patos que había dejado en la superficie murieron pasados solo siete minutos, mientras que los patos que estaban bajo el agua sobrevivieron hasta veintitrés minutos. Aquello era muy raro. A los dos grupos le privó de oxígeno de la misma forma, pero los patos sumergidos sobrevivieron durante el triple de tiempo.

Richet, que terminaría ganando un Premio Nobel por su trabajo sobre las causas de las reacciones alérgicas, pensó que el agua podía afectar el nervio vago de los patos. Tanto en los seres humanos como en los patos, este nervio se extiende del tronco encefálico al pecho y puede ralentizar la frecuencia cardíaca. Richet propuso la teoría de que la ralentización de la frecuencia cardíaca conllevaba una disminución del consumo de oxígeno y, por tanto, los animales sobrevivían más tiempo.

Puso a prueba su teoría inyectando a un grupo de patos atropina, un fármaco que impide que el nervio vago ralentice la frecuencia cardíaca. Al segundo grupo no le hizo nada especial ni le administró atropina. Estranguló ambos grupos y cronometró cuánto tardaban en morir. Ambos grupos murieron en unos seis minutos.

Luego, a otro grupo de patos les inyectó atropina y repitió el experimento, pero esta vez con los animales bajo el agua. Los patos drogados con atropina tardaron más de doce minutos en morir bajo el agua: el doble que los patos que había dejado al aire libre. Aunque el nervio vago había quedado bloqueado por la atropina y no podía ralentizar la frecuencia cardíaca, el agua aún tenía algún efecto inexplicable en la prolongación de la vida de los patos. Richet sacó del agua un pato drogado con atropina pasados doce minutos, le desató la cuerda del cuello y lo reanimó. Estaba vivo.

El tamaño de los pulmones, el volumen sanguíneo o incluso el nervio vago no podían explicar los resultados de Richet. El agua y nada más estaba alargándoles la vida. El científico se preguntaba si tendría el mismo efecto en los humanos.

En 1962, Per Scholander, un investigador sueco que trabajaba en Estados Unidos, confirmó que así era. Reunió a un equipo de voluntarios, los cubrió de electrodos para controlarles la frecuencia cardíaca y les pinchó con una aguja paga extraerles sangre. Scholander había visto que las funciones biológicas de las focas de Weddell se invertían en aguas profundas; las focas, escribió Scholander, parecían tener más oxígeno cuanto más tiempo y más hondo se sumergían. Scholander se preguntaba si el agua podía provocar ese mismo efecto en los seres humanos.

Empezó el experimento conduciendo a los voluntarios a un enorme depósito de agua y controlándoles la frecuencia cardíaca mientras buceaban hasta el fondo del depósito. Al igual que con los patos, el agua provocaba una disminución inmediata de la frecuencia cardíaca.

A continuación, Scholander indicó a los voluntarios que aguantasen la respiración, se zambulleran, se sujetaran a una serie de aparatos para hacer ejercicio sumergidos en el fondo del depósito y que hicieran una breve pero intensa rutina de entrenamiento. En todos los casos, con independencia de la intensidad con que se ejercitaran los voluntarios, su frecuencia cardíaca cayó en picado igualmente.

Ese descubrimiento fue tan importante como sorprendente. En tierra firme, el ejercicio hace incrementar mucho la frecuencia cardíaca. La disminución de la frecuencia cardíaca de los voluntarios significaba que utilizaban menos oxígeno y, por tanto, podían permanecer bajo el agua durante más tiempo. Eso también explicaba, hasta cierto punto, por qué Bucher y aquellos desdichados patos habían podido sobrevivir el triple de tiempo en el agua que al aire libre: el agua tenía una capacidad poderosa para ralentizar el corazón de los animales.

Scholander se dio cuenta de otra cosa: una vez que sus voluntarios estaban bajo el agua, la sangre de su organismo empezaba a alejarse de sus extremidades y a acumularse en sus órganos vitales. Décadas antes, había visto que sucedía eso mismo en las focas cuando bajaban a gran profundidad; al desviar sangre de zonas menos importantes del cuerpo, las focas eran capaces de mantener órganos como el cerebro y el corazón oxigenados durante más rato, con lo cual alargaban el tiempo que podían permanecer sumergidas.[2] La inmersión en el agua desencadenaba ese mismo mecanismo en los humanos.

Esa desviación de sangre se llama vasoconstricción periférica y explica por qué Bucher pudo bucear por debajo de los treinta metros sin sufrir el aplastamiento de los pulmones que predecía la ley de Boyle. A tales profundidades, la sangre penetra en las paredes celulares de los órganos para contrarrestar la presión externa. Cuando un buceador desciende a noventa metros —una profundidad alcanzada por los buceadores a pulmón actuales—, los vasos sanguíneos de los pulmones se llenan de sangre, lo que impide que el órgano quede aplastado. Y cuanto más nos sumergimos, más fuerte se vuelve la vasoconstricción periférica.

Scholander descubrió que una persona solo tiene que sumergir la cara en agua para activar esos reflejos que prolongan la vida (y la salvan). Otros investigadores intentaron meter una mano o una pierna en el agua para activar el reflejo, pero no hubo reacción. Un científico incluso hizo entrar a unos voluntarios en una cámara hiperbárica para ver si la presión sola podía desencadenar un reflejo de inmersión parecido. Pero no. Solo el agua podía activar esos reflejos, y el agua tenía que estar más fría que el aire del entorno.

Al parecer, la tradición de echarte agua fría en la cara para refrescarte no es solo un ritual vacío: provoca un cambio físico en nosotros.

Scholander había documentado una de las transformaciones más extremas que se hayan descubierto jamás en el cuerpo humano, un cambio que solo ocurría en el agua. Él lo llamó el Interruptor General de la Vida.

Hoy en día, los apneístas deportivos usan el Interruptor General para bucear a mayor profundidad y permanecer bajo el agua durante más tiempo del que siquiera los científicos contemporáneos creen posible.

El 17 de septiembre de 2011 viajé a Kalamata, en Grecia, para observar cómo los maestros actuales del Interruptor General —cien de los mejores apneístas del mundo— ponían a prueba los límites absolutos de nuestra naturaleza anfibia.

A las siete de la tarde, la ceremonia de apertura del Campeonato Mundial Individual de Apnea de Profundidad está en pleno apogeo. Cientos de deportistas, entrenadores y miembros de los equipos de treinta y un países ondean banderas nacionales y cantan a pleno pulmón sus himnos desde un enorme escenario montado encima de un paseo de mar abarrotado que da al puerto de Kalamata. Detrás de ellos, una banda de cuarenta músicos interpreta una versión lánguida del tema de *Rocky* mientras en una pantalla de diez metros se proyectan imágenes de apneístas sumergiéndose a noventa metros. Todo el panorama parece unos Juegos Olímpicos de poca monta.

La apnea competitiva es un deporte relativamente nuevo, y casi todos los años desde la zambullida de treinta metros de Raimondo Bucher en Capri —considerada la primera competición oficial de apnea— los apneístas han ido batiendo récords. El actual récord mundial de buceo a pulmón, establecido en 2009 por el francés Stéphane Mifsud, es de 11 minutos y 35 segundos. En 2007, el apneísta austríaco Herbert Nitsch descendió doscientos trece metros con un lastre y fijó un récord mundial de profundidad absoluta.

Aunque nadie se ha ahogado nunca en una competición grupal de apnea, suficientes apneístas han fallecido fuera de competición para que esta actividad ocupe el segundo puesto de la lista de los deportes de aventura más peligrosos. Las cifras son poco claras; algunas muertes no quedan registradas, y las estadísticas no hacen diferencias entre las personas que mueren haciendo apnea propiamente o las que mueren buceando a pulmón en relación con otras actividades, como la pesca submarina. Pero una estimación de las víctimas relacionadas con la apnea a escala internacional durante un período de tres años reveló que la cifra había aumentado casi por tres: de veintiuna muertes en 2005 a sesenta en 2008. De los 10.000 apneístas activos en Estados

Unidos, cada año mueren unos veinte, lo que da una proporción de casi uno por cada quinientos. (A modo de comparación, el índice de mortalidad de quienes practican salto BASE es de uno por cada sesenta; entre los bomberos, es de aproximadamente uno por cada 45.000; y, en el caso de los alpinistas, de cerca de uno por cada millón.)

Solo tres meses antes del campeonato mundial de 2011, dos muertes pusieron de manifiesto los peligros del deporte. Adel Abu Haliqa, de cuarenta años, miembro fundador de un club de apnea en los Emiratos Árabes Unidos, murió ahogado en Santorini, en Grecia, durante un intento de inmersión a setenta metros. No se encontró su cuerpo. Un mes después, Patrick Musimu, un exrecordista mundial belga, se anegó mientras entrenaba solo en una piscina en Bruselas.

Los apneístas deportivos achacan esas muertes a la negligencia y sostienen que los fallecimientos suelen estar vinculados a que los buceadores hacen la actividad solos o confían la asistencia a máquinas, dos prácticas muy arriesgadas. «La apnea competitiva es un deporte seguro. Todo está muy regulado, muy controlado —me dijo William Trubridge, el apneísta que tiene el récord mundial, cuando hablé con él antes de la ceremonia de apertura—. Yo nunca lo haría si no lo fuera.» Señaló que, durante las cerca de 39.000 inmersiones a pulmón que se habían hecho en los doce años anteriores, nunca había fallecido nadie. Por medio de eventos como el campeonato mundial, Trubridge y otros apneístas tenían la esperanza de cambiar la imagen de peligro de la apnea y acercar la actividad al gran público. Trubridge dijo que le gustaría que algún día la apnea fuese deporte olímpico. La ceremonia de apertura de 2011 celebrada aquí, en Grecia, con toda su música ensordecedora y sus vídeos con rápidas sucesiones de imágenes, tiene el objetivo de dar a conocer el deporte.

En el escenario, de repente se apagan las luces y la pantalla de vídeo, y los altavoces callan. Al cabo de unos instantes, empiezan a centellear unas luces estroboscópicas. Los altavoces proyectan el latido rítmico de un bombo electrónico, al que pronto se unen los aplausos enlatados y un riff de bajo que se parece mucho al de «Another One Bites the Dust». Por encima de nuestras cabezas, explotan fuegos artificiales. Los apneístas gritan alegres y bailan por el escenario mientras ondean sus banderas nacionales.

El campeonato mundial de apnea ha empezado.

A pesar de sus esperanzas de llegar al gran público, la apnea deportiva tiene un problema evidente: es casi imposible de seguir. El campo de juego está bajo el agua, no hay una señal de vídeo que se retransmita en tierra firme y es un reto logístico incluso acercarse a la acción. El centro de operaciones de hoy es una precaria flotilla de embarcaciones de seis por seis metros, plataformas y bombonas de oxígeno; parece robado del set de *Waterworld*. Para acceder a esa zona, camino por el puerto deportivo de Kalamata y subo a bordo de un velero propiedad de un expatriado quebequés llamado Yanis Georgoulis. La suya es la única embarcación que va a las competiciones. Georgoulis me dice que vamos a tardar cerca de una hora antes de alcanzar la flotilla. Yo aprovecho ese rato para repasar las complicadas normas de la competición de hoy.

La prueba empieza oficialmente la noche antes de echarse al agua, cuando cada participante entrega en secreto a un grupo de jueces la profundidad a la que se propone llegar en el intento del día siguiente. Es, más que nada, una apuesta, y se juega con malas artes, pues cada buceador intenta adivinar qué harán sus contrincantes. «Es como jugar al póker —me dijo Trubridge—. Estás jugando contra los demás buceadores tanto como juegas contra ti mismo.» La esperanza es que tus oponentes opten por una inmersión menos profunda que la que tú puedes hacer o que escojan descender a mayor profundidad de lo que son capaces y al final no lo logren.

En las competiciones de apnea, pierdes si incumples alguno de las decenas de requisitos técnicos durante y después de la inmersión, o si pierdes el conocimiento antes de llegar a la superficie, motivo de descalificación inmediata. Aunque no es algo habitual en las competiciones (según me cuentan), perder el conocimiento ocurre con suficiente frecuencia para que se apliquen varios niveles de medidas de seguridad; por ejemplo, hay buzos de salvamento que monitorizan cada inmersión, se rastrea al apneísta por sonar desde la flotilla y se coloca una cuerda guía atada al tobillo de cada apneísta que impide que el participante se aleje de su rumbo, lo que supondría un peligro potencialmente mortal.

Unos minutos antes de cada inmersión, se engancha a una cuerda una bandeja de metal cubierta de velcro blanco y se lleva hasta la profundidad que el participante haya indicado la noche anterior. Un juez hace la cuenta atrás, y luego el buceador se sumerge y sigue la cuerda hasta la bandeja, agarra una de las muchas etiquetas que están allí pegadas y sigue la cuerda de vuelta hasta la superficie. A unos dieciocho metros, el apneísta se encuentra con unos buzos de salvamento que le ayudarán si pierde el conocimiento. Si el desmayo ocurre a tal profundidad que los buzos de salvamento no pueden verlo, el sonar detectará la falta de movimiento. Luego se tirará de la cuerda hasta traer de vuelta a la superficie el cuerpo del apneísta como una muñeca de trapo.

Los apneístas que regresan con éxito a la superficie deben pasar una serie de test conocida como el protocolo de superficie. Este régimen evalúa la coherencia y las habilidades motoras del apneísta ordenándole, entre otras cosas, que se quite las gafas de buceo, que haga un gesto rápido a un juez indicando que está bien y que diga: «Estoy bien». Si lo superas, te dan una cartulina blanca que valida la inmersión.

«Las normas existen para que la apnea sea un deporte seguro, mensurable y comparable —me dijo Carla Sue Hanson, portavoz ante los medios de la Asociación Internacional para el Desarrollo de la Apnea (AIDA), la federación de buceo a pulmón que supervisa el campeonato del mundo desde 1996. (*Apnea* viene del griego y significa «sin respirar».)—. Se establecieron para garantizar que, durante toda la inmersión, el apneísta tiene el control absoluto. De eso trata la apnea deportiva: de tener el control.»

Mientras tengas la situación controlada, no pasa nada si se te revientan los vasos sanguíneos de la nariz y sales del agua como un concursante de The Ultimate Fighter que ha recibido una buena paliza. «A los jueces les da igual el aspecto con que salgas —me dijo Hanson—. «¿Te sale sangre? No pasa nada. La sangre entra dentro de las normas.»

Al cabo de una hora, Georgoulis se amarra a la flotilla. En la distancia, una lancha deja una estela blanca desde la orilla para llevar a los primeros participantes al lugar de salida. Debido al limitadísimo espacio que hay en la flotilla y la lancha adyacente, solo jueces, participantes, entrenadores y algunos miembros de la organización tienen permiso para estar allí. No hay seguidores. Por suerte, yo he podido convencer a Georgoulis de que me dejase subir a bordo de su velero, que se utilizará como un vestuario improvisado para los contendientes.

Los primeros apneístas aparecen con trajes de neopreno con capucha y gafas que parecen ojos de insecto, todos arrastrando los pies despacio mientras calientan en el velero, con la mirada fija y lúcida y los ojos bien abiertos. Uno, dos, tres: se meten dentro del agua deslizándose como nutrias y luego se reclinan como si estuvieran medio en coma mientras sus entrenadores los conducen hasta una de las tres cuerdas que cuelgan de la flotilla. Un juez avisa de que queda un minuto y el primer participante empieza su descenso.

La apnea se divide en varias disciplinas. La de hoy se llama apnea con peso constante sin aletas. En esta modalidad, el apneísta desciende usando sus pulmones, su cuerpo y un peso opcional que, en caso de usarse, debe llevarse de vuelta a la superficie. De las seis categorías de la apnea deportiva —desde las disciplinas de profundidad, como la inmersión libre (el apneísta puede usar la cuerda guía para impulsarse hacia arriba y hacia abajo), hasta las disciplinas de piscina, como la apnea estática (simplemente aguantar la respiración)— la apnea con peso constante sin aletas se considera la más pura. Su vigente campeón es Trubridge, que batió el récord del mundo en diciembre de 2010 con un descenso de ciento un metros. Hoy va a intentar uno de casi noventa y tres metros, una cifra conservadora para él, pero que será la inmersión más profunda del programa del día. Antes de que llegue él, una decena de apneístas van preparándose.

Un juez situado en la línea uno cuenta atrás desde diez, anuncia «Inicio oficial en superficie», y empieza a contar: «Uno, dos, tres, cuatro, cinco...». La cuenta atrás permite a los apneístas saber cuándo empezar a tomar las últimas bocanadas de aire y prepararse para la inmersión. A una apneísta que está en la línea tres, Junko Kitahama, de Japón, le quedan treinta segundos para sumergirse. Toma algunas bocanadas finales, mete la cabeza bajo el agua y desciende. Mientras su cuerpo va hundiéndose, el juez de control anuncia la profundidad cada pocos segundos.

Pasados dos minutos, un juez que está en la superficie grita «Síncope». Los buzos de salvamento descienden siguiendo la cuerda y, medio minuto después, reaparecen con el cuerpo de Kitahama entre ellos. La apneísta tiene la cara de un tono morado pálido, la boca abierta y la cabeza tumbada hacia atrás como un pájaro muerto. A través de las gafas de buceo, sus ojos, muy abiertos, miran al sol. No respira.

—¡Sóplale en la cara! —grita un hombre que nada junto a ella. Otro hombre le coge la cabeza desde detrás y le levanta el mentón para que esté fuera del agua.

—¡Respira! —grita el hombre. Desde la cubierta de una barca, alguien pide oxígeno a gritos—. ¡Respira! —repite el hombre. Pero Kitahama no respira. No se mueve.

Al cabo de unos angustiosos segundos, la mujer tose, su cuerpo se sacude, sus hombros se contraen y sus labios aletean. Se le ablanda la cara mientras recupera el conocimiento.

—Estaba nadando y... —Se ríe y sigue—: ¡Y luego empecé a soñar!

Dos hombres la conducen despacio a una bombona de oxígeno que hay en una balsa. Mientras se recupera, otro apneísta se pone en el sitio de la mujer y se prepara para sumergirse a una profundidad aún mayor.

Mientras tanto, un apneísta que está en otra línea toma una última bocanada, desciende sesenta metros, llega a la profundidad propuesta y luego, tres minutos después, reaparece en la superficie.

—¡Respira! —le grita su entrenador.

Él sonríe, traga saliva y luego respira. Tiene la cara pálida. Intenta quitarse las gafas, pero tiene las manos agarrotadas y le tiemblan. La falta de oxígeno le ha dejado sin fuerza muscular y está allí flotando sin más, con una mirada inexpresiva y una sonrisa de payaso.

Detrás de él, otro participante sale a la superficie.

—¡Respira! ¡Respira! —le grita un buzo de salvamento.

El hombre tiene la cara morada y no respira.

—¡Respira! —le grita otro.

Al final tose, menea la cabeza y emite un chirrido casi inaudible como un delfín.

Durante la siguiente media hora, van entrando y saliendo apneístas del agua, y presenciamos escenas parecidas. Yo estoy en el velero con el estómago encogido, preguntándome si todo eso es normal. Todos los participantes firman documentos de exoneración en los que reconocen que los ataques al corazón, los desmayos o los ahogamientos pueden ser el precio que hay que pagar para competir. Pero a mí me da la sensación de que la existencia continuada de la apnea deportiva tiene mucho que ver con que las autoridades locales no saben qué está ocurriendo realmente aquí.

Entonces llega Trubridge, con gafas de sol y cascos, y con los brazos que parecen patas de araña al lado de su enorme torso. Puedo ver sus descomunales pulmones subiendo y bajando a pesar de estar a casi diez metros. Está tan absorto en su estado de concentración meditativa que parece medio dormido cuando se mete dentro del agua, se ata la cuerda a un tobillo y se coloca para iniciar el descenso.

Un juez anuncia «Inicio oficial en superficie», y al cabo de unos segundos Trubridge se zambulle, patea con los pies descalzos y desciende con rapidez. El juez anuncia

«Veinte metros» y veo por entre el agua azul y clara como Trubridge coloca los brazos al lado de su cuerpo y va hundiéndose sin esfuerzo, dejándose llevar hasta las profundidades hasta que desaparece. La imagen es a la vez hermosa e inquietante. Intento aguantar la respiración como lo está haciendo él y me rindo a los treinta segundos.

Trubridge supera los treinta metros, los cuarenta y cinco, los sesenta. Cuando lleva casi dos minutos bajo el agua, el juez que controla el sonar anuncia «Profundidad alcanzada» —a noventa y tres metros— y empieza a monitorizar el progreso de Trubridge en dirección contraria. Tras unos angustiosos tres minutos y medio, Trubridge reaparece. Unas brazadas y sale a la superficie, expulsa el aire y se quita las gafas, hace un gesto indicando que está bien y, con su marcado acento neozelandés, dice: «Estoy bien». Se le ve un tanto aburrido.

Los dos días siguientes son de descanso. En el patio del hotel Akti Taygetos se oyen decenas de idiomas, ya que los equipos se reúnen en las mesas para tomar agua embotellada, debatir estrategias y mandar correos electrónicos a los preocupados parientes. El grupo está formado sobre todo por hombres, la mayoría de más de treinta años, y por lo general muy delgados. Algunos son bajos, unos cuantos son rechonchos y muchos llevan la cabeza rapada y camisetas sin mangas, sandalias Teva con tiras de velcro y bermudas holgadas. No parecen ni mucho menos atletas extremos.

Encuentro una mesa libre en la sombra. He concertado una entrevista y una clase de apnea con Hanli Prinsloo, una recordista nacional de Sudáfrica a quien conocí ayer en el velero de Georgoulis. Me contó que durante los tres meses anteriores había estado en Egipto entrenándose para batir el récord mundial, pero que había contraído sinusitis la semana antes y que había tenido que retirarse. Ahora entrenaba a amigos, repartía ánimos y respondía con paciencia a mis muchas preguntas sobre el deporte. También me había instado a que probase el buceo en apnea.

Hasta entonces, el mero hecho de pensar en la apnea me daba claustrofobia. Aparte de algunas zambullidas elegantes e impresionantes de campeones como Trubridge, la mayoría de los intentos parecían desagradables y peligrosos. El primer día, siete participantes sufrieron un síncope antes de llegar a la superficie; si no los hubieran rescatado los buzos de salvamento, ahora estarían muertos en el fondo del mar. Sin duda, el cuerpo humano gozaba de unas características únicas para sumergirse a una profundidad mayor de lo que nunca hubiera imaginado, pero aun así no estaba pensado para descender a las profundidades a las que querían llegar esos apneístas. Era solo cuestión de tiempo que alguien se hiciera daño o le ocurriera algo peor.

Prinsloo insistió en que el buceo en apnea era mucho más que sumergirse siguiendo una cuerda e intentar vencer a tus contrincantes. «Proporciona quietud», me había dicho en el velero, una suerte de meditación con todo el cuerpo que no podía encontrarse en ninguna otra parte. Y no había la necesidad de forzarte a bajar hasta noventa metros para encontrar aquello. La transformación más increíble, me había dicho, ocurría a unos doce metros. Allí, la fuerza de la gravedad parecía invertirse; el agua dejaba de empujar el cuerpo hacia la superficie y, por el contrario, empezaba a arrastrarte hacia abajo.

Aquello eran las «puertas de las profundidades», donde todo cambiaba, y cualquiera podía atravesarlas: incluso yo. Para demostrármelo, Prinsloo se ofreció a darme una clase introductoria fuera del agua en la que trabajaríamos para incrementar mi capacidad para aguantar la respiración, el primer paso para aprender a bucear en apnea. Mi mejor marca personal aguantando la respiración era de unos cincuenta segundos; ella me prometió que tras dos horas de entrenamiento la doblaría.

—¡Ey, hola! —exclama Prinsloo mientras se acerca a mi mesa, junto a la piscina.

A sus treinta y cuatro años, Prinsloo tiene la piel bronceada y un cuerpo atlético; tiene el pelo largo y castaño oscuro. De hecho, a diferencia de la mayoría de los apneístas que he visto, ella sí que parece una atleta de verdad. De niña vivió en una granja en Pretoria, en Sudáfrica, y se pasó los veranos nadando en ríos con su hermana y —me dijo bromeando— hablando «el lenguaje secreto de las sirenas». Tras descubrir la apnea en la veintena, mientras vivía en Suecia, regresó a Sudáfrica. Ahora vive en Ciudad del Cabo, donde dirige el programa de conservación sin ánimo de lucro I Am Water y trabaja a media jornada dando charlas motivacionales y como monitora de yoga y de buceo en apnea.

Caminamos hacia un patio cubierto que da al golfo de Mesenia y desplegamos sendas esterillas de yoga. La sesión empieza con algunas posturas básicas para relajar los músculos que tenemos alrededor del pecho.

—Si pudiéramos quitarnos los pulmones del pecho, veríamos que son del todo flexibles y que podemos inflarlos hasta el tamaño que queramos —dice, y luego infla el pecho y espira.

Lo que impide que los pulmones se expandan es la musculatura que hay alrededor de las costillas, el pecho y la espalda. Haciendo estiramientos y ejercicios de respiración, los apneístas desarrollan la capacidad pulmonar hasta un 75 % más que una persona normal. En realidad, nadie necesita esa capacidad extra para empezar a bucear en apnea, pero, al igual que un depósito de gasolina más grande, puede ayudarte a ir a una profundidad mayor y a permanecer bajo el agua más tiempo. Stéphane Mifsud, que estableció el récord mundial de apnea estática, goza de una capacidad pulmonar de 10,5 litros; de media, un hombre adulto cuenta con 6 litros. Prinsloo puede dejar entrar hasta 6 litros de aire en sus pulmones, lo que contrasta con el promedio de una mujer adulta, que es de unos 4,2 litros.

A continuación, Prinsloo me guía para adoptar algunas posturas de pretzel humano diseñadas para ayudar a abrir los pulmones. Mientras estamos estirando, me cuenta cómo funciona la presión dentro del agua y cómo afecta a nuestros pulmones y nuestro cuerpo.

Dentro del agua, cuanto más nos sumergimos, más aumenta la presión y más se comprime el aire. El agua del mar es ochocientas veces más densa que el aire, así que sumergirse tan solo tres metros provoca el mismo cambio en la presión del aire que descender de una altitud de 3.000 metros al nivel del mar. Cualquier cosa que tenga una superficie flexible y aire dentro —una pelota de baloncesto, una botella de plástico de un refresco o los pulmones de un ser humano— se reduce a la mitad de su volumen original a unos diez metros bajo el agua, a un tercio de volumen original a veinte metros, a una cuarta parte a treinta metros, etcétera.

Cuando la pelota de baloncesto, la botella de plástico o los pulmones regresan a la superficie, el aire que tienen dentro vuelve a inflarse enseguida para recuperar su volumen original. En el caso de los apneístas, eso es infernal para el cuerpo, sobre todo en la parte del pecho. Los ejercicios de respiración y los estiramientos que Prinsloo me está enseñando están pensados para que los músculos pectorales ganen flexibilidad, con el objetivo de que, si empiezo a bucear en apnea, tenga una mayor capacidad de manejar esos cambios drásticos de volumen y no me dé un síncope o muera.

Ahora estamos sentados con las piernas cruzadas y uno enfrente del otro, respirando para que entre aire en las tres cavidades de nuestros pulmones: la zona abdominal, el esternón y la parte superior del pecho, justo debajo de las clavículas. Prinsloo dice que la mayoría de nosotros nos pasamos toda la vida respirando solo con la parte de más arriba del pecho, lo que significa que accedemos únicamente a una parte de los pulmones. Para almacenar más oxígeno y hacer zambullidas más largas, tendré que aprender a respirar de tal forma que aproveche el volumen total de mis pulmones.

Ella me guía para que dirija una respiración de veinte segundos hacia la zona abdominal, el esternón y la parte superior del pecho. Hacer esto me provoca náuseas, pero me acostumbro pasados unos minutos. Luego Prinsloo saca el cronómetro y se prepara para contar mi primer intento aguantando la respiración. Me tumbo en la esterilla, tomo una enorme bocanada pensando en las tres cavidades y aguanto la respiración. Ella pone en marcha el reloj.

Pasa lo que parecen unos treinta segundos. Me vienen unas fuertes ganas de vomitar. Me late la cabeza. Imagino por un instante cómo será estar a treinta metros bajo el agua y tener esa sensación tan desagradable. Ese pensamiento provoca pánico. Unos segundos después, mi cuerpo empieza a sufrir convulsiones. Intento quedarme quieto pero no puedo. Prinsloo para el cronómetro y me dice que suelte el aire y luego vuelva a inspirar. Recupero la posición y sacudo la cabeza con sensación de fracaso.

—No está mal —me dice ella—. Has doblado con creces tu capacidad en el primer intento.

Me enseña el cronómetro. Acabo de aguantar la respiración durante un minuto y cuarenta y cinco segundos.

Le pregunto por las convulsiones. Ella me explica que el cuerpo responde a esas situaciones extremas aguantando la respiración en tres fases. Las convulsiones son la respuesta de la primera fase.

—No empiezas a reaccionar por la falta de oxígeno, sino por la acumulación de dióxido de carbono —dice—. Cuando eso comienza, no es más que un aviso de que tan solo te quedan unos minutos antes de que necesites respirar de verdad.

La respuesta de la segunda fase tiene lugar cuando el bazo libera hasta un 15 % más de sangre fresca y rica en oxígeno en el torrente sanguíneo. Eso suele ocurrir solo cuando el cuerpo entra en *shock*, un estado extremo cuyos síntomas son presión arterial baja, frecuencia cardíaca alta y fallo orgánico. Pero también ocurre durante situaciones extremas en que uno aguanta la respiración. Un apneísta anticipa la liberación de sangre fresca por parte del bazo, siente cómo sucede y lo aprovecha como carburante para sumergirse más aún.

La respuesta de la tercera fase es el síncope, que ocurre cuando el cerebro percibe que no hay suficiente oxígeno para funcionar y se apaga, como un interruptor, para conservar energía. Aunque el cerebro representa solo cerca de un 2 % del peso de nuestro cuerpo, consume el 20 % del oxígeno corporal. La presencia de líquido en la boca o la garganta activa otro mecanismo reflejo de defensa: la laringe se cierra de forma automática para impedir que entre agua en los pulmones. Los apneístas aprenden a notar la llegada de las convulsiones y la liberación del bazo, y saben con exactitud cuándo volver a la superficie para que no se produzca el síncope de la tercera fase. Un apneísta sobrevive entendiendo y respetando estos mecanismos.

—Hay un motivo por el que llevamos incorporados todos estos mecanismos de defensa —dice Prinsloo—. ¡Es porque estamos predestinados a estar bajo el agua! —Prinsloo me indica cómo adoptar otra postura de yoga—: ¡Has nacido para hacer esto!

Me tumbo boca arriba para hacer mi último intento de aguantar la respiración de ese día. *Inspirar*, *espirar*, *gran bocanada*, *aguantar*. Prinsloo pone en marcha el cronómetro. Yo cierro los ojos.

Después de lo que parecen unos veinte segundos, empiezo a sufrir ligeras convulsiones de nuevo. Me digo a mí mismo que esto es natural para concentrarme, mantener la calma y esperar a que el bazo entre en acción. Es difícil esperar. Siento presión en el pecho y mi corazón late con tal violencia que noto los latidos en las manos, las piernas y la entrepierna. La sensación es horrible.

—Aguanta, puedes hacer esto durante mucho más tiempo. Estás solo en la primera fase —me tranquiliza Prinsloo. Yo aguanto. Después de lo que parecen diez segundos más, mi estómago comienza a constreñirse y se me tensa la garganta. Siento claustrofobia—. Solo un poquito más..., un poquito más —dice ella con delicadeza. Al cabo de poco mi cuerpo parece electrificado. Me he dado cuenta de que estoy retorciéndome en la esterilla como un pez fuera del agua—. Ahora mismo, tu bazo está llenando tu cuerpo de sangre fresca y rica en oxígeno —dice Prinsloo.

Momentos después, creo que percibo aquello de lo que está hablando. Mi cuerpo se calma. La oscuridad de mis ojos cerrados se hace más oscura; se desvanece el sonido ambiente de la zona de la piscina; y siento que voy alejándome a la deriva hacia...

—¡Respira! —dice Prinsloo. Espiro, inspiro, espiro. Estoy mareado, me cuesta concentrarme porque me aletean los párpados, pero me siento bien—. ¿Cuánto tiempo crees que has aguantado? —me pregunta.

Yo me encojo de hombros y digo que un minuto o algo así. Ella sonríe. No solo he doblado mi récord aguantando la respiración durante esta clase; lo he triplicado. El cronómetro marca 3 minutos y 10 segundos.

Puede que los humanos hayamos nacido para bucear en apnea, como insistía Prinsloo, pero eso no significa que sea fácil. Tienes que aguantar la respiración durante mucho rato, esforzarte para llegar hasta tu punto de inflexión y no perder los nervios. Ahora podía aguantar la respiración durante más de tres minutos, pero no había intentado sumergirme más de tres metros, más o menos. Y, después de lo que había visto, bucear siquiera hasta diez metros no entraba en mis planes.

Y, aun así, seguía decidido a descubrir cuáles eran las sensaciones allí abajo.

A noventa metros estás a mitad de camino de la zona fótica. Incluso en los océanos más cristalinos, la intensidad de la luz a esa profundidad es alrededor de un 0,5 % la que hay en la superficie. Con menos luz, hay menos vida que en profundidades menores y más luminosas. Las criaturas que viven allí tienen que adaptarse al ocaso: los peces han desarrollado ojos grandes para ver mejor; los tiburones utilizan sentidos electromagnéticos para buscar presas; los calamares, los microorganismos y las bacterias usan un proceso químico llamado bioluminiscencia para poder emitir su propia luz.

Alcanzar esa profundidad es difícil y a menudo peligroso. Los submarinistas pueden llegar a los noventa metros respirando una mezcla de gases, pero eso requiere años de entrenamiento y es una pesadilla logística. El peligro no es bajar —aunque eso es peligroso, sin lugar a dudas—, sino volver a subir. Para un submarinista, una inmersión de una hora a sesenta metros respirando aire comprimido normal requeriría una ascensión de diez horas para eliminar los niveles de nitrógeno mortales en sangre que se acumulan con el descenso. Una ascensión de noventa metros con aire comprimido te mataría con toda probabilidad.

Mi mejor opción a corto plazo era hablar con William Trubridge. Él baja buceando hasta noventa metros todo el tiempo. Trubridge y otros apneístas que no usan nada más que su cuerpo para alcanzar esta profundidad cuentan con una ventaja física con respecto a los submarinistas: a ellos no les afecta el síndrome de descompresión. Sencillamente, no hay suficiente nitrógeno en una sola bocanada para hacer que la sangre burbujee. En la superficie, ese nitrógeno se elimina enseguida del sistema en cuestión de segundos: otra función del Interruptor General.

Entre 2007 y 2010, Trubridge batió catorce récords del mundo —la mayoría eran suyos— en las disciplinas de apnea con peso constante sin aletas e inmersión libre. Hoy en día está considerado el mejor apneísta sin aletas del mundo, así que sabe más sobre la experiencia de sumergirse hasta noventa metros que cualquier persona que haya existido jamás.

«El buceo en apnea es tanto una cuestión física como mental», afirma Trubridge. Estamos sentados al lado de la piscina del hotel Messinian Bay el día después de mi clase de apnea con Prinsloo. Trubridge, con el pelo al rape, gafas oscuras envolventes y una camiseta raída, encaja a la perfección con el resto de los apneístas aquí reunidos. Desprende la energía tranquila y empollona de un programador informático.

Al igual que casi todos los apneístas deportivos, Trubridge dice que bucea con los ojos cerrados. Los abre por un instante cuando llega a la bandeja que hay al final de la cuerda, pero solo eso. Buceando a ciegas, evita que su cerebro gaste la energía —y el oxígeno— que le requeriría procesar información visual.

Así pues, Trubridge no puede decirme qué se ve a noventa metros de profundidad, pero sí puede describirme qué siente alguien al estar allí. Se recuesta en la silla y respira hondo. Y, cuando empieza a hablar, se me vuelve a encoger el estómago...

En los primeros diez metros bajo el agua, los pulmones, llenos de aire, empujan tu cuerpo hacia la superficie y te obligan a nadar para ir bajando. A medida que introduces aire en tus conductos del oído medio para compensar la presión, sientes una versión mucho más intensa de la incomodidad que sentirías en un avión cuando gana altura. Si no logras equilibrar los oídos por completo, la presión se vuelve debilitante y, si no regresas a la superficie, corres el riesgo de sufrir una lesión en los tímpanos.

Y todavía tienes que nadar durante ciento setenta metros hasta que vuelvas a la superficie.

Cuando superas los nueve metros, notas que la presión sobre tu cuerpo se dobla y tus pulmones se encogen. De repente te sientes ingrávido, tu cuerpo queda suspendido en un estado de ingravidez llamado flotabilidad neutra. Luego ocurre algo asombroso: a medida que sigues buceando, el océano empieza a arrastrarte hacia abajo. Colocas los brazos al lado del cuerpo como un paracaidista en caída libre, te relajas y sigues sumergiéndote sin hacer ningún esfuerzo.

A treinta metros, la presión se triplica. La superficie del océano apenas se ve, pero tampoco estás mirando. Has cerrado los ojos en la superficie. Tu piel se enfría mientras te preparas para el intenso estrujón de las aguas profundas.

Todavía más abajo, a cuarenta y cinco metros, entras en un estado de ensoñación causado por el aumento de los niveles de dióxido de carbono y nitrógeno en el torrente sanguíneo. Por un momento, puedes olvidar dónde estás y por qué estás allí.

A setenta y cinco metros, la presión es tan extrema que tus pulmones se encogen hasta tener el tamaño de un puño y el corazón late a menos de la mitad de su frecuencia normal para conservar oxígeno. A esta profundidad se han registrado frecuencias cardíacas en apneístas de tan solo catorce latidos por minuto; algunos apneístas han informado de frecuencias cardíacas de siete latidos por minuto. Esas cifras son las frecuencias cardíacas más bajas registradas nunca en seres humanos conscientes. Según los expertos en fisiología, una frecuencia cardíaca tan baja no permite estar consciente. Y, aun así, según los apneístas, de alguna forma, en las profundidades del océano, sí es posible.

A noventa metros, el Interruptor General se enciende de verdad. Las paredes de los órganos y los vasos sanguíneos, funcionando como válvulas para reducir la presión, permiten la libre circulación de sangre y agua hacia la cavidad torácica. Tu pecho se encoge hasta la mitad de su tamaño original. Durante una inmersión sin límites en 1996, el pecho del apneísta cubano Francisco Ferreras-Rodríguez se redujo de una circunferencia de 127 centímetros en la superficie a 50 centímetros cuando alcanzó su objetivo de profundidad, a 133 metros.

Los efectos de la narcosis por nitrógeno a noventa metros son tan fuertes que te olvidas de quién eres, de qué estás haciendo y de por qué estás en ese lugar oscuro nadando a la tentaruja. Las alucinaciones son habituales. Una apneísta me contó que durante una inmersión muy profunda se olvidó de que estaba bajo el agua. Empezó a tener pensamientos extraños sobre su perro. Se imaginó a sí misma en un parque oscuro mirando a su perro. A medida que regresaba a la superficie y desaparecía la confusión provocada por la narcosis de nitrógeno, recordó que ella no tenía perro.[3]

La narcosis de nitrógeno no solo afecta el cerebro: afecta el cuerpo entero. Pierdes el control motor. Todo lo que te rodea parece ralentizarse.

Luego llega la parte difícil de verdad. Tu reloj de buceo hace un pitido para avisarte de que has llegado a la profundidad que te proponías, ya estás junto a la bandeja que han atado al final de la cuerda. Abres los ojos, obligas tu mano semiparalizada a agarrar una etiqueta de la bandeja y te diriges de nueva hacia la superficie. Puesto que el peso del océano hace presión contra ti, utilizas tus escasas reservas de energía para nadar hacia arriba. Si ahora pierdes la concentración, toses o siquiera dudas lo más mínimo, puedes perder el conocimiento. Pero ni dudas ni te ralentizas. Te apresuras y pateas para volver a la luz.

Al ascender hasta los sesenta metros, cuarenta y cinco, treinta, el Interruptor General invierte poco a poco sus efectos: aumenta la frecuencia cardíaca y la sangre que se ha desplazado a la cavidad torácica vuelve ahora a las venas, las arterias y los órganos. Los pulmones te duelen con un deseo casi insoportable de respirar; se te nubla la vista; y tu pecho empieza a sufrir convulsiones debido a la acumulación de dióxido de carbono. Tienes que darte prisa o vas a perder el conocimiento. Por encima de ti, la bruma azul se transforma en un atisbo de luz. Vas a conseguirlo. El aire de tus pulmones se está expandiendo deprisa y tu cuerpo intenta desesperadamente sacar oxígeno de los pulmones y trasladarlo a la sangre. Pero no hay oxígeno que sacar; ya lo has consumido todo. Tu cuerpo empieza literalmente a sufrir una succión hacia el interior. Si ese vacío aumenta demasiado, perderás el conocimiento. Puedes permanecer sumergido en un estado de síncope durante unos dos minutos. Transcurridos esos dos minutos, tu cuerpo volverá a despertarse y respirará una última vez antes de morir. Si te han rescatado y llevado a la superficie cuando tomes esa última bocanada, inhalarás ese aire que tanto necesitas y es probable que sobrevivas. Si sigues bajo el agua, tus pulmones se llenarán de agua y morirás ahogado. El 95 % de los síncopes ocurren en los últimos cinco metros, por lo general como consecuencia de ese vacío.

Pero a ti eso no te va a ocurrir. Has aprendido lo que tocaba y sabes expulsar la mayor parte del aire que tienes dentro cuando estás en los últimos tres metros antes de llegar a la superficie.

Unos tres minutos después de iniciar la inmersión, sacas la cabeza del agua; el mundo da vueltas; la gente te dice a gritos que respires. Te quitas las gafas, haces un gesto indicando que estás bien y dices: «Estoy bien».

Y luego subes de nuevo a la barca y vuelves a la habitación del hotel.

Hasta el año 2009, solo diez apneístas en todo el mundo habían alcanzado el límite de los noventa metros en la disciplina llamada de peso constante, que permite a los buceadores utilizar una monoaleta: una cuña de plástico de unos noventa centímetros de ancho pegada a unas botas de neopreno. Este jueves en Grecia, en el segundo día del campeonato mundial, quince participantes tratarán de llegar a esa profundidad.

El apneísta británico David King será uno de ellos. King sorprendió a todo el mundo ayer por la noche cuando anunció que intentaría una inmersión de ciento dos metros, lo cual, de lograrlo, establecería un nuevo récord nacional del Reino Unido. Según sus compañeros de equipo, King no había llegado a una profundidad mayor a ochenta metros en los últimos doce meses. En el buceo a pulmón, el progreso se hace metro a metro, según me contaron ayer varios apneístas. Intentar mejorar un récord más de veinte metros no solo es atrevido, sino casi suicida.

Esta mañana, las aguas del golfo de Mesenia son grises y están agitadas por el viento a raíz de una tormenta que hubo ayer. Ahora no llueve, pero hay nubes amenazadoras en el cielo y la visibilidad debajo de la superficie se ha reducido hasta unos doce metros.

Tomo asiento en la proa del barco de Georgoulis, al lado de Prinsloo, que será la entrenadora de su amiga Sara Campbell, una campeona de apnea del Reino Unido que más tarde intentará batir el récord mundial. Mientras tanto, en la línea que tengo justo debajo, David King toma las últimas bocanadas de aire antes de zambullirse. El juez empieza la cuenta atrás. King mete la cabeza en el agua, inclina el cuerpo y comienza a patear con su monoaleta con violencia. Su silueta se desvanece entre las aguas grises. Al cabo de unos diez segundos, ya no se le ve.

El juez sigue el descenso de King:

—Cincuenta metros, sesenta metros, setenta metros...

—Madre mía, baja «volando» —dice Prinsloo.

La velocidad no es necesariamente algo bueno en la apnea, me recuerda ella. Cuanto más deprisa va King, más energía consume y menos oxígeno tendrá para la ascensión.

—Ochenta metros, noventa metros... —dice el juez. Ahora King se desplaza tan deprisa que al juez le cuesta seguirle el ritmo—. Profundidad alcanzada —anuncia el hombre, y King inicia el regreso a la superficie—. Noventa metros, ochenta metros. —Entonces el juez se detiene. King está regresando aproximadamente a la mitad de la velocidad que llevaba al descender. Esto es problemático; King debe ascender más deprisa o va a quedarse sin oxígeno—. Sesenta... Cincuenta... Cuarenta metros. —Los lapsos entre los anuncios de profundidad van espaciándose. Entonces el juez se detiene por completo. Pasados unos segundos, repite—: Cuarenta metros. —Pasan diez segundos en silencio. Ahora King lleva más de dos minutos bajo el agua—. Cuarenta metros —repite de nuevo el juez. Parece que King se ha detenido. Se anticipa algo desagradable en el ambiente. En la barca, miro a mi alrededor. Los jueces, los buzos y los equipos miran todos las aguas agitadas y esperan—. Treinta metros.

Parece que King avanza, pero demasiado despacio. Pasan cinco segundos.

—Treinta metros —repite el juez.

—Ay, madre mía... —dice Prinsloo, con una mano delante de la boca.

Cinco segundos más. El juez no deja de mirar la pantalla del sonar, pero ya no anuncia nada. En el agua no vemos nada; no hay rastro de King ni olas en la superficie.

—Treinta metros. —Silencio—. Treinta metros.

—¡Síncope! —grita un buzo de salvamento.

King está inconsciente a unos diez pisos por debajo de la superficie. Los buzos se zambullen para ir a buscarlo.

—¡Emergencia! —grita el juez.

Unos treinta segundos después, el agua en torno a la línea explota como una caldera de espuma. Reaparecen las cabezas de dos buzos de salvamento. Entre ellos está King. Tiene la cara morada y no se mueve. Su cuello está rígido.

Los buzos sacan del agua la cabeza de King. Tiene las mejillas, la boca y la barbilla manchadas de sangre.

—¡Respira! ¡Respira! —gritan los buzos.

No obtienen respuesta. Del mentón de King caen al océano unas gotas brillantes de sangre.

—¡Emergencia! ¡Emergencia! —grita el juez. Un buzo pone la boca encima de la boca de King, cubierta de sangre, y sopla—. ¡Emergencia, rápido! —grita el juez.

El entrenador de King, Dave Kent, grita al oído de King:

—¡Dave! ¡Dave!

No hay respuesta. Pasan diez segundos, pero nada. Alguien pide a gritos que traigan oxígeno. Otra persona, que se le haga la reanimación cardiopulmonar. Georgoulis chilla:

—¿Por qué nadie llama a emergencias? ¡Que traigan un helicóptero! —Georgoulis me grita a mí, a Prinsloo, a nadie en concreto—. ¿Qué coño está pasando? —vocifera.

Detrás de nosotros, en la línea uno, otro apneísta se zambulle. Luego reaparece otro, sin conocimiento. Los buzos de salvamento trasladan el cuerpo de King en posición supina a la flotilla y le ponen una máscara de oxígeno. Pero aún no responde. Tiene el cuello rígido; sus músculos faciales se han quedado paralizados en una sonrisa enfermiza; sus ojos, abiertos de par en par y con la mirada perdida, miran al sol.

King está muerto. Ese es el consenso que hay en el velero. Pero estamos a unos doce metros de él y, en medio de los gritos, nadie sabe qué es lo que está ocurriendo de verdad. El equipo de salvamento de la flotilla hace compresiones sobre el pecho de King, le dan golpecitos en la cara y le gritan.

—¡Dave! ¿Dave?

Alrededor de la flotilla se sumerge otro apneísta, y luego otro sale a la superficie. La competición sigue en marcha. Me giro hacia un lado de la embarcación para no contemplar aquello. Un apneísta checo me mira fijamente, cierra los ojos y vuelve a recitar un mantra como preparación antes de zambullirse.

Entonces, milagrosamente, los dedos de King tiemblan, sus labios aletean y el apneísta respira. Recupera el color en la cara; se le abren los ojos y después vuelve a cerrarlos con suavidad. Se les desentumecen los miembros. Respira hondo y da palmaditas a la pierna de su entrenador como queriendo decir: «Estoy bien, estoy bien». Llega una lancha motora. El equipo de emergencias coloca a King con cuidado en la proa de la embarcación.

Mientras la lancha que transporta a King se aleja hacia la costa, Trubridge intenta una inmersión de ciento dieciocho metros en la línea uno, pero regresa antes de tiempo y no cumple el protocolo de superficie. A continuación, la participante británica Sara Campbell vuelve a la superficie tras solo veintidós metros en su intento de batir el récord mundial.

—No he podido hacerlo —dice cuando se mete de un salto en el velero.

Estaba demasiado afectada por lo de King. Hay otro síncope en la línea dos. Y luego otro en la tres.

—Madre mía, hoy se están complicando las cosas —dice Campbell. Los vientos del oeste arrecian, agitan el océano y hacen ondear la vela que tenemos encima—. Es como un efecto dominó. Todo se está desmoronando. Esto es lo peor que he visto nunca. —Y, aun así, la competición sigue adelante durante tres horas más.

En la última inmersión del día, un ucraniano, novel en este deporte, intenta un descenso inicial de cuarenta metros. Se zambulle, vuelve a la superficie y se quita las gafas. Le sale un chorro de sangre por la nariz. Completa el protocolo de superficie y le conceden una tarjeta blanca, lo que significa que se acepta la inmersión. La sangre está permitida.

Esa noche en el hotel, los apneístas conversan con actitud distendida; algunos ríen, otros sacuden la cabeza ante todo el drama pero sin gran preocupación. De los noventa y tres participantes del día, quince han intentado inmersiones de cien metros o más. De esos, dos han sido descalificados, tres han vuelto a la superficie antes de lo previsto y cuatro han perdido el conocimiento: un índice de fracaso del 60 %. King está en el hospital. Nadie lo sabe a ciencia cierta, pero corre el rumor de que la presión le ha provocado un desgarro en la laringe, algo bastante común en las inmersiones a gran profundidad y, según dicen, una lesión leve.

Por lo que respecta a los acontecimientos del día en general, los participantes no se muestran tan indiferentes.

—Estas cosas nunca ocurren —insisten una y otra vez esa noche en el patio del hotel con una mirada de desconcierto.

Parece una respuesta ensayada. Es probable que esas cosas sucedan de forma regular, pero aquí nadie quiere admitirlo. Ahora el reto es ver cuál de estos apneístas puede borrar de su mente los acontecimientos «complicados» del día y sumergirse a profundidades aún mayores en el último día de competición.

Una persona que no parece afectada es Guillaume Néry, un apneísta francés de veintinueve años que ayer ganó la competición de apnea con peso constante. El día después de que King casi muriera ahogado, me reúno con Guillaume a media mañana en una mesa llena de otros miembros del equipo francés.

—Yo no estaba allí, así que no lo sé exactamente —dice con su fuerte acento francés—. Pero creo que el principal error no es algo solo de King, sino de todos los apneístas. Se centran en esa cifra de los cien metros y no en sus sensaciones, en lo que de verdad quieren hacer.

Néry, que empezó a hacer buceo en apnea a los catorce años, se hizo famoso a escala internacional en 2010 con el estreno de *Free Fall*, un corto que le seguía en su inmersión a pulmón de trece pisos en las Bahamas. Desde que se estrenó, el filme ha tenido más de trece millones de visualizaciones en YouTube.

—Yo aprendí hace mucho tiempo que la paciencia es la clave del éxito en el buceo en apnea —me dice—. Tienes que olvidarte del objetivo de profundidad para disfrutar y relajarte en el agua. —Néry sonríe y se acaricia su melena rubia, y menciona que no ha perdido el conocimiento en los más de cinco años que lleva haciendo apnea de forma regular—. Lo importante ahora es intentar hacer la inmersión, volver a la superficie y salir con una sonrisa en la cara.

El sábado, el último día de competición, hace un calor sofocante, el aire está encalmado y las aguas están claras y tranquilas: unas condiciones perfectas. Hoy la disciplina es la inmersión libre, en la que a los apneístas se les permite impulsarse con la ayuda de la cuerda para alcanzar su objetivo de profundidad. Las profundidades de la inmersión libre son un poco menos extremas que las de la apnea con peso constante, pero pueden requerir más tiempo, a veces más de cuatro minutos, con lo cual son insoportables de seguir. Ayer por la noche los apneístas recibieron un toque de atención del director del evento, Stavros Kastrinakis, que les dijo: «Sumergíos solo hasta vuestro límite». Las profundidades anunciadas para hoy parecen más conservadoras. Pero, aun así, hay varios intentos previstos de batir récords nacionales y mundiales.

—Dos minutos —anuncia el juez desde la flotilla a los apneístas.

El primer participante es remolcado despacio por su entrenador hasta la línea tres. El buceador se da la vuelta y desciende entre el agua clara impulsándose con la cuerda guía. Alcanza la profundidad prevista e inicia la ascensión. Como es habitual, el juez narra la progresión del apneísta:

—Treinta metros. Veinte metros.

Otro síncope. Los buzos de salvamento se zambullen. Instantes después, traen al apneísta a la superficie. Tiene la cara morada y la boca abierta. Me doy la vuelta y me voy debajo de la cubierta, ya sin interés por ver este deporte. Pero, transcurridos unos segundos, el apneísta sacude la cabeza y sonríe; y luego se disculpa con su entrenador.

—Ves, no hay para tanto —me dice Prinsloo, que está de pie detrás de mí en el velero.

Es cierto, o tal vez me estoy acostumbrando a ver cuerpos inconscientes rescatados de casi veinte metros de profundidad. Sea como fuere, vuelvo a cubierta y observo como los siguientes apneístas hacen todos sus inmersiones sin incidentes. Luego empiezan a bucear los apneístas de élite; el polaco Mateusz Malina bate el récord nacional masculino con una inmersión de ciento seis metros. La vigente campeona del mundo, la rusa Natalia Molchánova, establece un récord mundial de ochenta y ocho metros. Antoni Koderman se sumerge ciento cinco metros y establece un nuevo récord de Eslovenia. Néry bate el récord de Francia con ciento tres metros. Trubridge hace ciento doce, casi sin esfuerzo. En una hora se baten siete récords nacionales. Todo el mundo tiene el control. El deporte vuelve a ser hermoso.

Luego, en la línea dos, se oye revuelo. Los buzos de salvamento han perdido a un participante checo llamado Michal Rišian. Literalmente, lo han perdido. Está al menos a sesenta metros de profundidad, pero el sonar ya no lo detecta. De alguna forma se ha alejado de la cuerda.

—¡Emergencia! ¡Emergencia! —grita el juez. Los buzos de salvamento se zambullen, pero regresan a la superficie un minuto después sin noticias del apneísta—. ¡Emergencia! ¡Emergencia! ¡Rápido!

Pasan treinta segundos. No hay rastro de Rišian por ningún lado.

En la línea uno, Sara Campbell se prepara para iniciar su inmersión. Por debajo de donde está ella, tres minutos y medio después de sumergirse en la línea dos, reaparece Rišian: a unos doce metros de la línea a la que estaba atado de entrada.

Hay confusión. Campbell se aparta de golpe asustada. Rišian se quita las gafas y dice:

—No me toquéis. Estoy bien. —Luego vuelve a nado al velero sin ayuda. Se echa a mi lado en el casco, se ríe y dice—: Qué inmersión más rara.

Es una manera de decirlo. Antes de que Rišian se zambullera, y siguiendo la rutina habitual, su entrenador ha atado la cuerda al tobillo derecho de Rišian en la línea. Cuando Rišian se ha dado la vuelta y se ha sumergido, el velcro que le mantenía pegado a la cuerda se ha aflojado y se ha desprendido. Los buzos de salvamento lo han visto flotando, desenganchado, y se han zambullido de inmediato en busca de Rišian, pero él ya no estaba, a treinta metros de profundidad. Rišian, que no se había dado cuenta, ha cerrado los ojos, ha meditado y ha seguido agua abajo. Pero no estaba yendo recto: se estaba desviando en un ángulo de cuarenta y cinco grados de la línea, hacia mar abierto.

El entrenador de Rišian, al darse cuenta de que lo más probable era que falleciera a raíz de ese fallo, se ha quedado inmóvil flotando en la superficie, mirando a los buzos de salvamento, que de la estupefacción ni siquiera pestañeaban. «Recordaré su mirada durante mucho tiempo», ha dicho después. «Terror, sobrecogimiento, miedo y tristeza». Mientras tanto, Rišian iba bajando más y más, sin ser consciente del peligro. A ochenta y tres metros, le ha sonado la alarma del reloj de buceo. Ha abierto los ojos y ha buscado la bandeja de metal, pero no había ninguna. «No veía ninguna etiqueta, ni ninguna bandeja ni ninguna cuerda, nada —ha dicho—. Estaba perdido del todo. Incluso cuando miraba arriba o a mi alrededor, solo veía una masa azul.»

Cuando estás veintisietes pisos por debajo de la superficie, en medio de unas aguas turbias, todas las direcciones parecen lo mismo. Y todas se perciben igual: la presión del agua hace imposible evaluar si estás nadando hacia arriba, hacia abajo o hacia los lados.

Por un instante, Rišian ha entrado en pánico. Luego se ha calmado, pues sabía que lo único que conseguiría si sucumbía al pánico era morir más deprisa. «En una dirección había un poco más de luz», me ha contado. «He pensado que la superficie estaba en esa dirección.» Pero estaba equivocado. Rišian se ha puesto a nadar en horizontal. Pero, mientras nadaba, intentando no perder el conocimiento y mantener la calma, ha visto una cuerda blanca. «Sabía que, si encontraba la cuerda, todo iría bien», me ha dicho.

La probabilidad de que Rišian encontrase una cuerda a setenta y cinco metros bajo el agua —y, más aún, una tan alejada de la línea en la que se había sumergido— era, según mis cálculos, aproximadamente la misma que la de que salga un doble cero en la ruleta. Dos veces. Pero allí estaba, la línea por la que Sara Campbell estaba a punto de bajar, a unos doce metros de donde Rišian había iniciado su descenso. El apneísta ha agarrado la cuerda, se ha puesto en marcha hacia la superficie y de alguna forma ha salido a flote antes de ahogarse.

La última noche, apneístas, entrenadores y jueces se reúnen en la playa con motivo de los actos de clausura. Deslumbran las luces estroboscópicas y los focos colocados en un escenario enorme, se oye a todo volumen pop europeo desde la cabina del DJ y una multitud de varios cientos de personas baila y bebe debajo de un cielo nocturno adornado por las estrellas. Detrás del escenario crepita una hoguera, que calienta los cuerpos desnudos y mojados de los que no pudieron resistirse a darse un último chapuzón.

Se anuncian los ganadores. En total, los apneístas han batido dos récords mundiales y cuarenta y ocho nacionales. Los participantes también han sufrido diecinueve síncopes. Trubridge ha ganado la medalla de oro tanto en apnea con peso constante como en inmersión libre.

—El verdadero ganador es Rišian —dice Trubridge mientras toma un trago de cerveza al lado de su mujer, Brittany.

Detrás de nosotros cada veinte minutos, más o menos, en una pantalla de vídeo se proyectan las imágenes escalofriantes de la inmersión de Rišian desligado de la cuerda, que las cámaras subacuáticas han grabado. Al final del vídeo, la multitud aplaude, y Rišian, que ahora está borracho por los tragos de «cumpleaños» (para celebrar su nueva vida después de una inmersión casi mortal), sube enseguida al escenario y saluda con una reverencia. Dave King, el apneísta que sufrió un síncope terrible hace solo dos días, camina entre la muchedumbre con el equipo británico, sonriendo y al parecer en perfecto estado de salud. Néry, con un estilo francés por antonomasia, fuma un cigarrillo.

—Esta es una comunidad muy unida —dice Hanli Prinsloo mientras bebe un cóctel junto a la hoguera—. Es como si todos nosotros no tuviéramos otra opción. Tenemos que estar dentro del agua; hemos elegido vivir nuestra vida en ella y, al hacerlo, aceptamos los riesgos que eso conlleva. —Toma un trago—. Pero también cosechamos sus beneficios.

-200

Un mes después, me invitan a presenciar un buceo en apnea de otro tipo, y ese sí tiene un propósito. Varios investigadores independientes tienen el objetivo de pasarse diez días buceando, estudiando y enganchando unos transmisores de rastreo en las aletas dorsales de tiburones que devoran personas. Todo eso tendrá lugar en las aguas costeras de una isla situada en el otro extremo del planeta de la que nunca he oído hablar. El primer reto es llegar allí.

Se tarda quince horas, tres comidas, cuatro botellitas de vino, siete películas y cinco idas al baño para viajar en avión desde San Francisco a Sídney, en Australia. A continuación, se hace una escala de cuatro horas en el Aeropuerto Internacional de Sídney (un *bagel*, una siesta de veinte minutos tumbado en el suelo, una bolsa de anacardos, cuarenta y cinco minutos en la tienda de periódicos leyendo la *Rolling Stone*) antes de tomar el siguiente avión hasta Saint-Denis, la capital de La Reunión. El avión es un viejo Airbus 330 —un modelo tristemente famoso por sus averías durante el vuelo—, con una pintura que hace que parezca una nave de los años ochenta. El interior es igual de roñoso: los asientos están manchados; los tiradores de los compartimentos superiores ya no cierran bien y están rayados, y su color ha pasado de blanco a amarillento. La cabina solo está llena en un 20 %, ocupada sobre todo por parejas de ancianos. Excepto yo, todo el mundo habla francés. Transcurrida una hora desde el despegue, los pasajeros están repantigados por las hileras vacías, casi dormidos. Más vino, más películas, más comidas. La noche se desvanece y se hace de día.

Dos horas más tarde, se encienden las luces del cinturón de seguridad. El avión traza un arco hacia el oeste y, al mirar por las ventanillas del lado izquierdo, veo una isla diminuta que asoma a lo lejos. El capitán hace descender la nave y aparece un paisaje de otro mundo: cumbres volcánicas de kilómetros de altura sobresalen por entre las onduladas nubes blancas. Un agua azul baña playas de arena blanca. Cataratas de cuarenta pisos rocían de niebla el verde de la jungla. Es una escena tan prototípica de una maravilla tropical que bien podría ser un paisaje generado por ordenador, como el que podemos ver en *El mundo perdido: Jurassic Park*. Pero esto no es un set de una película ni un salvapantallas. El paisaje exótico y prehistórico que tengo debajo es el aspecto que tiene Francia a más de 6.000 kilómetros de París.

La Reunión es el territorio de ultramar más al sur de la República Francesa y una región remota de la Unión Europea. Con tan solo unos 2.500 kilómetros cuadrados, cerca de una cuarta parte la extensión de la isla grande de Hawái, es un punto diminuto situado 9.600 kilómetros al oeste de Australia y a unos 640 kilómetros de la costa este de Madagascar. Los franceses llegaron allí en el siglo XVII, le pusieron el nombre de isla Borbón y la utilizaron como centro de comercio y plantación de azúcar durante los siguientes siglos. Hoy en día, La Reunión es para los franceses lo que es Hawái para los estadounidenses: un refugio tropical con todas las comodidades contemporáneas del continente pero sin el mal tiempo. Vienen aquí por las mismas razones: para jubilarse, empezar una nueva vida, celebrar la luna de miel o recuperar la temperatura durante los largos inviernos. El motivo principal por el que La Reunión se hizo famosa es que, en 1966, tuvo ciento ochenta centímetros de precipitación en un solo período de veinticuatro horas: un récord mundial. En 1671, la población de toda la isla era de noventa personas. En 2008, era de más de ochocientas. Aunque La Reunión forma parte de Francia, en la actualidad predominan los inmigrantes de India, China y África. La mayoría de los residentes viven a lo largo de la costa oeste, cerca de una retahíla de antiguos enclaves coloniales. Hay una iglesia católica en el centro de todos los pueblos y una playa que limita con cuadrículas de casas bajas de colores. La cerveza local, llamada Dodo por el pájaro extinguido que se creía (erróneamente) que había habitado en La Reunión, tiene un ligero sabor a jabón.

La comida, sin embargo, es deliciosa: calidad parisina con un toque africano. El tiempo es siempre cálido y apetecible. El paisaje y las playas no están saturados y son inmaculados, tan espectaculares como los de cualquier isla del sur del Pacífico. La Reunión sería un paraíso de no ser por un problema notable: la amenaza constante de ser devorado por los tiburones.

En los últimos años, por motivos que nadie sabe explicar, los ataques de tiburones han ido en aumento. En 2010, los tiburones sarda de repente empezaron a tener una conducta agresiva y mataron e hirieron a nadadores y surfistas a lo largo de las playas y centros turísticos más lujosos de la isla.

El promedio mundial de víctimas por ataques de tiburón es de seis al año; dos muertes y media docena de lesiones sucedieron en la minúscula isla de La Reunión en un lapso de tres meses. Fue el incremento más drástico de los ataques de tiburones que se había visto nunca en La Reunión, y amenazaba con arruinar la delicada economía de la isla, basada en el turismo.

Esa situación irritaba mucho a Fred Buyle, un fotógrafo y activista en favor de los tiburones que había conocido en los campeonatos mundiales de apnea en Grecia. Él me llamó una semana después de que regresara a mi casa para hablarme del lado positivo del buceo a pulmón: la parte en la que no te sale sangre por la boca ni estás al borde de la muerte. Me contó lo útil que puede ser para hacer investigaciones sobre los tiburones.

«El buceo en apnea también es una herramienta», me dijo entre los chisporroteos de la línea telefónica con su cantarín acento francobelga. Era una forma de entrar en contacto con los animales del océano y, según la esperanza que él tenía, de contribuir a salvarlos.

A Buyle le conocí en el bar del hotel en Kalamata, con un pequeño grupo de otros apneístas. Quise saber cómo se ganaba la vida, pero a él no le gustó la pregunta. «Hago un poco de buceo en apnea —me dijo— y saco algunas fotos.» Hasta que no le busqué en Google esa noche no descubrí que era una leyenda: uno de los primeros apneístas deportivos y uno de los fotógrafos subacuáticos más buscados del mundo. Hay sitios web llenos de fotos en las que se le ve buceando a pocos centímetros de grandes tiburones blancos, nadando entre bancos de peces martillo y codo con aleta con tiburones de puntas blancas.

Buyle iba a viajar a La Reunión, me dijo, para impedir una matanza de tiburones. A raíz de los ataques más recientes que se habían producido, unos isleños enfadados estaban intentando cazar y matar a toda la población local de tiburones sarda. Aquello acabaría con el inmaculado ecosistema oceánico de La Reunión.

Su plan era sumarse a una tropa de investigadores marinos voluntarios, entre ellos un ingeniero residente en La Reunión llamado Fabrice Schnöller, y bucear a pulmón unos veinticinco metros, hasta el fondo marino. Allí colocaría en las aletas dorsales de los tiburones sarda unos dispositivos de control por satélite. Esos aparatitos monitorizarían los patrones de nado y la ubicación de los animales y alertarían a los isleños si los tiburones se acercaban demasiado a la orilla. Sería el primer sistema de rastreo de tiburones en tiempo real del mundo.

Buyle creía que la reciente ola de ataques eran accidentes. A los tiburones sarda, decía él, no les gusta devorar humanos. Tenía que haber alguna otra razón para que se acercasen a la orilla. Rastreando sus movimientos, su equipo podría identificar la causa, contribuir a remediarla e impedir el exterminio de los tiburones sarda.

No obstante, era comprensible que los isleños vieran las cosas de otra forma. Los tiburones sarda son unos de los depredadores marinos más fuertes y mortíferos del planeta. Pueden alcanzar una longitud de tres metros y medio y pueden pesar hasta doscientos veinticinco kilos. Sus riñones, muy desarrollados, les permiten vivir tranquilamente tanto en aguas dulces como saladas, y se les ha observado en muchos entornos extremos: a más de 3.200 kilómetros Amazonas arriba, en las estribaciones de los Andes peruanos; durante crecidas, por calles de poblaciones del este de Australia, y en fondos marinos a doscientos metros de profundidad. Comen casi cualquier cosa que tenga cara: peces, otros tiburones sarda, tortugas marinas, pájaros, delfines o cangrejos. Junto con los tiburones tigre y los tiburones blancos, los tiburones sarda son responsables de más ataques contra seres humanos que cualquier otra especie de tiburón del planeta.

Al igual que la mayoría de los tiburones, los sarda pasan mucho tiempo en aguas profundas, donde la visibilidad es extremadamente limitada o nula. Por eso es casi imposible estudiarlos. Los submarinos, los robots y los buzos equipados con trajes de buceo atmosféricos pueden llegar hasta los doscientos metros de profundidad o más, pero esos aparatos no confieren una velocidad ni una flexibilidad suficientes para que el buzo siga a los tiburones sarda, les enganche un dispositivo o haga observaciones que merezcan la pena. Incluso en los días más soleados, con las aguas más claras, el océano a esa profundidad —llamada zona mesopelágica o crepuscular, que se extiende de los doscientos metros a los mil—, recibe un 1 % de la luz que hay en la superficie. Esa luz no es suficiente para hacer la fotosíntesis, con lo cual a esas profundidades la comida es escasa.

Los tiburones sarda se adaptan a eso cazando sus presas en aguas menos profundas y luego regresan a las profundidades para migrar. La única forma de llevar a cabo estudios a largo plazo de esos animales —y de casi cualquier otra especie de tiburón— es esperar que acudan a alimentarse cerca de la superficie y colocarles dispositivos de rastreo que monitoricen sus movimientos al sumergirse de nuevo.

Sin embargo, la colocación de los dispositivos no es una tarea sencilla. Acercase a los animales con equipamiento de submarinismo o tratar de engancharles los aparatitos desde una embarcación es peligroso y a veces sencillamente no es factible. Los tiburones se ponen nerviosos y se alejan, o terminan heridos en el proceso. Algunas veces muerden.

Buyle me dijo que la forma más segura y eficaz de colocar dispositivos de rastreo a los tiburones de La Reunión era acercarse a ellos en sus condiciones, buceando en apnea hasta una profundidad suficiente para pegarles un transmisor en la aleta dorsal. Aun así, reconoció Buyle, era una operación arriesgada en la que los resultados no estaban garantizados.

Nos encontraríamos en La Reunión dentro de tres semanas.

He aquí una breve historia de la zona mesopelágica.

En 1841, el naturalista británico Edward Forbes extrajo muestras de las aguas profundas del mar Mediterráneo y, en especial, del mar Egeo, pero en ellas no encontró nada. Ni una concha, ni plantas, ni peces ni ninguna señal de vida. Forbes declaró que el agua por debajo de los 275 metros de profundidad era un desierto negro, y a esas profundidades las denominó zona azoica ('sin vida'). Nadie refutó sus afirmaciones durante dos décadas.

Más adelante, en los años sesenta del siglo XIX, un científico inconformista de Noruega decidió comprobar los trabajos de Forbes. Michael Sars navegó hasta la parte central del mar de Noruega, caló algunas redes y cubos hasta unas decenas de metros de profundidad y volvió a subirlas a la superficie. Repitió el proceso varias veces y descubrió que las profundidades «sin vida» estaban, de hecho, llenas de vida. Tras algunos años, Sars había encontrado más de cuatrocientas especies de animales en ese inframundo, algunas de ellas descubiertas a una profundidad de setecientos sesenta metros. El hallazgo más asombroso fue el del lirio de mar, un animal con forma de flor con un largo tallo como cuerpo y una corona de folíolos que parecen pétalos que, según creían los científicos, se había desarrollado en la época de los dinosaurios, hace cien millones de años.

Durante mucho tiempo se había creído que el lirio de mar se había extinguido, pero allí estaba, en un cubo de madera en la cubierta de la barca de Sars, viviendo tranquilamente a trescientos metros de profundidad. Las aguas profundas, postuló Sars, no solo contenían vida abundante, sino que además eran un enlace con el pasado remoto de nuestro planeta. Y cuanto mayor era la profundidad, más nos podíamos remontar en el tiempo. Mientras que la vida terrestre estaba en un estado de alboroto constante, devastado por tormentas, terremotos, inundaciones, sequías, meteoros y glaciaciones, casi nada parecía afectar a las aguas profundas. Cada día presentaban la misma luz azul tenue; cada noche era negra como el carbón. El tiempo nunca variaba. Era un museo viviente.

Diez años después de los descubrimientos de Sars, los científicos habían encontrado más de 4.700 nuevas especies en las aguas profundas. También habían sondeado el fondo marino y habían cartografiado una geografía tan accidentada como cualquier paisaje terrestre: amplias llanuras, montañas enormes y valles con una profundidad de ocho kilómetros.

Cada vez se tenía una percepción más precisa de las profundidades del océano, pero, en el mejor de los casos, todavía era superficial: era como explorar la vida en la tierra barriendo con un cazamariposas los alrededores de un globo aerostático de noche. La zona mesopelágica o «intermedia» ahora tenía un nombre propio, pero aún no se le ponía cara. Nadie había visto cómo era de verdad y nadie sabía realmente qué ocurría allí abajo.

Tuvieron que pasar otros treinta años para que alguien sacara la primera foto. El hombre que lo hizo fue William Beebe, un investigador de la Sociedad Zoológica de Nueva York. Beebe no tenía experiencia en el mundo de la ingeniería y nunca había visto una embarcación capaz de sumergirse decenas o cientos de metros en el océano, pero eso no le disuadió. Diseñó una máquina para sumergirse en aguas profundas llamada batisfera (que en griego significa «esfera profunda») y la aparcó a poca distancia de la costa de la isla Nonsuch, en el archipiélago de las Bermudas. En junio de 1930, preparó el receptáculo para su primera inmersión tripulada.

La batisfera era, en esencia, una gran bala de cañón vacía con tres ventanas de un grosor de siete centímetros y medio de cuarzo fundido y una escotilla de entrada de ciento ochenta kilos en la parte superior. Tenía el tamaño justo para que en su interior cupieran dos hombres, uno de rodillas sobre sus talones y otro sentado justo enfrente con las piernas encogidas. Para sumergirlo en el agua y volverlo a subir, se utilizaba un cable de acero, atado al techo del sumergible y enrollado alrededor de un cabrestante mecánico, como un yoyó. El oxígeno se suministraba mediante contenedores de aire comprimido; el aire acondicionado se generaba con hojas de palma que se usaban a modo de abanico.

Había fallos constantemente. En inmersiones de prueba sin tripulantes, los cables del techo se enredaban y quedaban enmarañados. En medio de fuertes corrientes, se balanceaba con violencia y los objetos salían despedidos de un lado a otro de la cabina. A veces había filtraciones de agua.

En una ocasión, Beebe y la tripulación de la embarcación izaron el sumergible a cubierta después de una prueba y vieron por una de las ventanas que se había llenado de agua por completo. Cuando Beebe empezó a aflojar la escotilla superior, un tornillo salió disparado hasta la otra punta de la cubierta e hizo una muesca de 1,3 centímetros en una pieza de acero que había a unos diez metros. Del agujero que había dejado el tornillo, salió de golpe un chorro de agua con tal fuerza que, en palabras de Beebe, «parecía vapor caliente». El inventor se dio cuenta de que el agua debía de haber entrado en la batisfera a una profundidad extrema y, cuando la habían subido a la superficie, la presión del interior había aumentado de forma constante, con lo cual había alcanzado un valor de casi 9.000 hectopascales. El tornillo medio suelto salió despedido como una bala. Si Beebe hubiera estado dentro de la batisfera durante la inmersión, habría muerto ahogado.

Pero al cuerno los peligros. El 6 de junio de 1930, Beebe entró a gatas en la batisfera y se preparó para la primera inmersión. A su lado estaba un ingeniero de Harvard, Otis Barton, que se había encargado de la mayor parte del diseño del sumergible y había recaudado la mayoría del dinero para construirlo. La tripulación soltó el cabrestante y la batisfera entró salpicando en el agua. El cable fue desenrollándose, y Beebe y Barton desaparecieron.

Cuando los hombres habían descendido noventa metros, vieron que la cabina había sufrido un escape. Beebe decidió seguir adelante. A ciento ochenta metros, salió una lluvia de chispas de un portalámparas. Barton apretó los cables y las chispas se detuvieron. La batisfera siguió sumergiéndose.

Beebe y Barton veían que el agua se oscurecía a su alrededor, como las luces de un teatro se apagan poco a poco antes de un espectáculo. «Puse mi cara contra el cristal y miré hacia arriba y, en el pequeño segmento que logré ver, vi un tenue vislumbre azul pálido», escribiría Beebe más adelante. «Miré hacia abajo y volví a sentir las ansias de ir siempre más allá, aunque aquello parecían las negras puertas del infierno.»

Las profundidades estaban llenas de criaturas fantásticas: peces, esferas gelatinosas y formas de vida que no se habían visto nunca. A medida que se acercaban a los doscientos diez metros, el agua no era negra, como Beebe pensaba que sería, sino de un azul desteñido. «En tierra firme, de noche, a la luz de la luna, siempre puedo imaginar el amarillo de la luz del sol, el escarlata de flores invisibles», escribió. «Pero allí, cuando los focos reflectores estaban apagados, el amarillo y el naranja y el rojo eran impensables. El azul que llenaba todo el espacio no permitía pensar en otros colores.»

En su primera inmersión tripulada, Beebe y Barton se convirtieron en los primeros hombres que observaron el mundo profundo y azul de la zona mesopelágica, pues alcanzaron una profundidad de un poco más de doscientos cuarenta metros.

Y, aun así, estar dentro de la batisfera era una experiencia de un aislamiento tremendo. Beebe y Barton pudieron avistar los animales de las profundidades, pero, puesto que estaban colgados de un cable de acero, no podían seguirlos, interactuar con ellos ni estudiarlos de ninguna manera significativa. Apenas podían sacarles fotos. Demostraron que sí habitaban animales a esas grandes profundidades —Beebe y Barton terminaron llegando hasta los 923 metros—, pero a partir de esa profundidad, poco sabían acerca de adónde iban aquellos extraños organismos, qué comían o cómo podían orientarse en medio de las aguas oscuras y uniformes de las profundidades del océano.

Eso empezó a cambiar en los años cuarenta y cincuenta del siglo xx, cuando los investigadores comenzaron a monitorizar animales marinos con etiquetas identificativas de plástico. Si bien era imposible rastrear o estudiar a los animales que permanecían en la zona mesopelágica, a los depredadores verticales, como los tiburones, que se pasaban buena parte del tiempo en la zona mesopelágica pero que con frecuencia subían a la superficie para alimentarse, sí se les podían enganchar distintivos.

Un tiburón al que se le hubiera puesto una etiqueta en una zona y se le observase en otra demostraría a los científicos lo lejos que migraban los tiburones y adónde se dirigían. Algunos investigadores capturaban tiburones, les abrían el abdomen, les insertaban una etiqueta, les volvían a coser el vientre y los liberaban de vuelta al océano. Esas etiquetas podían durar décadas. (Una que se había introducido en un tiburón en 1949 se descubrió cuarenta y dos años después.) En una campaña que se hizo en Estados Unidos a partir de finales de los cincuenta y que duró unos treinta años, se introdujeron etiquetas a cerca de 106.000 tiburones en el área del noroeste del Atlántico.

En los años sesenta, los investigadores empezaron a colocar transmisores en los tiburones, lo cual por primera vez proporcionaba datos inmediatos sobre lo rápido que nadaban, adónde iban, cuán lejos y hasta qué profundidad.

Los resultados fueron asombrosos. La mitad de las especies conocidas se pasaban buena parte del tiempo en las aguas frías y oscuras de las profundidades del océano. A esas profundidades, se desplazaban miles de kilómetros en bancos de cientos de individuos, nadando uno detrás de otro en perfecta sintonía, siguiendo una línea invisible. Luego regresaban al punto de origen recorriendo la misma línea invisible con la misma precisión.

Incluso en el océano tropical más cristalino, hay muy poca luz a doscientos metros bajo el agua, y no había nada que tocar u oler o ver que pudiera ayudar a los tiburones a encontrar el camino. Y, a pesar de todo, parecían saber dónde estaban y adónde iban en todo momento. Para un humano, eso sería como ponerse una venda y tapones en los oídos y caminar 4.830 kilómetros desde Venice Beach, en California, hasta Coney Island, en Nueva York, y volver. Y hacerlo todos los años.

Aproximadamente en la época en que los investigadores marinos se estaban rascando la cabeza ante esos nuevos descubrimientos, al zoólogo alemán Friedrich Merkel le llegó la información de que los petirrojos europeos presentaban un comportamiento peculiar. Los compañeros de trabajo de Merkel habían observado que los petirrojos saltaban en la misma dirección en la que migraban de forma natural. Los pájaros mantenían la dirección en sus saltitos incluso estando en zonas cerradas, donde no podían interpretar las pistas que les daban el sol o el cielo. Era como si esos pájaros tuviesen un sentido innato que les indicaba su ubicación y destino, incluso cuando no podían ver nada.

En 1958, Merkel juntó una bandada de petirrojos y los metió, uno a uno, dentro de un receptáculo del tamaño aproximado de un cubo de la limpieza que impedía ver el cielo, las estrellas y el sol. El suelo del receptáculo estaba cubierto de una almohadilla eléctrica sensible al tacto que registraba la dirección en la que el petirrojo saltase. A lo largo de varios meses, Merkel observó los movimientos de los pájaros. Los resultados fueron siempre los mismos: en primavera, los petirrojos saltaban hacia el norte; en otoño, saltaban hacia el sur. Dicho de otro modo, los pájaros saltaban en la dirección exacta de sus rutas migratorias normales.

Merkel repitió los ensayos en distintos receptáculos y en condiciones distintas, pero siempre obtuvo unos resultados casi idénticos, salvo una excepción. Cuando puso a los petirrojos en un receptáculo con blindaje magnético, desapareció su sentido de la dirección.

En una brújula, la atracción hacia el norte magnético es una reacción al campo magnético de la Tierra: cargas positivas y negativas creadas por la circulación del hierro fundido que hay en el núcleo del planeta. Para Merkel y sus compañeros investigadores, esos experimentos demostraban con creces que los petirrojos tenían un sentido magnético de la dirección. Otros científicos se oponían a esta idea y afirmaban que los datos no eran concluyentes. La idea de que los pájaros, los animales o cualquier otra criatura podía orientarse gracias a la sutil energía de los campos magnéticos —utilizando un sentido distinto de la visión, el oído, el tacto, el gusto o el olfato— era una propuesta demasiado descabellada para que la aceptasen la mayoría de los científicos.

Pero Merkel tenía razón.

Veinticinco años después de sus experimentos, se demostró que ese sentido magnético (que terminó denominándose magnetorrecepción) estaba presente en bacterias y, poco después, los científicos encontraron pruebas concluyentes de que otros organismos también lo usaban, por ejemplo pájaros, abejas, hormigas, peces y tiburones.

Los experimentos para detectar la magnetorrecepción en humanos llevados a cabo durante los siguientes treinta años hicieron pensar que nosotros también podríamos tener ese sexto sentido. No obstante, si querían demostrarlo, los científicos tenían que saber con exactitud cómo funcionaba en el cuerpo humano. Para hacerlo, necesitaban un receptor sensorial. Y encontrarían a un posible candidato en 2012.

Fred Buyle cruza las puertas de seguridad del Aeropuerto Internacional Roland Garros de Saint-Denis, la capital de La Reunión, empujando un carrito lleno de arpones y equipamiento de buceo. Por encima de su cabeza, revolotean bandadas de murciélagos y pajaritos negros perdidos en las vigas dibujando una trayectoria en forma de ocho. El olor a amoníaco de los excrementos de pájaro y murciélago se mezcla con el aire tropical, húmedo y pegajoso.

Un pelotón de periodistas espera en la puerta de salida con las cámaras encendidas. En los últimos días, la prensa local ha pintado a Buyle como una especie de hombre que susurra a los tiburones. Con una camiseta negra ajustada, la cabeza al rape y el físico musculoso de Don Limpio, a Buyle se le ve visiblemente molesto por la presencia de los reporteros. Intercambia con educación cuatro palabras con ellos en francés y luego atraviesa las puertas de salida hasta la camioneta color plata de Fabrice Schnöller.

—Esto es absurdo —dice Buyle con su voz grave y monótona. Se pone de un brinco en el asiento del copiloto—. Aquí no hay ningún héroe. No hay soluciones rápidas. Esto no es más que el comienzo de un largo proceso.

Esa noche, Buyle, Schnöller y yo cogemos mi minúsculo coche de alquiler y recorremos el laberinto de calles estrechas y empedradas y de edificios coloniales cubiertos de hollín de Saint-Denis. Poco después, llegamos a un restaurante que da a una playa con unas olas perfectas. Es un panorama inquietante: unas olas cristalinas de la altura de una persona en una isla tropical al atardecer sin nadie que las surfee. De hecho, en la playa no hay ni un alma.

—Es ilegal estar en la playa a esta hora. Si te pones a nadar, te van a meter en la cárcel —dice Schnöller mientras se sienta a una mesa de la terraza.

Schnöller había regentado una tienda de leña en esta calle, pero traspasó el negocio hace cinco años tras vivir una experiencia espiritual buceando con cachalotes. Ahora se dedica a dirigir DareWin (acrónimo en inglés de Base de Datos Regional de Ballenas y Delfines), una organización sin ánimo de lucro que investiga la comunicación de delfines y ballenas. Con el pelo corto, canoso y despeinado, sus bermudas holgadas de varios colores y su gesticulación apasionada, es un derviche al lado de un monje como Buyle.

Schnöller pide una cerveza y se recuesta en la silla. Menciona que ahora las agencias de viajes desaconsejan a los turistas ir a La Reunión: es demasiado peligroso.

—Nadie quiere tener la responsabilidad, y el gobierno prohíbe [a las personas que acudan a] las playas para no tener que pagar los costes de amputaciones, rehabilitaciones, etcétera. —Schnöller suspira—: Es que esos tiburones asustan incluso a los isleños.

En septiembre de 2011, a un surfista un tiburón le arrancó una pierna de un mordisco. Una semana después, un tiburón atacó un kayak, lo golpeó por debajo de la proa y lo hundió. Al kayakista lo recogió una barca que pasaba por allí y sobrevivió. Luego un excampeón de *body-boarding* de treinta y dos años fue arrastrado de su tabla en un día de mucha afluencia y terminó con medio cuerpo devorado en menos de treinta segundos. Su cuerpo mutilado reapareció en la orilla. Dos meses después de este suceso, un tiburón dio un mordisco al culo de un arponero que caminaba metido en el agua hasta el pecho.

—Es muy raro —dice Buyle—. A los tiburones no les gusta comer humanos. Eso es lo que era tan extraño. Quizá algo los asustaba y por eso se acercaban a la costa. Pero ¿qué?

Schnöller saca un bolígrafo y empieza a dibujar en el reverso de una servilleta.

—Así es como vamos a descubrirlo —explica mientras señala una figura en forma de caja con algunos círculos a su alrededor.

El dibujo representa el sistema de rastreo de tiburones que ha inventado, al que llama SharkFriendly. Hace seis meses, cuando Schnöller conoció a Buyle en un festival de cine submarino en París, los dos hablaron sobre la posibilidad de colaborar en un proyecto de seguimiento de tiburones en La Reunión. Tras la reciente oleada de ataques por parte de estos animales, Schnöller desarrolló su primera versión esquemática del SharkFriendly. Los dos hombres han ido concretando los detalles del proyecto desde entonces.

El SharkFriendly es un sistema acústico que sigue a un tiburón en tiempo real. La mayor parte de los sistemas funcionan con tecnología por satélite: un pequeño ordenador insertado en un tubo de metal del tamaño de un puro, que se adhiere al tiburón durante un período de entre seis y nueve meses, luego se despega, llega flotando a la superficie y envía los datos recabados a un satélite. A pesar de su precisión, los sistemas de seguimiento por satélite solo registran un historial: lo que el tiburón hizo el año pasado, el mes pasado, la semana pasada, pero no lo que está haciendo ahora mismo.

—Proporcionan una información fantástica, pero todo se refiere al pasado —dice Schnöller en referencia a los sistemas existentes. Él cree que los surfistas y bañistas de La Reunión deben saber dónde están los tiburones homicidas ahora mismo, no dónde estaban ayer.

El SharkFriendly funciona a partir de un entramado de sistemas acústicos, balizas y satélites. En la servilleta, Schnöller dibuja un esquema de las particularidades de su sistema, empezando por un esbozo de la costa de Boucan Canot, el lugar de los hechos recientes. Cuando un tiburón con un dispositivo de seguimiento se acerca a unos cuatrocientos cincuenta metros de la orilla, unas balizas que Schnöller ha colocado a cierta distancia de la costa reconocerán la señal de alta frecuencia del dispositivo y transmitirán una alerta a un satélite, que a su vez enviará su señal a un servidor que actualizará un sitio web y una aplicación móvil para avisar a las personas de que se está acercando un tiburón.

Schnöller me cuenta que nunca nadie ha intentado poner en funcionamiento un sistema como este. Y nadie les está pagando un duro ni a él ni a Buyle para hacerlo en esta ocasión. Schnöller arruga la servilleta y la echa a su plato.

—Pero ¿qué se supone que tenemos que hacer, si no? —dice—. ¿Quedarnos aquí sentados de brazos cruzados?

Tres días después, Schnöller y yo llegamos al puerto deportivo de La Possession para hacer nuestro tercer intento de colocar dispositivos de seguimiento a tiburones. Los últimos dos días en alta mar han sido un fracaso. Buyle buceó durante horas, pero no vio ningún tiburón sarda. Hoy volveremos a intentarlo, en un santuario marino cercano a Boucan Canot, la playa donde un tiburón devoró a un practicante de *body-boarding* hace tan solo dos meses. Bucear en esta zona es ilegal, pero Schnöller y Buyle van a arriesgarse a ser detenidos o a sufrir algún ataque para aumentar la probabilidad de encontrar un tiburón. También han traído algunos refuerzos.

Esperando en el muelle al lado de nuestra lancha está el alemán Markus Fix, un programador informático de cuarenta y cuatro años y el cerebro técnico que hay detrás del SharkFriendly. Fix, que lleva una camiseta que dice «Science: It Works, Bitches» [La ciencia funciona, cabrones], ha creado un sistema subacuático que emitirá el sonido que hace un pez herido. Los tiburones son unos oportunistas, me cuenta Schnöller, y nunca desaprovechan una comida fácil. Nada los atrae más que una presa herida.

Junto a Fix está Guy Gazzo, un hombre delgado con el pelo entrecano y el aspecto apuesto de un presentador de televisión. Gazzo es uno de los mejores apneístas de La Reunión y puede aguantar la respiración bajo el agua durante más de cinco minutos. Me quedo desconcertado cuando Schnöller me dice que tiene setenta y cuatro años. Parece veinte años más joven. Le digo hola. Gazzo me responde con un *bonjour*. Más tarde me cuentan que Gazzo se niega a hablar inglés porque aún está enfadado con los británicos por haber bombardeado a las fuerzas navales francesas en Tolón en 1942, cuando él tenía cinco años.

Al lado de Gazzo está William Winram, un apneísta canadiense y amigo de Buyle de hace muchos años. El año pasado, Winram —que mide uno noventa y tiene una constitución gigantesca que le hace parecer más grande aún— estableció un récord nacional de apnea sumergiéndose a lo largo de una cuerda a una profundidad de treinta y dos pisos. Le estrecho la mano, que parece como agarrar un puñado de salchichas, y me meto en la barca de un salto.

Dejamos atrás el puerto y nos dirigimos a La Possession, una zona de avistamiento de tiburones sarda. Con sus hileras de casas, hermosas playas y árboles bajos, La Possession se convierte en un paisaje aún más pintoresco gracias a una cordillera de enormes montañas que se yerguen algunos kilómetros tierra adentro. Conocidas como los Circos, esas montañas ascienden a más de 3.000 metros en una distancia de unos 16 kilómetros y son tan desproporcionadas con respecto al resto de la geografía local que parecen un paisaje pintado sin respetar las magnitudes.

Cerca de un kilómetro y medio después de zarpar, Schnöller apaga el motor y Buyle y Gazzo se ponen guantes, botas y un traje de buzo de dos piezas, todo de neopreno. Agarran sus gafas y arpones y se zambullen en el agua cristalina. Observo desde la superficie como desaparecen durante varios minutos en cada inmersión y regresan con peces retorciéndose en los extremos de sus arpones. Winram está sentado en la cubierta posterior, con los ojos entrecerrados mientras contempla el resplandeciente sol matutino, y se pone el traje de neopreno más despacio. Le pregunto si va a hacer lo mismo que Buyle y Gazzo.

—Sí —dice—. Pero primero tengo que cagar.

Se mete en el agua, toma varias bocanadas abundantes de aire y se sumerge veinticinco metros hasta el fondo marino, donde se baja los pantalones del traje de buzo, hace sus necesidades y vuelve a la superficie. Debido a la atracción inversa por debajo de los doce metros, las «necesidades» de Winram se quedarán en el fondo del mar en vez de subir a flote.

Mientras tanto, Buyle y Gazzo han regresado y están sentados en la cubierta cortando la cabeza a los tarpones de varios palmos de longitud que acaban de ensartar. Vierten las entrañas en un escurridor improvisado que Schnöller ha fabricado a partir de un tambor de lavadora desechado que encontró en una cuneta. El escurridor esparcirá el olor a sangre de pez para que llegue a los tiburones que circulan a cientos de metros de allí.

Mientras los buceadores están entretenidos con el cebo, Schnöller y Fix montan el sistema sonoro subacuático. Schnöller me cuenta que los tiburones tienen buen oído y, con las corrientes adecuadas, pueden localizar una presa desde doscientos cuarenta metros.

—La grabación es de 1966: ¡es lo único que pude encontrar! —dice Schnöller al pulsar *play* en una radio de coche que Fix ensambló chapuceramente en una caja de plástico.

El chillido de una caballa lisiada retumba por el altavoz, que suena como alguien aplastando una botella de agua de plástico. Schnöller dice que conoce a un australiano que ha demostrado que a los tiburones les atrae la música de AC/DC, en concreto «You Shook Me All Night Long».

—A lo que prestan atención es a los estallidos aleatorios de bajas frecuencias —explica—. Y en las canciones de AC/DC eso ocurre mucho. —A tal efecto, unos minutos más tarde, Schnöller y Fix llevarán a cabo su propio test poniendo a todo volumen los temas grabados por Rammstein, un grupo de metal duro originario de Alemania—. A los tiburones greñudos les encantará —bromea Schnöller.

Con el agua ensangrentada y latiendo con los chillidos de caballa, Buyle fija un dispositivo acústico a su arpón y se prepara para bajar a las profundidades.

—Venga, James, el agua está muy buena —me dice llamándome desde abajo.

Son las nueve de la mañana y ya hace un calor sofocante en la barca. Suena bien darse un chapuzón rápido. Llevo cinco días en La Reunión y aún no he tocado el océano. Me pongo el bañador e intento meterme en el agua sin salpicar.

A través de mis gafas observo a Gazzo en la distancia como desciende poco a poco entre charquitos de sangre de pez hacia las profundidades más oscuras, arpón en mano. Le sigue Buyle nadando deprisa. Cuando alcanza la flotabilidad neutra, pone los brazos en los lados y se desliza sin esfuerzo agua abajo. Da igual las veces que haya visto eso, siempre es algo alucinante e inquietante de contemplar.

A mi lado en la superficie, Winram está agitando brazos y piernas dentro del agua como si no supiera nadar, al tiempo que, a través de sus gafas, no pierde de vista el fondo marino que tiene debajo. Tardo un minuto en darme cuenta de que está intentando atraer tiburones nadando despacio en círculo, meneando brazos y piernas y actuando como si fuera una foca herida. Me doy cuenta de que durante los últimos minutos he estado haciendo justo eso mismo. De repente tengo la sensación de estar en un cajero automático de un barrio peligroso. Sin hacer ruido, nado hasta la lancha, me subo a la cubierta y tomo asiento a la sombra del toldo, de vuelta al sitio que me corresponde.

—*Oui*. ¡Tiburón! —dice Buyle unos minutos más tarde, cuando vuelve a la superficie.

Llama a Gazzo y Winram y les dice que se sumerjan y le sigan. Fix sube el volumen de la radio de coche. Schnöller y yo observamos los lados de la barca pero no vemos nada. Los buceadores están demasiado lejos. Pasa un minuto. La superficie del océano permanece calma y lisa. Al final brota la cabeza de Buyle, que toma aire y vuelve a zambullirse. Hace un rato, quizá dos minutos, que no veo a Gazzo ni a Winram. Le pregunto a Schnöller qué está pasando, pero él se encoge de hombros y hace un gesto de negación con la cabeza.

Al final regresan todos los buceadores. Buyle saca el arpón del agua: el dispositivo acústico sigue ensartado en la punta. De vuelta a la barca, Buyle me explica que los tiburones se alteraron por todo el alboroto y se fueron. Él, Gazzo y Winram se pasaron cuatro horas más buceando, pero no vieron ningún tiburón más. A eso de las tres de la tarde, Schnöller enciende el motor y volvemos en línea recta al puerto deportivo.

—Es que están muy nerviosos —dice Buyle, gritando para que se le oiga a pesar del ruido del motor mientras cruzamos el océano en dirección al puerto—. Es muy poco frecuente —dice—. En Fiyi, México o Filipinas, buceas y hay tiburones por todas partes. No puedes evitar estar con ellos. Pero estos tiburones son distintos. —Respira hondo—. Esto nos podría suponer un problema.

Al día siguiente, tras otra misión fallida —se avistaron tiburones pero no se colocaron dispositivos—, llamo a la puerta del apartamento que tiene alquilado Buyle, en un edificio viejo de bloques de hormigón situado a unos ochocientos metros de Boucan Canot. Él me abre la puerta en camiseta, descalzo y con bermudas, y me conduce a un pequeño escritorio abarrotado de cámaras, cables y ordenadores. En la pantalla de su portátil se ve una galería de imágenes en las que aparece él nadando entre peces martillo, tiburones oceánicos de puntas blancas y otras especies de tiburón.

—A mí, si me echas al agua con unos tiburones, ya me has hecho feliz —dice riendo.

Buyle me pone un vídeo en el portátil. En él se ve a un apneísta flotando entre la turbiedad gris de las aguas profundas, acercándose lentamente a un tiburón del tamaño de un coche familiar. El buzo es, por supuesto, Buyle, y el animal es un tiburón blanco de 4,5 metros de longitud y 1.800 kilos de peso. El vídeo me remueve el estómago. Le digo a Buyle que parece que ande buscando problemas.

—¿Acaso parezco un adicto a la adrenalina? —dice mientras toma un sorbo de agua de una botella de acero y adopta su expresión que más recuerda a un monje—. Paracaidismo, dar saltos con la bici. ¡Yo detesto todas esas mierdas! —dice—. Bucear en apnea junto a los tiburones es lo contrario de un deporte adrenalínico. Tienes que estar tranquilo, equilibrado. Tienes que conocerte a ti mismo. Estar relajado y tener la situación controlada es la única forma de hacerlo.

Buyle creció en una casita que construyó su padre, a pocos pasos de los casi 65 kilómetros de arena y hierba azotada por el viento que constituyen la diminuta costa de Bélgica. Su bisabuelo fue el fotógrafo oficial del rey de Bélgica en los años veinte. Su padre fue un exitoso fotógrafo de moda y publicidad hasta que, a los cuarenta y cinco años, abandonó el negocio y se fue de viaje por Europa con una furgoneta Volkswagen, luego se casó con una mujer a la que le doblaba la edad (la madre de Buyle) y se puso a construir veleros en el jardín trasero del domicilio. Buyle se pasó los años de adolescencia jugando en esas embarcaciones y navegando con su padre en las aguas grises del mar del Norte. La familia viajaba a menudo, muchas veces a destinos tropicales exóticos. Buyle empezó a hacer esnórquel a los siete años, a cazar con arpón a los diez y a nadar entre tiburones a los trece.

—Yo no veía indicios de agresión —recuerda—. Me encantaba bucear entre ellos. —Cuando tenía catorce años, él y sus amigos empezaron a hacer buceo en apnea. Admite que no sabía nada sobre aquello y que no tenía ni idea de cómo aprender—. Tuvimos que descubrirlo todo por nuestra cuenta —afirma—. Fue una aventura.

En 1988 se estrenó la película sobre el mundo de la apnea *El gran azul*, un relato novelado de la rivalidad entre los apneístas Jacques Mayol y Enzo Maiorca, y en Europa se disparó la popularidad del buceo a pulmón. Buyle, que entonces tenía dieciséis años, vio la película como una confirmación.

—¡Para mí, la película solo parecía un documental de lo que ya estábamos haciendo! —dice.

Buyle tuvo que practicar durante cuatro años para poder bucear hasta treinta metros, una profundidad significativa en esa época. Después de eso, dice, todo se abrió. Con veintipocos años, ya participaba en competiciones de apnea deportiva y, con veintiocho, había batido cuatro récords mundiales en ese deporte, en el que en una ocasión hizo una inmersión de ciento tres metros ayudado con un peso.

En 2003, durante una sesión de entrenamiento para lograr una inmersión con peso que batiera el récord mundial hasta más de ciento cincuenta metros, Buyle sufrió un accidente espantoso. Alcanzó sin problemas la profundidad que se proponía, pero, cuando se disponía a iniciar la ascensión, el globo diseñado para impulsarlo de vuelta a la superficie no se infló como correspondía. Buyle perdió el conocimiento a unos sesenta metros. Al final, el globo arrastró su cuerpo en coma hasta la superficie. Padeció un traumatismo extremo en los pulmones, pero se recuperó por completo al cabo de un mes y siguió haciendo inmersiones profundas.

—Para mí, bucear en apnea siempre ha estado vinculado con la exploración del océano, con formar parte de él —dice—. Era una forma de llegar a otro nivel, de sumergirse más adentro del agua, de alcanzar nuevos límites. —Cada vez más frustrado con las inmersiones competitivas y egocéntricas de sus compañeros apneístas, Buyle abandonó esa actividad en 2004—. Había desaparecido el componente de exploración —añade—. El buceo a pulmón se convirtió en un deporte más.

Ahora Buyle dedica unos doscientos cincuenta días al año a bucear por los océanos del mundo filmando documentales, fotografiando animales marinos, dando charlas, dirigiendo *tours* de buceo en apnea y, lo que más le gusta, concienciando a la sociedad acerca de los tiburones.

—La realidad es que durante mucho tiempo nadie supo nada sobre los tiburones —dice—. Y los humanos temen lo que no conocen.

Colocarles un dispositivo de seguimiento, afirma Buyle, puede ayudarnos a aliviar lo que él califica como nuestro miedo irracional a los tiburones.

Su primer trabajo colocando dispositivos de seguimiento fue en la isla de Malpelo, frente a la costa oeste de Colombia, en 2005. Unos investigadores colombianos tenían la hipótesis de que los peces martillo de esa zona llegaban hasta las islas Galápagos al migrar hacia el sur, a unos 2.250 kilómetros de distancia. Si eso era cierto, Colombia podría clasificar toda esa región como reserva marina y proteger a los tiburones, pero primero los científicos tenían que demostrar su hipótesis. Para eso llamaron a Buyle. Durante tres viajes que hizo a lo largo de tres años, el apneísta se sumergió a profundidades de más de sesenta metros y colocó dispositivos de seguimiento a ciento cincuenta peces martillo, tanto acústicos como por satélite. Con los datos recabados, los investigadores concluyeron que los peces martillo no solo migraban hasta las aguas alrededor de las Galápagos y más allá, sino que lo hacían en grupos con una organización perfecta, de varios cientos de ejemplares, por aguas muy profundas. Gracias a los datos sobre el tiburón liso, una especie muy poco frecuente, se pudo saber que se sumergían a la impresionante profundidad de 1.830 metros y que hacían migraciones de cientos de kilómetros. Nadie tenía ni idea de que los tiburones pudieran hacer tales cosas porque nadie se había tomado la molestia de estudiarlo.

—Fuimos los primeros —dice Buyle esbozando una sonrisa.

A raíz de esa y otras iniciativas de conservación, en 2006, un área de más de 8.500 kilómetros cuadrados en torno a la isla de Malpelo fue declarada patrimonio de la humanidad por la Unesco.

Aunque nadie sabe con exactitud cómo los peces martillo, los tiburones lisos y otros tiburones pueden navegar por las aguas profundas y en una oscuridad permanente, la mayoría de los investigadores marinos creen que eso tiene algo que ver con unos bultos minúsculos que hay en la cabeza de los tiburones y con el sexto sentido de la magnetorrecepción. Denominadas ampollas de Lorenzini en honor al anatomista italiano que las describió en 1678, esas pequeñas protuberancias son, de hecho, unos poros llenos de una gelatina que conduce la electricidad. En la parte inferior de cada uno de esos más o menos 1.500 poros hay una célula ciliada que se parece a uno de los minúsculos pelitos que tenemos dentro del oído los humanos. Esas células, llamadas cilios, pueden detectar cambios mínimos en los campos eléctricos dentro del agua. Funcionan en coordinación con la línea lateral, una serie de células sensoriales que se encuentran a lo largo de la parte central del dorso del tiburón, del hocico a la cola.

Todos los animales —también los seres humanos— generan unos leves campos eléctricos gracias a las neuronas, que emiten señales eléctricas de forma constante. El cuerpo de un tiburón funciona como una enorme antena que sintoniza las señales que circulan a su alrededor. Cuando el tiburón detecta una señal que le gusta, se acerca a ella. Si la señal parece algo que sea comestible, le hinca el diente.

Buyle me cuenta que el traje de buzo de cuerpo entero que llevan puesto él y los otros apneístas no es solo para no enfriarse —la temperatura del agua en La Reunión es de unos agradables veinticinco grados—, sino también para amortiguar las señales eléctricas que emiten sus cuerpos.*

* Antes de morder, a menudo los tiburones hacen una especie de cata chocando con el hocico contra la presa y emitiendo una breve ráfaga eléctrica. Si las señales se transmiten, como sucede con la carne de animales y humanos, que es conductora, es muy probable que el tiburón le dé un mordisco. Los trajes de neopreno aplacan esas señales, lo que indica a los tiburones, como dice Buyle, «que no estamos en la carta». Los tiburones eva-

La capacidad electrorreceptiva de los tiburones es de una precisión extraordinaria. En ensayos que se han hecho con tiburones blancos en cautividad, se ha descubierto que pueden detectar campos eléctricos tan leves como de ciento veinticinco millonésimas de voltio. La musola pintada puede detectar dos mil millonésimos de voltio, mientras que un tiburón cabeza de pala recién nacido puede detectar campos de menos de mil millonésimos de voltio.

Para poner estos datos en perspectiva, imagina que dejas caer una pila de 1,5 voltios en el río Hudson en Manhattan y luego llevas un cable conectado a esa pila hasta Portland, en Maine, a unos 560 kilómetros de allí. La musola pintada y el tiburón cabeza de pala podrían detectar el leve campo eléctrico que emitiría el cable. Esa capacidad perceptiva es cinco millones de veces más potente que cualquier cosa que puedan percibir los humanos. Es de lejos el sentido más aguzado que se haya descubierto nunca en el planeta.[1]

(Si se supone que estos hechos van a aliviar el miedo de la gente a nadar con tiburones, Buyle y su equipo puede que tengan que esforzarse más para transmitir su mensaje. Saber que los tiburones pueden detectar las señales eléctricas ínfimas que emiten mi cabeza y mi corazón solo me hace temerlos aún más.)

Puesto que la capacidad electrorreceptiva de los tiburones está tan desarrollada, muchos científicos creen que pueden detectar la sutil energía del campo magnético de la Tierra, que emite una fuerza de entre un cuarto y la mitad de un 1 % de la fuerza de un imán de nevera estándar, una

---

lúan el valor calórico de su comida con el primer bocado. Si la presa no presenta calorías suficientes para justificar un ataque a gran escala, el tiburón la soltará y se marchará. Los trajes de neopreno podrían atenuar esa sensación y reducir de forma significativa la probabilidad de que el tiburón vuelva, pasados unos segundos, para acometer un ataque a gran escala.

intensidad significativamente mayor que los campos eléctricos que los tiburones ya detectan en sus presas.

Los tiburones no son los únicos organismos con bultitos magnetorreceptores en el hocico, y no son los únicos animales subacuáticos que sintonizan campos magnéticos.

En 2012, un grupo de investigadores alemanes estaba intentando descubrir cómo las truchas podían regresar a la misma zona de desove año tras año. Sospechaban que su capacidad de navegar a ciegas bajo el agua tenía algo que ver con los bultitos negros que tenían en el hocico, que se parecen mucho a las ampollas de Lorenzini que tienen los tiburones. Los científicos rasparon algunas de esas protuberancias y las expusieron a un campo magnético rotatorio. Las células empezaron a girar en sincronía con el campo. Dicho de otro modo, las truchas tenían unas células en el hocico que funcionaban de la misma forma que la aguja de una brújula y era probable que utilizasen esas células para orientarse.

No obstante, quizá el mayor hallazgo fue que los bultos contenían magnetita, un mineral muy magnético que se utilizaba en las primeras brújulas.

Los tiburones, los delfines, algunas ballenas y otros animales que migran por el océano también cuentan con depósitos de magnetita en el hocico o en otras partes de la cabeza y es probable que los utilicen de la misma forma.

En los días de luna llena, algunos moluscos usan el norte magnético como guía para desplazarse de unas aguas más profundas a otras más superficiales mientras cazan. Incluso las bacterias marinas, que los paleontólogos creen que se remontan a hace más de dos mil millones de años y tal vez sean unos de los primeros habitantes de la Tierra, utilizan pequeños pedacitos de magnetita para nadar siguiendo líneas del campo magnético. Ese GPS magnético natural lleva miles de millones de años funcionando y, al igual que el resto de la vida, se originó en el océano.

Los humanos también tenemos depósitos de magnetita. Se encuentran en el cráneo, en concreto en el hueso etmoides, que separa la cavidad nasal del cerebro. La ubicación de esos depósitos en una cabeza humana es muy parecida a su posición dentro del cuerpo de los tiburones y de otros animales migratorios: un vestigio del pez con capacidad de detección magnética a partir del cual tanto los humanos como los tiburones evolucionaron hace quinientos millones de años.

No se sabe aún si los humanos actuales pueden usar los depósitos de magnetita o algún otro receptor para sintonizar el sutil campo magnético de la Tierra. Sin embargo, tres décadas de estudios científicos hacen pensar que es posible.

El primer investigador que intentó documentar y cuantificar la magnetorrecepción en humanos fue Robin Baker, profesor de la Universidad de Mánchester. Baker llevaba mucho tiempo preguntándose cómo los marineros polinesios de la antigüedad podían navegar cientos de kilómetros a mar abierto y encontrar siempre el camino para volver a casa. La navegación con la ayuda del cielo o del sol podía funcionar en algunas ocasiones, pero no siempre: las nubes tapaban el cielo durante días y los mares revueltos podían desviar fácilmente las barcas de su rumbo.

El capitán James Cook habló en sus escritos sobre Tupaia, un sacerdote de Raiatea, cerca de Tahití, a quien se llevó a bordo de su barco Endeavour en 1769. Tupaia dibujó un mapa detallado y preciso que abarcaba más de 4.000 kilómetros, de las islas Marquesas a Fiyi, e incluía 130 islas. Durante los siguientes veinte meses, el Endeavour navegó por el sur del Pacífico y más allá, y Tupaia siempre supo señalar en la dirección exacta en la que estaba su isla, con independencia de la ubicación del Endeavour, de la hora del día o de las condiciones del mar.

Los guugu yimithirr, una tribu aborigen australiana, tenían un sentido de la orientación extraordinario que incorporaron a su lengua. En lugar de usar palabras para decir «derecha», «izquierda», «delante» o «detrás», los guugu yimithirr utilizaban los puntos cardinales de norte, sur, este y oeste. Si un hombre de la tribu de los guugu yimithirr quisiera que le hicieras sitio en una cama, te pediría que te corrieras un par de palmos hacia el oeste. Los guugu yimithirr no se inclinaban hacia atrás, sino hacia el norte, el sur o el este.

La única forma en que los guugu yimithirr podían comunicarse era sabiendo sus coordinadas exactas en todo momento, lo cual era difícil de hacer por la noche o en una habitación cerrada. Pero para ellos era algo natural, así como para muchas culturas de Indonesia, México, la Polinesia y otros lugares, cuyos idiomas también se basaban en los puntos cardinales.

En los años noventa, investigadores del Instituto Max Planck de Psicolingüística, en los Países Bajos, metieron a un hablante de tzeltal —una lengua maya direccional hablada por unas 370.000 personas en el sur de México— en una casa oscura y le hicieron dar varias vueltas con los ojos vendados. Luego le pidieron al hablante de ese idioma (que aparecía de forma anónima en el estudio) que señalase el norte, el sur, el este y el oeste. Y él indicó las direcciones correctamente, y sin dudar, veinte veces seguidas.[2]

Las extraordinarias aptitudes de orientación de esas culturas ancestrales no eran la excepción; eran la norma. En un mundo sin GPS ni mapas, saber tu ubicación exacta en un desierto, bosque u océano sin referencias era cuesción de supervivencia. Todos los individuos de esas culturas desarrollaron un sentido innato de la orientación que no dependía de referencias visuales. Robin Baker creía que ese sentido era magnético. En 1976 decidió comprobarlo.

En los primeros experimentos de Baker, vendó los ojos a grupos de estudiantes, los hizo subir a un vehículo, se alejó con ellos de la universidad por un camino sinuoso varios kilómetros fuera de la ciudad y luego los condujo, aún con los ojos vendados, uno a uno a un campo abierto. Entonces les pidió que señalaran en qué dirección estaba la universidad. Con frecuencia los estudiantes apuntaban en la dirección correcta, y acertaban más a menudo de lo que sería atribuible a la pura casualidad. Baker repitió el experimento en ubicaciones distintas, en horas distintas y con estudiantes distintos. En una ocasión, los treinta y nueve alumnos señalaron en la dirección correcta con una precisión del 80 %, lo mismo que si cerrases los ojos, dieras algunas vueltas y apuntaras entre las diez y media y las doce en la esfera de un reloj. En ensayos posteriores se obtuvieron los mismos resultados. Baker repitió su experimento novecientas cuarenta veces a lo largo de los siguientes dos años con un total de ciento cuarenta estudiantes. En total, los experimentos hacían pensar de forma clara que los estudiantes usaban alguna especie de sentido no visual para orientarse.

Entonces Baker hizo test para comprobar si el sentido de la orientación humano era magnético. En experimentos que se habían hecho con tortugas verdes y pájaros, se había corroborado que al atar un imán a la cabeza de los animales se les bloqueaba la capacidad de orientarse incluso al recorrer distancias muy cortas. (El campo magnético del imán que tenían encima de la cabeza era más fuerte que el campo magnético de la Tierra, y la teoría era que confundía a los animales y los inducía a pensar que cualquier dirección era el norte.)

Baker ató un imán a la cabeza de la mitad de los estudiantes y barras de metal no magnéticas a la cabeza de la otra mitad, les vendó los ojos, los alejó de la ciudad por un camino enrevesado y los hizo salir del vehículo a campo abierto. Los estudiantes que no llevaban un imán en la cabeza fueron capaces de apuntar en la dirección correcta con una precisión significativamente mayor que los que llevaban un imán encima.[3] En ensayos posteriores se obtuvieron resultados similares. Los imanes, sostenía Baker, alteraban la capacidad de orientarse de los estudiantes, al igual que hacían con pájaros y tortugas.

Después de hacer cálculos teniendo en cuenta todos sus experimentos, Baker escribió: «No tenemos más remedio que tomarnos en serio la posibilidad de que el hombre tenga un sentido de la orientación magnético». Los resultados se publicaron en la prestigiosa revista *Science*.

Baker dijo que la magnetorrecepción humana era distinta de los demás sentidos, como la vista o el olfato. Estos sentidos son conscientes, es decir, sabemos que los tenemos y los percibimos al instante cuando se activan (cuando abrimos los ojos) o cuando se desactivan (cuando nos tapamos los oídos).

La magnetorrecepción humana funciona de otra manera. Es un sentido inconsciente y latente; no podemos percibir cuándo se activa o se desactiva, del mismo modo en que casi nunca nos fijamos en que respiramos. En este sentido, la magnetorrecepción es como el Interruptor General; no sabemos que existe hasta que nos encontramos en una situación en la que tenemos que usarlo.

En el mundo actual, pocas veces se nos da esa oportunidad. El patrón de asentamientos urbanos, carreteras y demás puntos de referencia que constituyen la base de la sociedad humana hace que sea sencillo conocer nuestra ubicación exacta en cualquier momento. A medida que la población se concentró, las ciudades crecieron y se desarrolló la tecnología, la necesidad de que los humanos tuvieran un aguzado sentido de la magnetorrecepción pasó a un estado latente. Al igual que la necesidad de aguantar la respiración y sumergirse bajo el agua para recoger alimentos del fondo marino.

Los resultados de Baker sobre la magnetorrecepción en humanos toparon con una fuerte oposición. En los años ochenta se hicieron decenas de experimentos sobre la magnetorrecepción humana; algunos fracasaron por completo; en otros no se obtuvieron resultados concluyentes. No obstante, al cabo de diez años los resultados eran incontestables. La probabilidad de que los resultados de todos los experimentos sobre la magnetorrecepción humana pudieran ocurrir por casualidad era de menos de 0,005. Desde un punto de vista estadístico, sería la misma probabilidad de que un rayo impactase en tu casa: de uno entre doscientos.[4]

Para demostrar la existencia de la magnetorrecepción en humanos, los investigadores tenían que descubrir cómo funcionaba. Necesitaban un receptor. En 2011, científicos de la Facultad de Medicina de la Universidad de Massachusetts encontraron uno.

Los investigadores cogieron moscas del vinagre (que está demostrado que tienen el sentido de la magnetorrecepción) y les extrajeron una proteína de los ojos que les permitía detectar campos magnéticos y reaccionar a ellos. Luego les implantaron la proteína equivalente, llamada hCRY2, de un ojo humano, y comprobaron cuál era el comportamiento de las moscas. Con la proteína humana implantada, las moscas recuperaron la capacidad de detectar campos magnéticos y reaccionar a ellos; la proteína que tenemos los humanos en el ojo tiene la misma capacidad de detectar campos magnéticos que las moscas del vinagre.

Sin embargo, no está claro si esa proteína es residual o se usa de forma activa en algún tipo de magnetorrecepción humana. Pero el doctor Steven Reppert, el director del estudio, dijo que sería muy sorprendente que los humanos no tuvieran el sentido de la magnetorrecepción. «Lo usan muchos otros animales. Creo que el problema está en averiguar cómo lo utilizamos», afirmó.

Para Robin Baker, el hallazgo de la CRY2 fue una reivindicación.

«Creo que una de las cosas que impidió que la gente aceptase la realidad de la magnetorrecepción humana hace veinte años fue que no hubiera un receptor obvio —dijo—. Así que estos nuevos resultados tal vez sean suficientes para hacer decantar la balanza de la credibilidad. Me fascinará ver la evolución.»

Al final, no es Buyle sino Guy Gazzo, de setenta y cuatro años, quien coloca el dispositivo de seguimiento a los tiburones devoradores de personas de La Reunión.

Tras diez días de intentos fallidos con los tiburones sarda de la isla, Buyle regresa a su casa, en Bruselas, y mete su equipo de grabación en la maleta para irse a rodar un documental en el sur del Pacífico. Por recomendación suya, Gazzo remodela los arpones para que disparen con el doble de potencia y vuelve a zarpar con Schnöller hasta Saint-Gilles. En un día, Gazzo coloca dispositivos a tres tiburones, cantidad suficiente para hacer una prueba inicial del sistema de seguimiento SharkFriendly.

Schnöller y Gazzo se pasan el siguiente mes observando datos de seguimiento, intentando identificar patrones. Detectan una congregación obsesiva en las inmediaciones del puerto deportivo de Saint-Gilles. Deciden bucear en apnea hasta esa zona, esta vez para investigar, no para colocar dispositivos. El fondo marino cercano al puerto deportivo de Saint-Gilles les llama la atención de inmediato. Es un enorme vertedero de platos, comida y desechos varios.

Al parecer, los navegantes de Saint-Gilles han estado usando la entrada del puerto como un cubo de basura. Los tiburones sarda se han reunido allí para hurgar entre la porquería.

Es probable que los humanos que sufrieron ataques en las playas adyacentes se interpusieran en el camino de los tiburones y quedasen atrapados en una comilona localizada que había propiciado la actividad humana.

El descubrimiento gracias a los dispositivos no asustó a las personas; al contrario, dio lugar a un nuevo sector. Los turoperadores empezaron a organizar excursiones para ver a los tiburones haciendo esnórquel cerca del montón de basura.

—Hemos cumplido nuestro objetivo —dice Schnöller. Con eso se refiere a que han conseguido informar a la gente. Ahora los ciudadanos de La Reunión entienden mejor qué son los tiburones sarda, cuáles son sus hábitos y cuál es su papel en las violentas excepciones a esos hábitos.

Dos meses después de iniciarse la campaña del Shark-Friendly, el gobierno francés empezó a reabrir las playas al público.

-245

Algunos meses después de visitar La Reunión, vuelvo a Grecia. Estoy sentado junto a una veintena de periodistas en la terraza de un restaurante en Amoudi, un pueblo situado en una bahía del extremo suroccidental de la isla de Santorini. Estamos esperando una barca fletada que nos llevará casi cinco kilómetros al oeste, cruzando el mar Egeo, hasta una bahía cercana a la isla de Terasia. Allí está Herbert Nitsch, el autoproclamado «hombre más profundo de la Tierra». Dentro de una horita, Nitsch intentará sumergirse con un lastre hasta una profundidad de 245 metros con una sola bocanada de aire, lo que sería un récord mundial en la disciplina de inmersión sin límites de la apnea deportiva y la inmersión a mayor profundidad que se haya intentado jamás.

Hasta el momento, no obstante, las cosas no van bien. Las aguas están agitadas y hay fuertes corrientes en el océano. Nitsch nunca ha buceado por la zona de Terasia y a su equipo le preocupa que las corrientes sean demasiado intensas y puedan llegar a curvar la cuerda guía y ralentizar el descenso y el ascenso del apneísta. Cada segundo perdido reduce la probabilidad de que Nitsch reaparezca consciente o vivo en la superficie.

La previsión era que la inmersión tuviera lugar a las once de la mañana. Ahora ya son las once y ni siquiera se nos ha informado de cuándo llegará la barca fletada. Algunos miembros del grupo de periodistas amenazan con irse; unos cuantos ya se han marchado. El principal patrocinador de Nitsch, el fabricante suizo de relojes Breitling, se retiró hace unos días. Nadie sabe con exactitud por qué, y nadie del equipo de Nitsch dice nada, pero corre el rumor de que los ejecutivos de Breitling decidieron que la inmersión era demasiado peligrosa.

El retraso no consigue tranquilizarme, no alivia sobre todo mis sentimientos encontrados ante el hecho de estar aquí. Mi experiencia con Buyle hace unos meses me introdujo a la práctica de la apnea para un bien mayor. Descubrí que el buceo en apnea podía emplearse como una herramienta para desentrañar los misterios del océano. Tenía un propósito.

La inmersión sin límites era un paso atrás; era otra competición motivada por el ego, en la que se ponía a los deportistas en un gran peligro. Lo sé. Y, aun así, la parte de mí a la que le encantan los superhéroes, los saltos evolutivos y *Ripley's Believe It or Not* quiere ver a Nitsch viajar hasta los confines de nuestras capacidades anfibias. Quiero ser testigo de la mayor inmersión hecha jamás buceando en apnea. Y no soy el único.

Tan solo tres días antes, un equipo de grabación del programa *60 Minutes* aterrizó en Santorini, junto con el presentador Bob Simon. Ahora Simon está sentado con el productor del programa y varios cámaras a una mesa a mi derecha. Simon tiene previsto entrevistar a Nitsch justo antes de la zambullida y seguir el desarrollo de los acontecimientos junto al padre del apneísta desde la barca del equipo: el único periodista que tendrá un acceso tan cercano.

Eso si se acaba haciendo la inmersión.

A medida que pasan las horas, a Simon se le ve cada vez más visiblemente molesto. Va toqueteando el móvil frenéticamente y va tomando tragos de una Coca-Cola Light. Alguien de su mesa pide un plato de patatas fritas; alguien que está detrás de mí pide un té con hielo. Miramos todo el rato el teléfono móvil y esperamos.

Entonces, sobre las doce, oímos un anuncio. La directora de comunicación de Nitsch, Silvie Ritt, dice a todo el mundo que se dirija al muelle del extremo norte de la bahía de Amoudi. Ha llegado la barca fletada. Pagamos a toda prisa la cuenta del restaurante, cogemos las bolsas y vamos al muelle; allí subimos a bordo y nos sentamos en fila en los bancos que hay en la cubierta superior, a la intemperie. Fuera, el viento sigue bramando; el agua del mar choca contra el rompeolas. El capitán pone en marcha los motores y zarpamos hacia Terasia mientras el oleaje gris se agita con violencia y golpea el casco.

Todo parece estar desmoronándose, pero el espectáculo, por lo visto, debe continuar.

La inmersión sin límites, en la que se permite al apneísta utilizar cualquier medio para alcanzar la profundidad deseada, es la forma más extrema de buceo en apnea y es, per cápita, uno de los deportes más letales del mundo. Hace diez años, el récord de apnea sin límites era de 160 metros. Desde entonces, al menos tres apneístas que intentaron inmersiones sin límites han muerto y decenas han resultado heridos, a veces con lesiones permanentes.

En 2006, el apneísta venezolano Carlos Coste llegó a la superficie paralizado después de un intento de 182 metros en Grecia. La campeona rusa de apnea Natalia Molchánova presentó síntomas de daños cerebrales tras varias sesiones de entrenamiento de la inmersión sin límites. En 2002, el apneísta belga Benjamin Franz regresó a la superficie tras una inmersión de 165 metros con el lado derecho del cuerpo paralizado por completo e incapaz de hablar. Se pasó diez meses en una silla de ruedas antes de poder volver a andar o nadar. Y estos ejemplos no son los únicos.

El cuerpo humano sin ninguna ayuda no puede alcanzar las profundidades de las inmersiones sin límites, y esta es una de las razones de que esta actividad sea tan letal. La mayoría de los buceadores optan por atarse a un lastre para el descenso y luego hinchan un globo en profundidad para que los vuelva a impulsar hacia la superficie. Esas máquinas permiten a los buceadores sumergirse al doble de profundidad que los apneístas de otras disciplinas, por lo común en la mitad de tiempo. La transición es demasiado rápida para que el cuerpo elimine el nitrógeno que se acumula en la sangre durante la inmersión. Por eso el síndrome de descompresión es un peligro constante.

Los lastres también tienen su riesgo. Son de fabricación casera, los suelen hacer los propios buceadores. La mayor parte de los apneístas no tienen experiencia con el diseño de embarcaciones. Un ejemplo ilustrativo: el lastre de Nitsch fue diseñado con la ayuda de un chico de veintiocho años que se gana la vida fabricando prótesis de piernas. Es el primer lastre de este tipo. Para ganar profundidad, el lastre utilizará una serie de pesos. Cuando llegue al final de la cuerda, un mecanismo automático liberará una ráfaga de aire comprimido que lo impulsará de vuelta a la superficie. O esa es la idea.

La única vía que tienen Nitsch y los demás practicantes de la apnea sin límites para probar los lastres es emplearlos cuando se sumergen a gran profundidad. A menudo tienen fallos de funcionamiento. En octubre de 2002, la francesa

Audrey Mestre, campeona mundial de buceo en apnea, intentó batir el récord de inmersión sin límites con un descenso con lastre de 171 metros en la República Dominicana. Llegó a la profundidad que se proponía, pero una vez allí vio que la bombona de aire que tenía que llenar el globo e impulsarla de vuelta a la superficie estaba vacía. Muchos acusaron a su marido, Francisco Ferreras-Rodríguez, de no haber llenado la bombona. De los que estaban a bordo, nadie más comprobó la bombona. Ocho minutos y medio después de que Mestre se zambullera, Ferreras sacó el cuerpo de la mujer del agua. Por la boca y la nariz de Mestre salía espuma. Había perdido el conocimiento, pero aún tenía pulso. Como no había ningún médico, ni siquiera una camilla, en la cubierta, los del equipo de salvamento recostaron el cuerpo de Mestre en una tumbona. La mujer murió poco después.[1]

Aparatos chapuceros, síncopes y muertes de vez en cuando: todos estos elementos hacen que las inmersiones sin límites sean casi insoportables de mirar. Y, al fin y al cabo, tampoco es que haya mucho que ver. Al igual que con otras disciplinas de buceo en apnea, la acción de las inmersiones sin límites tiene lugar debajo de la superficie. Ves a un buceador resoplando antes de zambullirse, lo ves tomando la última bocanada y luego, tras unos cuatro angustiosos minutos, lo ves salir a la superficie de nuevo: con la cara morada por la asfixia y muchas veces sangrando. Lo habitual es que a continuación se pase por urgencias. Todo el proceso parece una locura.

Extrañamente, Nitsch parece todo lo contrario. Cuando me reuní con él en su hotel dos días antes de la inmersión, me costó identificarlo entre su fotógrafo, su responsable de relaciones públicas y otros parásitos. Está en forma, es más alto que la media y lleva la cabeza al rape, pero no tiene un físico musculoso ni extraordinario en ningún otro sentido. Habla con la monotonía discreta de un guardia de seguridad de un museo y, si dejamos a un lado la apnea, ha llevado una vida relativamente prosaica en su país de origen, Austria, primero trabajando de piloto de avión y luego dando charlas motivacionales para instituciones financieras. Tiene una apariencia completa y tremendamente *normal*; y, aun así, ese carácter anodino, mezclado con los peligros de su profesión, es lo que le da un aire inquietante, extraño, casi sádico. Un villano de voz suave con cuchillos escondidos.

Nitsch empezó a practicar la apnea «por casualidad», me contó, después de que una compañía aérea perdiese su equipamiento de submarinismo cuando se dirigía a Egipto para hacer inmersiones en ese país en el año 2000. Desde entonces, ha batido treinta y dos récords mundiales de buceo en apnea en todas las disciplinas del deporte y se ha convertido en el mejor apneísta deportivo total de la historia.

Su interés por bajar a las profundidades, me contó hace unos meses cuando lo entrevisté por primera vez por teléfono, no tiene que ver con el dinero o la fama («¿Qué dinero? ¿Qué fama?», me preguntó), sino con el hecho de encontrar el límite absoluto del ser humano, rebasarlo y así extender el potencial humano. «Si piensas en lo que es imposible mañana —me dijo—, pasado mañana te da la risa al recordarlo.»

Cuando nuestra barca llega a la costa de Terasia, el viento ha amainado un poco y ha salido el sol, pero la superficie del mar sigue agitada y, por lo que me cuentan, las corrientes aún son fuertes. El equipo de Nitsch está en un catamarán a unos noventa metros al norte de donde estamos nosotros. En la cubierta, un hombre está gritando. Los miembros de la tripulación se pasean por la embarcación, dando órdenes a gritos que no se dirigen a nadie en concreto. El chirrido de un cabrestante mecánico se abre paso entre el viento y el estruendo del motor de la barca. La escena es caótica.

Atado a la cuerda que hay en el agua junto a la barca está el lastre de Nitsch, un receptáculo blanco y amarillo de fibra de carbono que se parece vagamente a una pastilla contra la tos. Durante la ascensión, Nitsch dejará el lastre a unos nueve metros bajo la superficie y aguantará la respiración durante un minuto para que se evaporen las burbujas de nitrógeno que tenga en el torrente sanguíneo. Según los cálculos de Nitsch, el tiempo total de la inmersión será de poco más de tres minutos.

Ni Nitsch ni los científicos que ha consultado saben si lo va a conseguir. Si el síndrome de descompresión no le paraliza, podría hacerlo la toxicidad del oxígeno. Casi todo lo que saben los científicos sobre los efectos del oxígeno durante las inmersiones hasta más de 245 metros, lo aprendieron del fisiólogo Laurence Irving. A partir de los años treinta del siglo XX y durante tres décadas, Irving, que colaboró con Per Scholander, estudió las focas de Weddell, que pueden aguantar la respiración hasta ochenta minutos y sumergirse a profundidades por debajo de los 730 metros.[2]

Las focas también eran capaces de evitar el síndrome de descompresión comprimiendo instintivamente los alveolos, las pequeñas cavidades que intercambian gases en los pulmones, a grandes profundidades. Esa compresión permitía minimizar el consumo de aire en el torrente sanguíneo de los animales e impedir que el nitrógeno saturase la sangre y los tejidos.

Es posible que los alveolos también se compriman a grandes profundidades en los seres humanos. Nadie lo sabe con certeza porque ningún ser humano ha intentado nunca sumergirse a tanta profundidad como Herbert Nitsch. El primer paso es que Nitsch haga la inmersión y sobreviva para contarlo.

Nitsch acaba de salir de la cabina del catamarán y camina despacio por la cubierta. Va con la cabeza inclinada y murmulla algo para sus adentros. Baja por la escalera y se mete en el agua. Un buzo le echa un flotador; Nitsch lo agarra y recuesta la cabeza para quedar mirando al sol. Con la boca abierta de par en par, engulle aire como un pez dorado.

—Herbert Nitsch está a punto de iniciar su inmersión histórica —anuncia una voz de mujer por unos altavoces que hay en la barca.

Nitsch se introduce en el lastre de tal forma que solo la cabeza le queda fuera del agua. Ahora toma bocanadas más profundas.

—Preparado todo el mundo —chilla la megafonía.

Un monitor que está en el catamarán da el aviso de que faltan dos minutos. Nitsch tiene los ojos cerrados; su boca respira más hondo.

—Cuenta atrás —grita el monitor.

Nitsch toma una gran bocanada y luego expulsa el aire. El monitor empieza la cuenta atrás desde diez. Nitsch vuelve a tomar aire y lo suelta de nuevo.

—Ocho, siete, seis... —dice el juez.

El operador del cabrestante ocupa su posición detrás de un conjunto de palancas que hay en la cubierta posterior del catamarán.

—Cuatro, tres, dos...

Cuando el juez llega a cero, el lastre ya ha desaparecido bajo la superficie.

—Veinte metros, treinta metros —dice el juez, anunciando las profundidades de Nitsch desde detrás de la pantalla de un sonar.

El ritmo de descenso previsto por Nitsch es de tres metros por segundo. En los primeros treinta segundos, debería estar por debajo de los noventa metros, pero solo ha llegado a unos sesenta. Algo va mal.

—Setenta metros, ochenta metros.

—Va demasiado lento —oigo que dice alguien detrás de mí.

Se forma una tensión desagradable en la embarcación. Nadie se mueve.

—Cien metros.

Han pasado cuarenta y cinco segundos. Nitsch debería estar a casi ciento cuarenta metros, pero para eso le faltarían unos treinta.

—Ciento veinte metros.

Pasan noventa segundos y Nitsch sigue hundiéndose. Al ritmo al que va ahora, estará bajo el agua durante más de cuatro minutos y se habrá quedado sin aire antes de llegar a la superficie. No podrá detenerse antes de la superficie para descomprimir, con lo cual aumentará el riesgo de verse afectado por el síndrome de descompresión, la toxicidad del oxígeno o de sufrir parálisis o morir. Mientras tanto, el juez de la pantalla del sonar ha dejado de anunciar profundidades. Le pregunto al hombre que tengo al lado qué está ocurriendo.

—Esto no me gusta —dice—. No me gusta nada.

Unos dos minutos después, el lastre de Nitsch sale a flote. A Nitsch no se le ve por ninguna parte. Los buzos de salvamento se zambullen. En la cubierta nadie se mueve ni dice nada. Treinta segundos después, reaparecen en la superficie con el cuerpo inconsciente de Nitsch. El apneísta tiene la cara y el cuello hinchados y muy enrojecidos. Un buzo agarra una bombona de oxígeno y una máscara del catamarán y nada hacia la flácida silueta de Nitsch. De repente el apneísta vuelve en sí.

—¡Dadme la máscara! —grita, arrastrando las palabras.

Los buzos de salvamento no saben qué hacer; se quedan mirándose el uno al otro. Nadie está preparado para un accidente de ese tipo.

—¡Dadme la máscara! —vuelve a gritar Nitsch.

Ahora apenas respira. Acerca un brazo rígido al buzo de salvamento, agarra la bombona de oxígeno y la máscara de las manos del hombre y luego gira el cuerpo y se dispone a zambullirse de nuevo. Necesita darle tiempo a su cuerpo para la descompresión. Pero no puede bucear. Sin pesos, el grueso neopreno de su traje lleva a su cuerpo a flote. Patea con sus miembros rígidos, pero no logra moverse. Cada segundo perdido hace aumentar la probabilidad de que las burbujas de nitrógeno que se formen le entren en las articulaciones, los pulmones y el cerebro. Los miembros de la tripulación del catamarán se miran entre ellos con los ojos abiertos y confusos, y luego observan con impotencia como Nitsch se revuelve en el agua. Los buzos de salvamento se miran, miran a Nitsch y sacuden la cabeza sin saber qué hacer.

—¡Un fuerte aplauso para Herbert Nitsch! —anuncia la voz de mujer por los altavoces—. ¡El hombre más profundo del mundo!

Alguien aplaude. El resto de los presentes miramos fijamente a Nitsch en silencio mientras menea su cuerpo para sumergirse. Al final desaparece. Pasan varios minutos. Nadie sabe dónde está. Ponemos cara de no saber qué está pasando y esperamos.

Al cabo de unos cinco minutos, los buzos de salvamento vuelven a la superficie con el cuerpo de Nitsch. Ha vuelto a perder el conocimiento.

—¡Oxígeno, rápido! —grita uno de los buzos.

Arrastran a nado el cuerpo de Nitsch hasta una lancha que está esperando. Entonces él se despierta e intenta subir trepando a la cubierta, pero le fallan los brazos. El capitán lo arrastra hasta la cubierta y lo coloca mirando hacia arriba. Nitsch tiene los ojos hinchados; se le marcan las venas del cuello y la frente. Levanta el brazo derecho y, con la mano temblorosa, señala en dirección a Santorini. El capitán arranca el motor y la lancha se dirige en línea recta al hospital.

Esa noche, el corazón de Nitsch se paró. Los médicos le reanimaron y lo pusieron en coma inducido. El personal hospitalario lo fue trasladando de una cama a una cámara de recompresión varias veces, pero sus esfuerzos llegaron demasiado tarde. Le entraron en el cerebro burbujas de nitrógeno y le cortaron el suministro de sangre a áreas que controlan las funciones motoras. Nitsch sufrió media docena de ictus. Cuando recuperó el conocimiento, días después, era incapaz de andar, hablar o reconocer a sus amigos y familia.

Más adelante, me enteré de que el lastre se había hundido más allá de la profundidad prevista, hasta los 253 metros. Nitsch perdió el conocimiento antes de llegar a su objetivo, se despertó durante la ascensión y volvió a desmayarse a unos cien metros. Aún estaba metido en el lastre, inconsciente bajo el agua, cuando los buzos de salvamento lo recogieron a nueve metros y lo trajeron a la superficie. Si no lo hubieran hecho, Nitsch se habría ahogado. Pero, como consecuencia de la rápida ascensión, había sido víctima de un caso incapacitante del síndrome de descompresión porque su cuerpo no había tenido tiempo de eliminar el nitrógeno que se había acumulado en su torrente sanguíneo.

Seis meses después aún no había tocado el océano.

Tras los horrores de la inmersión de Nitsch en Santorini, el casi ahogamiento de David King y la salvación por los pelos de Michal Rišian de perderse en el mar, juré que no vería más competiciones de apnea. Sí, el cuerpo humano podía sumergirse a una profundidad mayor de lo que los científicos creían posible, pero también tenía sus límites. Todos veíamos esos límites. Y yo me había cansado de ver los rostros ensangrentados y morados de quienes los rebasaban.

En el buceo en apnea, el ego es un acicate letal. Y también es un factor que ciega. La mayor parte de los apneístas deportivos que conocí parecían tener poco interés por explorar las profundidades del océano, a pesar de haber entrenado sus cuerpos tan a conciencia para acceder a ellas. Se sumergían con los ojos cerrados; la narcosis de nitrógeno los aturdía; olvidaban dónde estaban y por qué estaban allí. Los apneístas que llegaban a mayor profundidad caían en un estado catatónico que no les permitía percibir en absoluto que de hecho estaban en el agua. El objetivo: alcanzar un número en una cuerda. Vencer a tus rivales. Ganar una medalla. El derecho a alardear.

Sí, nadaban por lugares en los que ningún ser humano había estado nunca. Pero eso me parecía exasperante, como un explorador que llega a un paraje virgen hasta entonces pero solo está pendiente de las coordenadas que le marca el GPS.

A raíz de esa desconexión entre atleta y océano, no podía quitarme de la cabeza las escenas de Santorini y Kalamata meses después de volver a mi casa. En mis pesadillas aparecían cuellos hinchados y ojos sin vida. Pero lo que había visto estando despierto era más ambicioso: había visto a Fred Buyle comunicarse con tiburones. Sus inmersiones en apnea lo habían llevado a lugares desconocidos hasta entonces, le habían permitido ver cosas nunca vistas y activar capacidades ocultas. Yo también podía acceder a ese mundo. Las «puertas de las profundidades», decía Buyle, estaban abiertas para todo el mundo.

Los que habían llegado ante esas puertas describían la sensación en términos cuasirreligiosos: transcendente, transformador, purificador. Un universo nuevo y resplandeciente. Para llegar a ese punto no hacía falta hacerse un desgarro en los pulmones o en la laringe. Solo hacía falta un poco de entrenamiento. Solo hacía falta tener fe. Solo hacía falta desarrollar un cierto nivel de comodidad con la asfixia voluntaria.

Así pues, a pesar de lo que había visto, cuanto más pensaba en esos apneístas, más quería meterme en el agua. Quería encender el Interruptor General.

Nadie conoce el Interruptor General mejor que las ama, una cultura ancestral japonesa de mujeres buceadoras que había contado con miles de miembros. Durante más de dos mil quinientos años, las ama utilizaron las mismas técnicas de buceo en apnea y las transmitieron de madres a hijas para recoger alimentos del fondo del océano. En todos los relatos escritos sobre la cultura de las ama que encontré, nunca se mencionaban síncopes, ni caras ensangrentadas ni ahogamientos. Aunque podían bucear hasta cuarenta y cinco metros de profundidad y permanecer bajo el agua durante varios minutos en cada zambullida, las ama nunca competían. Para ellas, bucear a pulmón era una herramienta, un medio de subsistencia. Y también una práctica espiritual. Las ama creían que, al acercarse al agua en su forma humana natural, devolvían equilibrio al mundo. «[Bajo el agua] oigo que el agua viene a mi cuerpo, oigo como la luz del sol penetra en el agua», escribió un ama. En el océano no eran visitantes; formaban parte de él.

Su historia se remonta al año 500 a. C., cuando unos nómadas procedentes de Asia central que habían naufragado se quedaron encallados en las orillas rocosas de la península de Noto, donde había muy poca vegetación y pocos animales que cazar. Aquellos nómadas recurrieron al mar, donde rápidamente adaptaron sus cuerpos para recolectar la profusión de vida que escondía el fondo marino. Las mujeres de esa tribu nómada —por motivos que se desconocen, solo las mujeres— se encargaron de la tarea diaria de bucear y terminaron llamándose *ama*, que significa «mujeres del mar». Las ama no solo sobrevivieron a su nuevo estilo de vida acuático, sino que prosperaron, y pronto se extendieron por la costa japonesa e incluso llegaron a Corea. Miles, tal vez decenas de miles, de ama llenaron las costas orientales del Pacífico y del mar de Japón. A principios del siglo XIX, se habían convertido, en cierto modo, en la flota pesquera comercial más grande del mundo. Los marineros europeos que tuvieron la suerte de ver a esas mujeres buceadoras semidesnudas contaron que se sumergían decenas de metros con una sola bocanada de aire. Algunos afirmaban que las ama podían permanecer bajo el agua durante quince minutos sin salir a la superficie.[3]

A medida que en los siglos XIX y XX evolucionó la tecnología pesquera, fue disminuyendo el número de ama. Desaparecieron sus aldeas. Las hijas de esas mujeres, que tenían que continuar la tradición del buceo en apnea, se marcharon a vivir a la ciudad para llevar una vida más cómoda. En 2013, las estimaciones de la cantidad total de ama en activo oscilaban entre algunos cientos y cero.

Según el director de un corto documental que vi por internet, aún seguía en activo un pequeño grupo de ama en las aguas frente a Nishina, una ciudad situada 193 kilómetros al sur de Tokio en la prefectura rural de Shizuoka. Escribí a varios historiadores y organizaciones de turismo de Japón, pero no logré encontrar confirmación de que las ama de Nishina siguieran activas. Nadie me aseguró haberlas visto por allí durante años. Nadie sabía si seguían buceando o siquiera si habían existido.

Algunas semanas después, voy en avión a Tokio, tomo un tren hasta la prefectura de Izu y alquilo un coche en una ciudad costera llamada Shimoda. En Shimoda, los lugareños me repiten lo que me habían dicho mis otras fuentes, que ando persiguiendo una fantasía. Dicen que las ama de Nishina, que se supone que vivieron a tan solo 16 kilómetros de aquí subiendo por la costa, desaparecieron hace años. O que las ama solo se meten en el agua unas pocas veces al año, sobre todo durante las vacaciones. O que son demasiado viejas o están demasiado frágiles o cansadas para recibir visitas. Esos antiguías me miran con cara de lástima y me mandan por callejones húmedos y sin salida. Sigo sus dedos durante dos días, pero no encuentro nada. Y entonces, en mi tercer día conduciendo por la costa de Nishina, me topo con Sawada, un pueblecito portuario mugriento y lleno de barcas rotas y olores desagradables. Y me tomo un descanso.

Mi guía es un hombre larguirucho llamado Takayan a quien he conocido en la oficina de turismo de Nishina. Está de pie a mi lado encima de un rompeolas, mirando con detenimiento a media docena de buceadoras que van entrando y saliendo del agua gris plomo: lo que podría ser el último vínculo viviente con una de las culturas apneístas más antiguas que perviven en el mundo.

—¿Ama? —le pregunto a Takayan de nuevo. Quiero asegurarme de que las hemos encontrado.

—*Hai* —responde él—. Sí, ama.

Me doy la vuelta y recorro al trote un camino de gravilla para ir a buscar mi grabadora y mi cámara en el coche que he alquilado. Cuando regreso pasados unos minutos, las ama están arrastrando unas redes con la pesca del día por las rocas del rompeolas y luego meten lo que han pescado en unas neveras de plástico blando envueltas con cinta aislante.

—Por hoy ya han terminado —dice Takayan—. Han estado buceando toda la mañana. Hemos llegado demasiado tarde.

Detrás de Takayan, un ama, la más baja del grupo, se quita los pantalones del traje de buzo y se queda desnuda a pocos metros de mí. Cuando me alejo para darle cierta privacidad, ella se ríe entre dientes y les dice algo en japonés a las otras tres ama que están por ahí cerca. Se ríen todas y luego se quitan también sus trajes.

La sociedad japones gira en torno a una maraña de costumbres desconcertantes. Imagino que estoy infringiendo varias decenas de reglas fundamentales acercándome a las ama sin que me inviten (o sin ofrecerles un regalo, o sin hablar japonés o sencillamente por ser un hombre). Pero he viajado más de 11.000 kilómetros por impulso después de ver una película por internet. Tras muchas salidas en falso, las había encontrado. Y era muy probable que nunca volviera a encontrarlas o a tener una oportunidad de charlar con ellas.

Camino hasta el agua y espero incómodo durante varios minutos, esperando que las ama se pongan los pantalones de chándal y sus andrajosos impermeables. Luego vuelvo a acercarme con una sonrisa. Las ama no me corresponden con una sonrisa.

—Están demasiado cansadas —me dice Takayan para detenerme—. Ahora no quieren hablar.

Mi guía me dice que será mejor si volvemos mañana al amanecer, antes de que empiecen su zambullida matinal. Lo que me está diciendo en realidad, creo yo, es que las ama quieren poner a prueba mi dedicación. Si vuelvo mañana a primera hora les demostraré que su cultura me interesa de verdad, que no soy solo un turista que quiere echar un vistazo rápido a lo que hacen.

Regreso a mi coche y observo por el parabrisas polvoriento como las ama recogen sus enseres y los meten en carritos de la compra medio oxidados. Sigo mirándolas, minutos después, cuando pasan despacio y en fila india por el lado de las barcas destrozadas y las plazas de aparcamiento vacías de Sawada y se desvanecen entre la niebla blanca.

Es posible que las ama fueran el grupo más numeroso de apneístas de la historia, pero no fueron el primero. Hay testimonios arqueológicos de culturas apneístas de la antigüedad que se remontan a hace diez mil años. Los documentos escritos que mencionan el buceo en apnea se remontan al 2.500 a. C. y abarcan los océanos Pacífico, Atlántico e Índico.

En torno al año 700 a. C., Homero escribió acerca de buceadores que se ataban a grandes rocas y se sumergían hasta por debajo de los treinta metros para recoger esponjas del fondo del mar. En el siglo I a. C., el comercio entre la costa mediterránea y Asia se disparó, en parte debido al coral rojo, un remedio universal muy apreciado en las medicinas china e india. La mayoría de los corales rojos crecían a profundidades por debajo de los treinta metros y solo podían recolectarse buceando en apnea. En el siglo VIII, en el mar del Norte los vikingos accedían buceando a pulmón a la parte inferior de los barcos enemigos y hacían agujeros en los cascos de las embarcaciones para hundirlas.

Otros buceadores fueron los pescadores de perlas, que fueron figuras habituales en el Caribe, el sur del Pacífico, el golfo Pérsico y Asia durante más de tres mil años. Cuando Marco Polo visitó Ceilán (la actual Sri Lanka) a finales del siglo XIII, vio pescadores de perlas que se sumergían más de treinta y cinco metros en inmersiones que duraban entre tres y cuatro minutos.

En 1534, Gonzalo Fernández de Oviedo, un historiador español que visitó la isla Margarita, en el Caribe, observó indios indígenas lucayanos descender hasta más de treinta metros en inmersiones que, según sus anotaciones, duraban quince minutos.*

Pero tampoco es que esos indígenas fueran campeones de buceo. Según Oviedo, cientos de lucayanos compartían

* Algunas fuentes afirman que Oviedo quería escribir cinco minutos en lugar de quince; otras sostienen que la información es acertada.

esa increíble capacidad de aguantar la respiración, que empleaban para sumergirse de sol a sol, siete días a la semana, al parecer sin llegar a cansarse.

Pasados unos años, toda la población de los lucayanos apneístas había muerto de enfermedades o había sido esclavizada o enviada a recolectar perlas en otras islas. Los españoles trajeron a esclavos africanos para sustituirlos. Los africanos se pusieron a bucear casi de inmediato y, según los relatos que nos han llegado, pronto se sumergían hasta treinta metros y aguantaban la respiración bajo el agua durante quince minutos.

En el otro extremo del mundo, en Indonesia, sir Philiberto Vernatti, un científico que hacía trabajo de campo por encargo de una de las organizaciones científicas de mayor prestigio del Reino Unido, la Royal Society, informó en 1669 de que había visto pescadores de perlas permanecer bajo el agua durante «cerca de un cuarto de hora». De Japón, Java y otras partes llegaron informaciones parecidas de inmersiones de quince minutos.

Sin embargo, eso no significa que esas largas inmersiones fueran sencillas. Según los mismos relatos, una vez en la superficie, muchos buceadores sufrían convulsiones violentas: les salía agua y sangre por la boca, los oídos, la nariz y los ojos. Se sentaban para recuperarse durante unos minutos, respiraban hondo y volvían a empezar. Algunos hacían entre cuarenta y cincuenta inmersiones al día.

En total, había una docena de relatos de viajeros independientes entre sí que habían visitado destinos diferentes a lo largo de varios siglos que describían lo mismo: inmersiones de hasta treinta metros en las que los buceadores permanecían quince minutos bajo el agua con una sola bocanada. Y nunca se hacía mención de tubos para respirar, dietas especiales o fármacos para inhibir el metabolismo que ayudasen a los apneístas. De hecho, la mayoría de los buceadores caribeños vivían encarcelados en unas condiciones deplorables y entre inmersiones fumaban pipas o cigarrillos, a veces incluso en el agua justo antes de zambullirse.

Y luego, puf. Se acabó. A principios del siglo xx, el cultivo de perlas y las nuevas tecnologías pesqueras convirtieron el buceo en apnea en algo obsoleto. Las impresionantes capacidades de buceo del cuerpo humano y los conocimientos sobre el buceo a pulmón empezaron a desaparecer. A una persona como yo, que lleva décadas nadando en el océano, no se le pasaría por la cabeza aguantar la respiración más de treinta segundos adrede.

Hoy en día, los apneístas deportivos contemporáneos están redescubriendo esa capacidad, pero no se les da tan bien aguantar la respiración, si hemos de fiarnos de los relatos históricos. ¿Acaso esas culturas ancestrales sabían algo que nosotros no sabemos? ¿Hay algún secreto de la antigüedad japonesa sobre el buceo a pulmón que podría ayudarme a aguantar la respiración durante más tiempo y a sumergirme a mayor profundidad? ¿Estamos redescubriendo ahora nuestro verdadero potencial en el agua?

Si alguien podía decírmelo, eran las ama.

Al amanecer del día siguiente, Takayan y yo volvemos a Sawada y encontramos a cuatro ama sentadas en círculo en una zona de hormigón encima del rompeolas. Beben té verde y comen algas deshidratas y yogur, hacen bromas y a veces se ríen con tal fuerza que escupen la comida. Casi cada instante, alguna se echa atrás y sacude la cabeza al soltar una carcajada.

Las ama son lo contrario de las mujeres recatadas y con un estilo cuidado al detalle que había visto en el resto de

Japón, y nada tienen que ver con las ama de cuento de hadas que aparecen en películas, xilografías antiguas y daguerrotipos de fin de siglo.

Este grupo es grosero, descarado y huraño; la piel de esas mujeres es atezada y está arrugada por décadas de agua salada y sol. Llevan el pelo despeinado y ropa andrajosa. En resumen, son un grupo sorprendentemente variopinto al que parece importarle un comino lo que yo o cualquier otra persona piense de ellas.

Takayan intercambia algunas palabras con ellas en japonés, ellas asienten con la cabeza y luego mi guía me presenta al grupo.

Yoshiko, alta, con el pelo castaño rojizo y la cara alargada, tiene sesenta años y lleva buceando desde que tenía dieciocho. Las otras dos ama tienen por lo menos diez años más y bucean desde los quince años. A pesar de que estas tres mujeres no son familia, comparten el mismo apellido (Suzuki) y aseguran que descienden de un linaje de apneístas con siglos de historia. Otra mujer, más baja y con el pelo rizado como un erizo, dice que tiene ochenta y dos. Se llama Fukuyo Manusanke y lleva buceando desde que tenía unos treinta años. Es la más escandalosa del grupo.

Con la traducción de Takayan, le hago algunas preguntas a Manusanke. Me cuenta que las ama siempre han sido mujeres; no porque estuvieran al servicio de los hombres, como han afirmado muchos libros históricos, sino porque solo las mujeres comprendían los ritmos del mar. Manusanke señala los barcos de arrastre comerciales que salen al mar desde el puerto de Sawada. Esas embarcaciones, con enormes redes ligadas a los lados, arramblan indiscriminadamente con todo lo que hay cerca. Muchos de los peces, medusas y otros animales que pescan los arrastreros son inservibles; sus cadáveres se devuelven al mar como si fueran desechos. Manusanke dice que los pescadores de esos barcos destruyen el medio ambiente y estropean el equilibrio natural del océano.

—Cuando un hombre viene al océano, lo explota y lo saquea —dice.

Cuando una mujer mete sus manos en el océano, se restablece ese equilibrio. Manusanke explica que el océano siempre puede proporcionar alimento a los seres humanos si esos lo recogen en su forma natural. Una persona solo debería llevarse lo que puede transportar, pero no más. Si no, dice la mujer, al final no quedará nada.

Hasta hace tan solo sesenta años, las ama ni siquiera llevaban gafas de natación por miedo a que eso les permitiese ver demasiado y les diera una ventaja injusta frente a otros organismos del mar. Tampoco llevaron trajes de buzo hasta los años ochenta. De hecho, algunas ama todavía bucean con el torso descubierto.

Hubo un tiempo en que por la zona de Nishina había sesenta ama. Manusanke dice que en los últimos veinte años, más o menos, el número se ha reducido a veinticinco. Las pocas ama que quedan no bucean a menudo. La tradición de las ama, de 2.500 años, está a punto de interrumpirse.

—Nosotros somos las últimas que quedamos —afirma.

Las ama se excusan y se dirigen a los viejos carritos de la compra con sus trajes de buzo y su equipamiento de buceo en las manos. La entrevista se ha acabado, me dicen. Ha llegado la hora de bucear.

Yo he traído mi equipamiento de San Francisco con la esperanza de hacer una inmersión y ver en acción las técnicas ancestrales de las ama para aguantar la respiración. Las ama no parecen entusiasmadas con la idea, pero aceptan que las acompañe durante unas horas. Voy corriendo a mi coche, cojo mis cosas y vuelvo con Manusanke y las demás mujeres cerca de la orilla del mar.

Mientras las ama se ponen unos trajes de submarinismo descoloridos y gastados, yo me pongo un traje de neopreno de cuatrocientos dólares que me han hecho a medida en Italia. Mientras ellas desempañan unas gafas viejas con hojas de *yomogi* del pueblo, yo rocío con un líquido para desempañar lleno de productos químicos mis nuevas gafas de bajo volumen. Mientras ellas se colocan unas viejas aletas amarillo chillón que parecen de juguete, yo meto mis pies en unas aletas de camuflaje de última generación, de noventa centímetros de longitud y supereficientes.

Manusanke señala mis aletas y suelta una carcajada. Yoshiko da un golpecito en el cristal de mis gafas y niega con la cabeza. Un ama llamada Toshie Suzuki, que tiene un halo de pelo rizado y rebelde, toca mi traje y luego aparta el dedo deprisa y lo menea, como si acabase de entrar en contacto con algo contaminado. Yo me siento como un idiota.

Y entonces empiezo a ver por qué las ama han conservado el océano para sí durante todo estos siglos y por qué son reacias a compartir sus secretos con personas ajenas, sobre todo con hombres. Allí estoy yo, un hombre típico, aprovechando la tecnología más reciente para encontrar un atajo que me dé entrada a un mundo que solo entiendo por encima. En cierto modo, no soy muy distinto de los pescadores de los arrastreros que salen a navegar detrás de nosotros. Estoy alterando el equilibrio del océano que las ama llevan 2.500 años intentando proteger.

Manusanke y el resto de las ama bajan con cuidado por las rocas del rompeolas y salpican al meterse en el mar. Ríen, se gritan unas a otras y emiten sonidos chirriantes como los delfines. Las sigo y nadamos juntos hacia el horizonte, hasta que el puerto de Sawada se desvanece entre la niebla. Las Suzuki se dirigen al este, justo delante de los acantilados rocosos de la bahía, mientras Manusanke y yo nos quedamos en el mismo lugar. Observo como se ajusta las gafas, toma una gran bocanada de aire y silba para anunciar a las demás que va a bucear, luego inclina el cuerpo y se zambulle. Pateando, sumerge ese cuerpo de persona de ochenta y dos años más allá de un metro y medio, de los tres metros, luego seis metros y sigue agua abajo, hasta que sus movimientos se suavizan, deja de patear por completo, desciende sin esfuerzo y se disuelve en el agua negra que tenemos debajo.

Yo tomo aire e intento seguir a Manusanke en sus inmersiones, pero ni siquiera con mi equipamiento de última generación consigo sumergirme. Mis inmersiones más profundas son de unos tres metros y medio; la más larga dura veinte segundos. Si me quedo más tiempo bajo el agua, empiezo a sentir claustrofobia y pánico, y el dolor en los oídos y la cabeza se vuelve insoportable. Cuanto más lo intento, más dolorosas se vuelven las inmersiones. Termino dándome por vencido.

A mediodía, volvemos a la orilla y nos sentamos en semicírculo encima del rompeolas. Las ama han vaciado sus redes de pesca sobre el hormigón. Cada una ha recogido varias decenas de erizos de mar, que luego venderán por una miseria a los restaurantes de sushi de la zona. Yo recojo mi equipamiento y doy las gracias a las ama, luego Takayan intercambia algunas palabras en japonés con Manusanke y las otras mujeres. Ellas se ríen y luego nos decimos adiós con una sonrisa.

Cuando vuelvo al aparcamiento con Takayan, le pregunto qué era eso tan divertido. Él me dice que le ha preguntado a Manusanke si las ama tenían algún secreto ancestral sobre el buceo que quisieran compartir conmigo.

—¿Y qué te han dicho?

—Que solo hay que bucear —le había dicho Manusanke—. ¡Te metes en el agua y ya está!

Fue la misma respuesta que me dio Otto Rutten en el Aquarius, la misma que me habían dado Fred Buyle, Hanli Prinsloo y los demás apneístas en Grecia. No había ningún atajo, ningún manual, ningún truco secreto, ningún equipamiento especializado ni ninguna dieta o píldora que pudiera llevarme a esas profundidades. El secreto para ir agua abajo, parecían decirme todos, estaba dentro de cada uno de nosotros. Nacemos con él.

Sin embargo, activar ese secreto era más complicado de lo que nunca hubiera imaginado.

-305

—Fue como una experiencia cercana a la muerte. Como sentirse transportado a algún otro sitio, a algún otro plano —me dice Fabrice Schnöller.

Schnöller y yo estamos sentados juntos en Planet Nature, un restaurante de comida saludable del que es propietario junto con su esposa en el centro de Saint-Denis, en La Reunión. Schnöller utiliza el comedor de la segunda planta como oficina, pero el lugar parece más bien un trastero. El escritorio está cubierto de cables eléctricos y USB como si de hiedra se tratara. Sobre las mesas se tambalean montones de artículos científicos. Las estanterías rinconeras están atestadas de hileras de libros académicos con las páginas marcadas con una esquina doblada.

Han pasado unos meses desde mi encuentro con las ama y, haciendo caso omiso a las quejas de mis lumbares, he vuelto a La Reunión. Me ha atraído de nuevo a la isla Schnöller, quien me envió un correo electrónico hace unas semanas diciéndome que estaba a punto de hacer un «gran descubrimiento». Tenía algo que ver con los clics o chasquidos de cachalotes y delfines, pero no me dio muchos detalles. Me contó que había invitado a un equipo de científicos, investigadores y apneístas de todo el mundo para que asistieran a un congreso de una semana en La Reunión para debatir sobre esa cuestión.

—Deberías formar parte de ese equipo —me dijo.

Acepté e hice un viaje en avión de treinta y dos horas para retomar el contacto con él y su equipo. Mi plan era quedarme en la isla diez días.

Ahora, unas horas antes del acto de apertura del congreso, Schnöller me hace sentar y me cuenta cómo vendió su negocio y decidió dedicar su vida al estudio de la comunicación por chasquidos de los delfines y los cachalotes.

—Empecé mientras estaba navegando rumbo a Mauricio, hace unos cinco años —dice mientras toma un sorbo de cerveza Dodo—. Fue entonces cuando todo cambió.

Schnöller era el capitán de un velero de dieciocho metros de eslora llamado Annabelle que su amigo Luke acababa de comprarle a Paloma Picasso, hija de Pablo Picasso (todavía hay colgado un Picasso original en el casco). Pocas horas después de iniciar las treinta y seis horas de viaje, Luke y los otros seis miembros de la tripulación quedaron incapacitados por mareo. Así pues, las labores de a bordo recayeron en Schnöller.

A Schnöller no le importó. Le gustaba llevar el timón del Annabelle, sobre todo porque disfrutaba estando solo en el mar, y más aún de noche. Alrededor de las once de la primera noche, se recostó en la silla del capitán y contempló el amplio cielo punteado de estrellas resplandecientes. En la mano izquierda tenía un termo lleno de café; con la derecha, giraba el descomunal timón del barco hacia el noreste. Escuchaba el sincopado romper de las olas contra la proa y se imaginaba que el sonido provenía de una mano enorme que salía del agua y golpeteaba el buque de la nave siguiendo un patrón rítmico, como el tamborileo de unos dedos sobre un bongó. Por los auriculares iba intensificándose la línea de bajo *in crescendo* del clásico de The Doors «Riders on the Storm»: el sonido de los vientos y lluvia enlatados de la canción se mezclaba con el viento y los salpicones de espuma que le mojaban la cara y el pelo de agua salada. Schnöller sonreía, seguía navegando y observaba cómo la negrura de la noche iba desaguándose del cielo como el agua de un fregadero sucio y dejaba solo unos vislumbres azules y naranjas. Amanecía de nuevo.

A las diez de la mañana, los vientos ya habían encalmado y el oleaje había amainado. Los miembros de la tripulación salieron poco a poco de la cabina con los ojos y la cara hinchados, estaban exhaustos. El capitán Luke se disculpó por haber dejado a Schnöller al timón toda la noche. Schnöller aceptó las disculpas con un gesto, tomó otro sorbo de café y engulló el último cacho del bocadillo que Luke se había preparado para comer más tarde. No quitaba los ojos del horizonte. Luke reparó en una columna de vapor al lado de la embarcación: parecía como si una granada hubiera explotado en el agua. Luego estalló otra bomba, y luego otra más. A Schnöller le habían contado algunos marineros que había ballenas en esa zona del océano Índico. Era habitual verlas a cierta distancia, pero que tu barco estuviera rodeado de ballenas era algo casi inaudito. Schnöller sintió una fuerte ansia de saltar al agua y nadar con ellas.

Bajó a buscar las gafas, las aletas, el tubo de esnórquel y una cámara subacuática. Luke se reunió con él en la parte trasera de la nave y le suplicó que se quedara en la cubierta. Otro miembro de la tripulación, Jean-Marc, también fue al espejo de popa y, junto con Schnöller, saltaron al agua.

El océano suele ser silencioso, pero en ese lugar las aguas retumbaban con un incesante clic-clic-clic, como si se encendieran una y otra vez mil mecheros de cocina. Schnöller imaginó que el ruido debía de provenir de algún mecanismo del barco. Siguió alejándose de la embarcación a nado, pero los chasquidos no hicieron más que aumentar de volumen. Nunca había oído un sonido como ese y no tenía ni idea de dónde salía. Luego miró hacia abajo.

Un cardumen de cachalotes, con los cuerpos en orientación vertical, como obeliscos, lo rodeaban por todos lados y lo miraban con los ojos abiertos de par en par. Nadaban hacia la superficie, haciendo chasquidos cada vez más fuertes a medida que se acercaban. Se reunieron alrededor de Schnöller y se frotaron contra él, cara a cara. Schnöller podía sentir que los clics penetraban en su carne y que vibraban dentro de sus huesos y su cavidad torácica.

—Tuve una sensación como si estuviera contactando con ET, ¿sabes?, como si aquello fuera una comunicación de otro planeta —relata Schnöller.

Ese día, él y Jean-Marie se pasaron dos horas nadando con los cachalotes. Antes de ese encuentro no sabía nada de esos animales. A partir de entonces, se convirtieron en su obsesión.

Cuando Schnöller volvió a su casa en La Reunión, buscó en Google imágenes de cachalotes y comparó las fotos que había hecho con las que encontró en internet. Los cachalotes son los odontocetos más grandes y, según los relatos históricos, los depredadores más feroces. En las imágenes históricas que Schnöller encontró se les veía matando humanos, aplastando barcos y atiborrándose de calamares gigantes. Pero, en su breve experiencia con ellos, Schnöller vio que los cachalotes eran dulces, curiosos e inteligentes, lo que le hizo plantearse si aquellas viejas imágenes se correspondían con la realidad. Con sus dientes de veinte centímetros, los cachalotes podrían haberlo devorado con facilidad. Pero, por el contrario, se acercaron a él con actitud sosegada y lo acogieron en su grupo. Schnöller quería entender cómo podía ser que historia y realidad divergiesen tanto. Buscó los estudios más recientes sobre el comportamiento de los cachalotes, pero no había ninguno.

—Supuse que el Ejército, que miles de científicos de todo el mundo, estarían llevando a cabo estudios sobre esos animales —dice—. Pero no encontré nada: ni investigaciones, ni vídeos ni fotos.

Schnöller se dio cuenta de que la única forma que tenía de lograr que su esposa, los demás miembros de la tripulación o cualquier persona comprendiera la experiencia que había vivido era iniciar su propio programa de investigación. Seis meses después de su encuentro con los cachalotes, vendió su tienda de leña y fundó la organización sin ánimo de lucro DareWin. Se inscribió a clases de biología en la Universidad de La Reunión. Aprendió que los delfines, las belugas, las orcas y otros cetáceos también utilizaban esos chasquidos distintivos que él había oído y percibido nadando entre cachalotes.

Los cachalotes casi nunca visitan la costa de La Reunión, pero los delfines hocico de botella, que pueden sumergirse hasta los trescientos metros, son habituales. Schnöller se dedicó a grabar interacciones entre delfines y a analizar sus vocalizaciones, que incluyen clics, pulsos explosivos y silbidos.

A lo largo de los últimos cinco años, Schnöller y su pequeño equipo de voluntarios han grabado más de cien horas de vídeo en que se ve cómo se comportan los delfines en libertad: la mayor colección de este tipo que existe en el mundo.

Schnöller se levanta y me lleva a su escritorio. Detrás de un montón de artículos hay un monitor de ordenador enorme en el que aparece un espectrograma —la representación visual de una señal acústica— que muestra algunos clics de delfines y otras vocalizaciones que Schnöller grabó hace meses. Me hace escuchar una pista, que dice que contiene unos patrones de chasquidos rápidos denominados pulsos explosivos. Por los altavoces se oyen a todo volumen lo que parecen chillidos de una fiesta y fuego de ametralladoras.

—Todos esos ruidos salen de un solo delfín —dice Schnöller—. ¡De uno solo!

Los delfines y otros cetáceos emplean esos sonidos clicados como parte de una forma sofisticada de sonar llamada ecolocalización. Son parecidos a los clics que los cachalotes usaron para sacudir el cuerpo de Schnöller hace años, pero más débiles.

Para entender la ecolocalización de los cetáceos, dice Schnöller, primero hay que entender cómo funciona un sonar.

Un sistema de sonar simple, consistente en un altavoz y un hidrófono (un micrófono subacuático), funciona emitiendo primero un impulso acústico. Ese impulso viaja a través del agua hasta que choca contra algo; luego vuelve el eco. El hidrófono registra el eco, y un procesador calcula el tiempo que ha tardado en regresar el eco del impulso. Este sistema puede decirnos lo lejos que está un objeto y la dirección en la que se está desplazando, pero nada más.

Un sistema de sonar más complejo contiene decenas de hidrófonos distribuidos por una extensa área. Cuando se emite un impulso, el eco que regresa llega a cada uno de esos hidrófonos a un tiempo ligeramente distinto. Con esa información extra, el sistema de sonar puede determinar no solo la distancia a la que se sitúa el objeto, sino también su forma y su profundidad. Permite formarse una imagen aproximada de ese objeto.

Los delfines y algunas ballenas tienen el equivalente de miles, incluso decenas de miles, de hidrófonos para captar ecos incorporados en su cabeza. Cuando un cetáceo emite un clic (su versión del impulso acústico de un sonar), recibe la información del eco en un saco de grasa situado debajo de la mandíbula inferior. A diferencia de los oídos, que solo ofrecen dos fuentes direccionales para recabar información, este saco de grasa proporciona al cetáceo miles de datos. El animal puede procesar esos datos para evaluar la distancia, la forma, la profundidad, el interior y el exterior de los objetos y los organismos que hay a su alrededor.

Los delfines pueden detectar la forma, la posición y el tamaño de objetos grandes desde hasta 9,5 kilómetros. Su ecolocalización es tan potente y sensible que puede penetrar más de treinta centímetros en la arena; puede incluso «ver» debajo de la piel. Los delfines pueden ver el interior de los pulmones, estómagos y cerebros de los animales a su alrededor. Con toda esa información, los científicos creen que los delfines pueden crear el equivalente de una representación en alta definición de los objetos de su entorno: no solo saben dónde están esos objetos, sino qué aspecto tienen en su interior. En esencia, los delfines y otros cetáceos tienen vista con rayos X.[1]

La ecolocalización no es solo una curiosidad; es esencial para la supervivencia de los cetáceos. El 90 % del océano está oculto en una negrura permanente e incluso las áreas cercanas a la superficie están a oscuras de noche. Para adaptarse a ese entorno con baja iluminación, algunos animales han desarrollado unos ojos hipersensibles; otros crean su propia luz con bioluminiscencia; las rayas y los tiburones utilizan la electrorrecepción y la magnetorrecepción. Los cetáceos han desarrollado una capacidad de ecolocalización extraordinaria.

Este «sentido» no se limita al océano. Los murciélagos llevan cincuenta millones de años utilizando la ecolocalización para vivir en la oscuridad total. Los humanos han empleado la ecolocalización durante cientos, tal vez miles de años.

El filósofo francés Denis Diderot observó casos de «vista ciega» a mediados del siglo xviii. Casi un siglo después, en los años veinte del siglo xix, un aventurero inglés ciego que se llamaba James Holman viajó por el mundo usando una forma autodidacta de ecolocalización. La gente era escéptica ante Holman y otros ecolocalizadores humanos. La mayoría de las personas creían que tenían visión parcial o que quizá utilizaban algo llamado visión facial, la sensación que produce en la cara el aumento de la presión cuando uno se acerca a un objeto. En 1941, un psicólogo de la Universidad Cornell llamado Karl Dallenbach decidió comprobarlo.

Reunió a un grupo de individuos ciegos y les hizo caminar hacia una pared. Cuando creían que podían percibir la pared, tenían que levantar la mano izquierda; cuando pensaban que iban a chocar contra la pared, debían levantar la derecha. Los sujetos ciegos lograron percibir la pared desde una distancia de varios metros; se detuvieron pocos centímetros antes de chocar contra ella. Luego Dallenbach reunió a un grupo de personas videntes, les vendó los ojos y repitió el experimento. Las personas videntes percibían la pared con una precisión casi igual que las invidentes.

A continuación, Dallenbach ordenó a los participantes en el estudio que caminasen por un camino enmoquetado que un auxiliar bloqueaba con un tablón a intervalos aleatorios. Después de treinta intentos, las personas videntes, con los ojos vendados, podían localizar el tablón con la misma precisión que los ciegos. Luego Dallenbach comprobó si usaban la visión facial poniendo capuchas de fieltro en las cabezas de los individuos, lo cual minimizaría cualquier sensación de presión que pudieran detectar a su alrededor. El grupo encapuchado percibió con facilidad el tablón y la pared con la misma precisión que los que iban sin capucha. Dallenbach llegó a la acertada conclusión de que los humanos no usaban la visión facial; nosotros también tenemos el sexto sentido de la ecolocalización.

Algunas semanas después de que Schnöller me hiciera una introducción al concepto sobrenatural de la ecolocalización, estoy caminando por una calle de un barrio residencial de Los Ángeles con Brian Bushway, uno de los ecolocalizadores humanos de mayor talento del mundo. Mientras paseamos en dirección a un restaurante que ha elegido para ir a comer, Bushway emite un chasquido agudo y breve con la boca y luego señala la entrada vacía de una casa a nuestra derecha, una furgoneta aparcada a nuestra izquierda y unas hileras de arbustos descuidados en una de las siguientes esquinas. Hace un clic en la dirección opuesta y menciona que la casa que acabamos de dejar a nuestra espalda es pequeña y está recubierta de yeso, mientras que la que está enfrente tiene unas grandes ventanas en voladizo. El jardín que hay delante del complejo de apartamentos que tenemos justo enfrente necesita desesperadamente que lo adecenten. Bushway llega al final de la acerca, se detiene un instante y luego me guía por entre dos coches aparcados y por un bordillo hasta la acera del otro lado de la calle. Giramos a la derecha, vuelve a hacer un clic y entonces me dirige por en medio de un aparcamiento lleno de coches. Me dice que por ahí se llega al restaurante cubano al que vamos. Le sigo hasta que entramos en el local y llegamos a un comedor abarrotado. Un camarero nos acompaña a una mesa que hay en un rincón y nos da la carta. Bushway deja la carta encima de la mesa, sin mirarla, y me dice que pida por él. No puede leer la carta; ni siquiera puede verla. Es ciego.

Conozco a Bushway a través de vídeos de YouTube. Le vi pasando a toda velocidad por una pista de tierra montando en una bicicleta de montaña, esquivando con agilidad ramas, arbustos y rocas, y luego bajando por una empinada escalera. En el siguiente, atravesaba corriendo un río y un charco de barro con un diámetro de nueve metros. En otro vídeo se le veía caminar por un parque, acercarse a un árbol y subirse a él trepando.

Bushway, que tiene un cuerpo musculoso y una melena rizada, me cuenta que empezó a perder la vista a los catorce años. Un día no lograba ver lo que estaba escrito en la pizarra del instituto. Al cabo de unas semanas, mientras jugaba a hockey, no podía encontrar el disco. Empezó a costarle reconocer a sus amigos. Un nuevo par de lentes de contacto no le ayudó. Cuando se despertó una mañana y vio que todo lo que estaba dentro de su campo de visión era de un blanco brillante, su madre lo llevó a toda prisa al hospital. Un médico le dilató las pupilas y apagó la luz para hacerle un control rutinario.

—Las luces nunca han vuelto a encenderse —me dice Bushway mientras coge la servilleta de la mesa y se la coloca encima del regazo—. Después de eso, recuerdo salir de la consulta con mi madre y preguntarle: «¿Ya ha salido el sol?».

El sol había salido, pero por primera vez en su vida Bushway no podía verlo. Nunca más volvería a ver nada.

Bushway sufría una atrofia del nervio óptico, una enfermedad rara que le destruyó los nervios ópticos de ambos ojos. Al volver a casa después de la visita al hospital, se pasó los siguientes meses con un sentimiento de desesperación. Los médicos recomendaron que se le hiciera una biopsia del nervio óptico para comprobar si la afección era genética. Los cirujanos le afeitaron media cabeza, cortaron una sección de su cráneo, apartaron el cerebro y le recortaron una parte del nervio óptico. Tras la cirugía, se le formó tejido blando en el cerebro. Empezó a tener convulsiones. Los médicos le recetaron medicamentos para las convulsiones, lo cual le daba un vértigo extremo y escalofríos constantes.

—Me sentía incómodo al moverme —dice—. Solo me quedaba sentado en el sofá y escuchaba programas de radio y libros grabados. —El mejor momento del día era ir con su madre a un restaurante de comida rápida, recoger la comida desde el vehículo e irse a casa a comer.

Bushway volvió al instituto meses después de perder la vista. Antes de perderla, valoraba su independencia y tenía un estilo de vida activo. Ahora, un adulto tenía que guiarle por el campus. Ya no podía practicar deportes, caminar por su cuenta o relacionarse con sus amigos. Se sentía como un marginado, completamente solo. Le daba pavor la idea de vivir el resto de su vida de esa forma.

Semanas después, mientras estaba en el patio del instituto, de repente notó que había algo delante de él. Era una columna. Detectó que había varias columnas más en los lados.

—No las estaba tocando —me explica—. Estaba a un metro y medio de ellas, pero estaba convencido de que las podía ver. Podía contarlas: era como un sexto sentido; es incluso un poder mágico.

Poco después, Bushway volvía a ir en monopatín, a tirar a canasta y a ir en patines en línea. Se apuntó a un equipo de bici de montaña y bajaba a toda pastilla por pistas locales. No había recuperado la vista; la lesión del nervio óptico era irreversible. Pero, de repente, se le había activado otro sentido que tenía dentro y le permitía «ver» a pesar de su ceguera. Con ese sentido, Bushway podía señalar un coche aparcado a cientos de metros de distancia, podía decir lo ancho que era el tronco de un árbol desde la acera de enfrente y distinguir un cubo de Rubik de una pelota de tenis desde el otro lado de una mesa.

Perfeccionó esas habilidades con la ayuda de un activista ciego llamado Daniel Kish, a quien había conocido en una comida para alumnos invidentes organizada unas semanas después de haber detectado las columnas en el instituto por primera vez. Kish, que había perdido la vista cuando tenía un año, dirigía una organización sin ánimo de lucro llamada World Access for the Blind. El programa enseñaba a las personas ciegas a utilizar un sistema de ecolocalización que Kish había desarrollado y bautizado como FlashSonar.

El FlashSonar no es un aparatito; todas las herramientas necesarias para usarlo están dentro del cuerpo humano. Y el «poder mágico» que permitió a Bushway ver las columnas en el patio del instituto no tenía nada de mágico, le explicó Kish. Era la misma ecolocalización que habían usado los delfines y las ballenas para navegar a través de las oscuras profundidades de los océanos durante los últimos cincuenta millones de años. Los seres humanos también podían «ver» en la oscuridad, afirmaba Kish. Solo que la mayoría de nosotros habíamos olvidado cómo hacerlo.

De vuelta al restaurante cubano, veo como Bushway emite un chasquido rápido y nítido, se detiene un segundo y alarga la mano por encima de la mesa para agarrar un vaso de agua. Pagamos la cuenta y Bushway vuelve a hacer un clic cuando nos levantamos de la mesa. Sigue chasqueando cuando me conduce hasta la salida del abarrotado restaurante, me lleva a través del aparcamiento y por aceras llenas de gente. Delante del edificio donde vive, se detiene, me dice que vaya con cuidado para no tropezar y luego me invita a entrar.

Ha llegado la hora de mi primera clase de FlashSonar. Bushway me indica que me ponga de pie junto a él en el centro de su salón. Levanta la lengua hasta el paladar y la hace chasquear bajándola de golpe hasta detrás de los dientes inferiores. Escucha el eco de ese clic para determinar la forma y la distancia de los objetos a su alrededor.

Por ejemplo, una pared que esté a noventa centímetros de él devolverá un eco más rápido que una que esté más lejos. Los objetos también suenan de una forma distinta dependiendo de su estructura y materiales.

—Si algo tiene un aspecto blando —me cuenta Bushway—, también sonará blando. —Una pared de madera, por ejemplo, absorbe más sonido, por eso el eco será más apagado que el de una puerta de cristal. Bushway percibe esas diferencias casi al instante.*

* Desde que un clic sale de la boca de un ecolocalizador humano —a una velocidad de unos 330 metros por segundo— y vuelve a sus oídos y crea una imagen en su cerebro, pasan algunas milésimas de segundo.

Suelta un chasquido y luego atraviesa el salón de su piso y entra en la cocina. Se inclina, abre un cajón y saca una tabla de cortar. Vuelve a hacer clic, se acerca a sesenta centímetros de mí, se detiene, pone la tabla de cortar a un brazo de distancia a la izquierda de mi cabeza y me venda los ojos.

—Ahora chasquea la lengua —me dice.

Despego la lengua del paladar para generar un sonido explosivo. Con los ojos aún vendados, oigo que Bushway se pone a mi derecha. Sostiene la tabla de cortar (aunque yo no puedo verla) y me indica que chasquee la lengua de nuevo. Percibo de inmediato una diferencia en los ecos. En pocos minutos puedo identificar la ubicación de la tabla de cortar en distintos sitios del salón desde una distancia de casi dos metros.

Me quito la venda. Me siento con bastante confianza, pero Bushway me dice bromeando que no me emocione demasiado. Que un crío de cinco años puede hacer lo que estoy haciendo, y probablemente mejor que yo.

Bushway menciona un estudio hecho en España en el que los investigadores cogieron a diez voluntarios videntes y les enseñaron los fundamentos del FlashSonar en dos sesiones formativas. Cada sesión duró una hora, más o menos. Después colocaron a los estudiantes en una sala vacía de quince por quince metros. Desde un equipo de música se oían ruido blanco y patrones de eco complejos de fondo para imitar un entorno real. Los voluntarios fueron capaces de detectar superficies planas como paredes, paneles de madera y monitores planos desde unos nueve metros. A medida que andaban por la sala, eran capaces de detenerse medio metro antes de chocar contra una pared.

En 2011, un equipo de investigadores canadienses sometió a Kish y a otro ecolocalizador ciego a una resonancia magnética y registró la actividad de su cerebro mientras empleaban técnicas del FlashSonar. Luego los investigadores trajeron a dos individuos videntes que nunca habían usado el FlashSonar y les indicaron que chasqueasen la lengua hacia su alrededor mientras las hacían una resonancia magnética. Compararon los resultados de los usuarios ciegos de FlashSonar con los de los participantes videntes. Los escáneres revelaron que, cuando Kish y el otro ecolocalizador ciego usaban las técnicas del FlashSonar, se activaba el área visual de su córtex. Por el contrario, en las personas videntes esa área no presentaba actividad cuando chasqueaban la lengua.

Esos resultados hacían pensar que los usuarios del FlashSonar procesaban la información auditiva de una forma muy parecida a como el resto de nosotros procesamos la información visual. En esencia, los ecolocalizadores veían por medio de los ecos.

El Interruptor General y la magnetorrecepción son sentidos latentes e inconscientes. Nunca sabemos que están en funcionamiento. La ecolocalización, no obstante, es patente: podemos oír de forma consciente sus efectos y «ver» qué efecto tiene. Y, con cierta práctica, cualquier persona con un oído decente puede perfeccionar ese sentido no visual de la vista.

Ahora Bushway colabora con Kish como instructor para la organización World Access for the Blind. En los últimos cinco años ha contribuido a enseñar las técnicas del FlashSonar a más de quinientas personas ciegas de catorce países.

—Cuando te quedas ciego, la comunidad de invidentes te da un bastón, un perro guía, te enseña cómo ir a la oficina de correos o a un restaurante y luego para casa —dice.

FlashSonar es una vía para recuperar la libertad total.

Entonces me dice que vuelva a ponerme la venda. Abre la puerta y me guía hacia un mundo tan negro como las mayores profundidades del océano. Me quedo inmóvil, esperando que mis oídos se aclimaten a los sonidos que hace la ciudad de noche. Poco a poco, se enfoca la imagen de Los Ángeles de una forma nueva, a partir de unos sonidos más nítidos y vivos que los que había oído nunca.

—Ahora —dice Bushway—. Chasquea la lengua.

Al igual que los cetáceos, nosotros también podemos usar clics y ecos para percibir el mundo y orientarnos en él. Fabrice Schnöller cree que, además, los cetáceos utilizan esos sonidos para comunicarse entre ellos.

De vuelta a La Reunión, Schnöller cierra el archivo con los pulsos explosivos de delfines de su ordenador y abre otro archivo de audio. Hasta aquí la conversión sobre ecolocalización, dice. Ahora quiere contarme por qué nos ha invitado, a mí y a un grupo de científicos, apneístas e investigadores, a venir a la isla durante esta semana. Tiene que ver con los clics de los cetáceos, dice, pero no con el hecho de ver en la oscuridad.

—Quiero que mires esto. —Señala la pantalla del ordenador que hay en su caótica oficina—. Mira lo coordinado que es.

En el monitor se ven dos espectrogramas de vocalizaciones de delfines llamadas silbidos. Los patrones de silbidos son precisos, separados entre ellos por el mismo intervalo exacto de milisegundos.

Schnöller cree que los clics y los silbidos de los cetáceos son la base de una forma sofisticada de comunicación. Me pone la grabación de otros dos silbidos de delfín cuyos espectrogramas tienen un aspecto idéntico al de los dos anteriores. Los delfines pueden repetir esos silbidos con la misma frecuencia y duración exactas una y otra vez. Luego pueden añadir pequeñas variaciones, repetir esas variaciones muchas veces, cambiarlos un poquito, y así sucesivamente. Schnöller me explica que cada uno de esos patrones de silbidos podría representar alguna forma de lenguaje.

—Esto no son, entiéndeme, los ladridos de tu perro —dice riéndose.

En uno de sus primeros experimentos, en 2008, Schnöller se descargó silbidos de delfín a un móvil resistente al agua y zarpó en una lancha frente a la costa de La Reunión con Morgane, su hija de doce años. Al cabo de una hora, unos delfines se acercaron a su embarcación. Schnöller agarró una cámara de vídeo subacuática mientras Morgane cogía el móvil, y los dos saltaron al agua. Cuando llegaron a pocos metros de los delfines, Morgane le dio al *play*.

—Era como si un delfín sacase la cabeza fuera del agua y dijera: «Hola, James» —explica Schnöller—. Solo que no estoy seguro de lo que le estábamos diciendo exactamente. ¡Tal vez le estábamos diciendo hola o quizá que se fuera a la mierda!

Un delfín del cardumen que nos recibió, al que Schöller bautizó como QuackQuack, se detuvo de repente, nos miró dos veces como para asegurarse de quiénes éramos y respondió con una serie de silbidos agudos; y luego se fue nadando. Morgane subió el volumen del móvil y volvió a poner la grabación. QuackQuack se paró, dio la vuelta y repitió su respuesta.

—Pensaba que en efecto estábamos hablando con él —dice Schnöller—. ¡Como si hubiéramos aprendido su idioma o algo por el estilo!

Durante los siguientes meses, cuando Schnöller salía a navegar, QuackQuack a menudo encontraba su barca, se acercaba y empezaba a vocalizar, como si retomara la conversación en el punto en que la habían dejado.

Schnöller me cuenta que los delfines utilizan silbidos específicos y muy detallados para identificarse dentro de grandes grupos. Una madre delfín silba con frecuencia el mismo patrón a un recién nacido durante días: una forma, según creen algunos biólogos marinos, de bautizar al bebé. Los delfines usan esos nombres distintivos cuando se acercan a otros delfines para identificarse. También vocalizan su nombre al acercarse a humanos. Schnöller sostiene que, cuando QuackQuack oyó una ráfaga de silbidos que salía del móvil, respondió de inmediato con su nombre. Se estaba presentando.

El año pasado, Schnöller creó su propio silbido distintivo, es decir, su nombre en la lengua de los delfines, para presentarse al estar entre esos animales. En concreto, modificó el silbido para poder distinguirlo de otros silbidos de delfines en caso de que los delfines lo aprendiesen y se lo repitieran. Todos los silbidos registrados hasta la fecha han sido en forma de ondas sonoras suaves. El silbido de Schnöller era muy áspero desde un punto de vista acústico, una onda cuadrada con unos ángulos muy agudos: una forma que nunca se había registrado en ningún delfín. Schnöller salió al mar con su lancha, buscó un grupo de delfines, se metió en el agua y empezó a ponerles la grabación de su extraño silbido distintivo.

—La primera vez que lo intentamos estaban muy pero que muy interesados, pero no lo imitaron cuenta Schnöller.

Seis meses después, Schnöller volvía estar en el agua grabando los silbidos de otro grupo de delfines. Cuando regresó a su despacho y analizó las grabaciones, se percató de que los diez delfines del cardumen habían incorporado su silbido cuadrado distintivo en sus sonidos.

—¡Lo usaban en su lenguaje! —dice Schnöller.

Para él, eso fue como viajar a una aldea remota de China y descubrir que todo el mundo sabía tu nombre.

Los cetáceos tienen un cerebro desproporcionadamente grande y complejo en comparación con otros animales. El cerebro de los delfines hocico de botella, por ejemplo, es cerca de un 10% más grande que el de un ser humano y en muchos sentidos es más complejo. Por ejemplo, el neocórtex de los delfines, la parte del cerebro que desempeña funciones cognitivas superiores como la resolución de problemas, es, en proporción, más grande que el neocórtex humano. Para Schnöller, que se había pasado meses en un laboratorio de investigación sobre el cerebro cuando era estudiante universitario, eso no era casualidad. Para él era una prueba de que los delfines y otros cetáceos eran muy inteligentes y capaces de comunicarse de forma sofisticada.

Los delfines no tienen cuerdas vocales ni laringe, con lo cual no pueden emitir sonidos que se parezcan al habla de los humanos. Por el contrario, utilizan dos pequeñas estructuras parecidas a una boca que tienen incorporadas en la cabeza: vestigios de lo que fueron fosas nasales. El delfín puede flexionar y curvar esas vías nasales, denominadas labios fónicos, para crear una variada gama de sonidos —silbidos, pulsos explosivos, chasquidos, entre otros— en frecuencias que abarcan de los 75 a los 150.000 hercios. Durante años, los científicos no detectaron muchos de esos sonidos porque los humanos no podemos oírlos. (El habla normal de un ser humano adulto está entre los 85 y los 300 hercios, aunque podemos vocalizar mediante consonantes y armónicos hasta los 20.000 hercios.) La única forma que tenían los científicos de descubrir que los delfines se comunicaban a esas frecuencias tan elevadas era grabándolos y luego reproduciendo los sonidos a través de un espectrómetro. Cuando lo hicieron, vieron que las ondas acústicas de los silbidos y los clics parecían una forma primitiva de jeroglíficos.

Schnöller se da cuenta de lo disparatado que puede parecer todo esto y está decidido a no caer en lo que llama la «vía de las chorradas New Age». Todos los datos que recabe los analizarán investigadores del ámbito; todos los artículos que publique DareWin, primero serán revisados por pares.

—Eso será ciencia de verdad —declara.

Schnöller tiene buenos motivos para ponerse a la defensiva. Se inscribe en una larga tradición de investigadores que han perdido la cabeza o, por lo menos, la reputación intentando descifrar el lenguaje de los cetáceos. Y no hay científico más representativo de esta cuadrilla que el doctor John C. Lilly, un neurofisiólogo que empezó su carrera profesional en el Instituto Nacional de Salud Mental.

En 1958, durante uno de sus primeros experimentos con delfines, Lilly grabó una conversación de silbidos y chasquidos entre delfines y la reprodujo a una velocidad menor. Cuando ajustó la frecuencia y la velocidad de esos sonidos emitidos por delfines en el agua para que se correspondiesen con el habla humana en el aire, se dio cuenta de que la proporción era de 4,5 a 1. Aquello era un descubrimiento extraordinario. El sonido viaja a una velocidad 4,5 veces superior en el agua que por el aire. La frecuencia de la comunicación que usaban los delfines, una vez modificada teniendo en cuenta la densidad del agua, escribió Lilly, se correspondía con la exacta frecuencia del habla humana en el aire. Cuando reproducía los sonidos de los delfines a esa velocidad menor, sonaban asombrosamente similares al habla humana. Lilly llegó a la conclusión de que los delfines hablaban un lenguaje parecido al nuestro, pero a una velocidad mucho mayor, un ritmo demasiado rápido para que los comprendiésemos. Anunció sus hallazgos en una reunión de la Asociación de Psiquiatría de Estados Unidos en San Francisco ese año y atrajo la atención de la prensa internacional.

A principios de los años sesenta, Lilly ha había construido un extenso recinto de dos plantas en el que había una piscina de agua salada de casi 115 metros cúbicos y un complejo con varias salas que servían de oficinas y laboratorios en la costa de Santo Tomás, en las islas Vírgenes estadounidenses. El único propósito de ese complejo, al que denominó Instituto para la Investigación de las Comunicaciones (CRI, en inglés), era descifrar el lenguaje de los delfines.

En 1961 se unió al prestigioso científico Carl Sagan y al premio Nobel de Química Melvin Calvin, entre otros reconocidos astrofísicos e intelectuales, para formar un grupo semisecreto llamado la Orden del Delfín. La razón de ser de la orden era comunicarse con extraterrestres; su primer objetivo era descifrar el código lingüístico de los delfines. Los miembros del grupo llevaban una insignia con un delfín hocico de botella. Intercambiaban mensajes en código. Luego empezaron a experimentar. Sagan visitó a Lilly en el CRI en varias ocasiones para ayudarle a diseñar pruebas de laboratorio, que Lilly comenzó a llevar a cabo.

En un experimento, Lilly cogió dos delfines y los metió en dos piscinas separadas situadas en extremos opuestos del edificio del laboratorio. Dentro de cada piscina había un hidrófono y un altavoz que transmitiría el sonido entre ambas salas: un interfono, por así decirlo. Lilly dejaba a los delfines solos en su sala y monitorizaba su comportamiento encerrado en su despacho. Cuando abría las líneas entre las salas, los delfines se ponían de inmediato a emitir silbidos y chasquidos. La piscina que había en cada laboratorio tenía una anchura y una longitud tan solo unos metros mayor que el cuerpo de los delfines, con lo cual los animales no podían estar usando esos sonidos para la ecolocalización. Estaban hablando entre ellos.

Lilly descubrió que cada uno de los labios fónicos de los delfines puede operar con independencia del otro; un labio puede silbar mientras el otro chasquea, y viceversa. Durante los experimentos, a veces un delfín chasqueaba mientras el otro silbaba; en otros casos, un solo delfín chasqueaba y silbaba mientras el otro se quedaba callado. Si uno no estaba acostumbrado a esos sonidos, esas vocalizaciones podían sonar cacofónicas, pero, cuando Lilly estudió las grabaciones, se dio cuenta de que los intercambios siempre eran coherentes, en el sentido de que los delfines nunca mandaban clics o silbidos mientras el otro delfín enviaba clics o silbidos. Dicho de otro modo, nunca hablaban el uno por encima del otro.

Los delfines, dedujo Lilly, podían mantener dos conversaciones simultáneas independientes con dos modos de comunicaciones distintos, chasquidos y silbidos: el equivalente de un humano que habla por teléfono al tiempo que chatea por internet.[2]

Cuando Lilly apagaba el teléfono, la conversación terminaba de inmediato, pero los delfines repetían los mismos silbidos una y otra vez, como queriendo decir: «¿Hola? ¿Hola?». Los resultados del experimento se publicaron en la revista *Science*.*

* En 1963, unos investigadores de un laboratorio de Point Mugu, en California, reprodujeron el experimento de Lilly. Colocaron a los delfines

Lilly estaba convencido de que los delfines se estaban comunicando en un lenguaje que era mucho más veloz, eficiente y sofisticado que el habla humana. Pero aún no tenía ni idea de cómo traducir los silbidos y chasquidos al inglés. Continuó los experimentos del interfono y fue publicando con regularidad los resultados en la revista *Science* y en otras publicaciones académicas.

A mediados de los años sesenta, no obstante, Lilly pareció perder la cabeza. Contra los deseos de Carl Sagan y los demás miembros de la Orden del Delfín, Lilly inició una batería de experimentos disparatados y a menudo abusivos con la esperanza de lograr avances. Inyectó LSD a algunos animales y monitorizó sus acciones. Su idea era que esa droga psicodélica podía incitarlos a ponerse a hablar en inglés de repente. (Solo hizo que se volvieran de lo más amigables y parlanchines.) Luego decidió que, puesto que los delfines eran mucho más inteligentes que los humanos, sería más sencillo enseñarles a hablar inglés. Si bien los delfines no tenían cuerdas vocales, sí tenían unos espiráculos que Lilly creía que podían flexionar lo bastante para poder generar sonidos humanos.

---

participantes en el estudio, Doris y Dash, en laboratorios separados insonorizados y conectados por un interfono parecido al de Lilly. Los investigadores grabaron a los delfines por separado y luego interrumpieron la comunicación. Entonces le pusieron a Dash una grabación de todo lo que Doris había dicho en la conversación. Dash respondió a Doris al igual que había hecho antes, pero se detuvo después de treinta y dos minutos de grabación. Al día siguiente, los investigadores le volvieron a poner a Dash la misma grabación de Doris. Dash dejó de hablar en el mismo minuto. Repitieron una vez más el experimento y los resultados fueron los mismos. Los científicos marcaron en un gráfico las secuencias de silbidos y chasquidos e identificaron un silbido distintivo concreto, que creían que se usaba a modo de advertencia, es decir, algo así como «Cállate. ¡Alguien está escuchando!». Pero nunca lograron determinar de forma concluyente de qué se trataba.

En 1965, Lilly dio comienzo al primer taller de inmersión en la lengua inglesa para delfines.

Al frente del taller estaba la auxiliar de investigación del CRI Margaret Howe, que aceptó pasarse diez semanas en un laboratorio húmedo con un revoltoso delfín macho llamado Peter. De día, Howe daría clases de inglés a Peter, lo alimentaría e interactuaría con él. De noche, se enrollaría con unas sábanas de plástico, se pondría encima de una cama flotante en medio de la piscina y dormiría mientras Peter nadase por el agua a su alrededor.

El experimento fue un desastre. Howe tenía problemas para dormir; la humedad constante del laboratorio la dejaba sin energía; empezó a tener infecciones cutáneas. En los primeros tres meses, Peter se volvió agresivo sexualmente. Cuando Howe nadaba en la piscina, Peter la empujaba hacia un rincón y la embestía las piernas con su pene erecto. En la quinta semana, Peter se había obsesionado tanto que le costaba concentrarse en sus clases de inglés. Howe acabó sucumbiendo a las insinuaciones sexuales del delfín.

«Descubrí que agarrándole el pene con la mano y dejando que empujara su cuerpo con mí, llegaba a una especie de orgasmo, con la boca abierta, los ojos cerrados y el cuerpo temblándole —explicó Howe tiempo después—. Luego su pene se relajaba y se retiraba. Repetía eso unas dos o tres veces, y después se terminaba la erección y parecía satisfecho.»

En un aspecto, funcionó. Peter recuperó el interés por las clases de inglés. Su entonación y su tono mejoraron, y podía pronunciar con claridad palabras simples como *ball*, *hello* o *hi*. Empezó a hablar en la lengua «humanoide» cuando estaba solo. Cuando Howe hablaba por teléfono con personas de fuera del laboratorio húmedo, Peter se ponía celoso y pronunciaba palabras en inglés a un volumen más alto para llamar su atención. Cuando Peter se le acercaba con una erección, recordaría Howe, «me siento de lo más halagada por la paciencia de Peter conmigo en todo esto [...] y estoy encantada de que este delfín me "corteje" de una forma tan evidente».

Al final, Howe creyó que el inglés de Peter había mejorado enormemente y estaba segura de que, con más clases, podría ampliar su vocabulario y quizá mantener una conversación. Los resultados del taller de inmersión en lengua inglesa no eran concluyentes según los estándares científicos, pero para Lilly eran una demostración de que los humanos hablarían con los delfines dentro de una década.

Lilly escribió que pronto los delfines participarían por teléfono en reuniones de las Naciones Unidas. Que aparecerían en programas de televisión. Que actuarían en *ballets* subacuáticos, cantarían éxitos pop en la radio y trabajarían en industrias bajo el agua. Pero, a medida que pasaban los años en el CRI y la promesa de la comunicación entre especies no lograba avanzar mucho, Lilly fue desanimándose y deprimiéndose. Empezó a avergonzarse de sus estudios en el CRI, donde había dirigido, como expresaría tiempo después, «un campo de concentración» para delfines. En 1968, tres de los delfines del CRI murieron. Lilly pensó que se habían suicidado forzándose a dejar de respirar. Clausuró el CRI y soltó a los demás delfines del laboratorio.

Lilly se marchó de Santo Tomás y se pasó la mayor parte de los siguientes cinco años en un receptáculo de aislamiento sensorial drogado con ketamina, un potente tranquilizante para animales. En 1972, el presidente Richard Nixon aprobó la Ley de Protección de los Mamíferos Marinos. Esa norma prohibía la matanza, la captura, el hostigamiento, la importación, la exportación o la venta de cualquier mamífero marino dentro de Estados Unidos. La ley protegía a los delfines y ballenas de las matanzas y también prohibía a los científicos estudiar los delfines en estado salvaje en cualquier punto de las aguas estadounidenses.

—En resumen, Lilly hundió este campo de estudio para los siguientes treinta años —afirma el psicólogo experimental Stan Kuczaj, que dirige el Laboratorio sobre la Conducta y la Cognición de los Mamíferos Marinos de la Universidad del Sur de Misisipí—. Al principio hizo algunos estudios muy buenos. Los artículos que aparecieron en *Science* eran de una gran calidad —añade Kuczaj—. Pero al final se le fue la cabeza.

Son casi las seis y media de la mañana de mi cuarto día en La Reunión. Estoy con Kuczaj en un solar cubierto de malas hierbas en el puerto deportivo de La Possession. Detrás de nosotros hay dos contenedores oxidados que servirán como oficina de campo de DareWin y como centro de congresos para los actos de esta semana. La zona para reunirse está situada a la sombra de un toldo de plástico colgado entre los dos contenedores. Los asientos son varias decenas de sillas de bar de procedencia diversa y dos tocones. En el centro del espacio para el público hay una puerta vieja cubierta con una bolsa de basura de plástico que se sostiene con cajas de leche. Eso será la mesa de laboratorio del congreso. Si tenemos hambre, hay una caja de fideos instantáneos dentro de uno de los contenedores y un microondas para calentarlos.

Kuczaj, que se parece un poco a Tom Petty, lleva veinticinco años estudiando la conducta y la comunicación de los delfines y está considerado uno de los mejores científicos del mundo en este ámbito. Vino a La Reunión en parte porque en Estados Unidos está prohibido estudiar los delfines en estado salvaje. Pero lo que de verdad le interesaba era el archivo de imágenes de delfines y cachalotes salvajes elaborado por Schnöller, que ha calificado de «excepcional y extraordinario».

Todas las mañanas, Kuczaj y el resto de nuestro grupo nos reuniremos en el centro de congresos de DareWin para tomar un café y comer cruasanes antes de salir a dar una vuelta por la costa de La Reunión en busca de delfines y cachalotes. Si avistamos alguno, nos detendremos, nos meteremos dentro del agua con varias cámaras de vídeo y grabadoras de audio y documentaremos todo lo que podamos del encuentro. Alrededor del mediodía, volveremos a La Possession y nos reuniremos de nuevo para compartir las imágenes grabadas en el portátil de Schnöller. Cada tarde, un científico presentará nuevas investigaciones ante el comité de expertos y hará sus aportaciones al plan de acción de Schnöller para descifrar el código lingüístico cetáceo en los próximos años.[3]

A pesar de que Kuczaj es muy escéptico respecto a que los humanos lleguen a ser capaces algún día de mantener una conversación con los cetáceos, sí está seguro de que, en caso de que esto suceda, no será a través de nuestra lengua sino de la suya.

Me habla de investigaciones sobre comunicación entre especies que se hicieron con Koko, un gorila nacido en el zoo de San Francisco en 1971 que llegó a entender mil signos de la lengua de signos estadounidense; y Kanzi, un bonobo que, durante los años ochenta y noventa, aprendió más de tres mil palabras en inglés.

—Es posible que Koko y Kanzi nos oyeran —dice Kuczaj—, pero solo nos comprendían de una forma muy limitada.

El problema, dice el investigador, es que los investigadores no tienen ni idea de si los gorilas o los chimpancés tienen la capacidad de comunicarse mediante sonidos entre ellos, y no digamos con otras especies. Si no es el caso, entonces los investigadores no solo han estado intentando enseñarles inglés, a Koko y a Kanzi, sino comunicación verbal, lo que supone un salto enorme.

Sin embargo, es muy probable que los delfines ya compartan una comunicación vocal muy rica. Si los humanos van a hablar algún día con los animales, dice el experto, la estrategia de DareWin de intentar descifrar el lenguaje de silbidos y chasquidos que ya emplean parece un buen punto de partida.

Hoy se sigue el mismo patrón que los últimos cuatro días del congreso de Schnöller. Nos levantamos antes del amanecer, nos subimos a lanchas motoras y peinamos la costa durante seis o siete horas buscando infructuosamente cachalotes o delfines. Tras no haber encontrado ningún animal, volvemos al puerto, comemos —más tarde de lo habitual—, asistimos a una conferencia por la tarde, luego a una conferencia por la noche, regresamos en coche a nuestro alojamiento, dormimos unas cinco horas y volvemos a empezar.

A media semana, empiezo a temer el momento en que por la mañana Schnöller llama a mi puerta. Tener una sobrecarga de trabajo en cualquier entorno es desagradable; pero en una isla tropical la sensación es criminal. Kuczaj y el resto del equipo tenían la esperanza de gozar de algunos días de relax y poder visitar la isla, pero eso no va a ocurrir bajo la disciplina de Schnöller. Siempre hay demasiado trabajo que hacer y demasiado poco tiempo para hacerlo.

Así pues, en el quinto día del congreso, me despierto una vez más al oír que Schnöller llama a la puerta, a las 5:20 de la madrugada; busco a tientas mi traje de baño; meto una botella de agua, crema solar y un cuaderno en una mochila, y salgo pitando hasta el coche que alquilé antes de que Schnöller empiece a tocar la bocina y a amenazarme con que va a dejarme.

Hoy nuestra suerte cambia. Hacia las once de la mañana, estamos a pocos kilómetros de la costa de La Possession. De repente, Schnöller detiene la embarcación.

—Delfines —anuncia—. Coged vuestras cosas y preparaos.

Nadar con delfines requiere paciencia y persistencia. Schnöller me contó que los ve solo un 1 % del tiempo que se pasa buscándolos; solo consigue nadar con ellos cerca de un 1 % de ese tiempo. Es probable que esas cifras sean una exageración, pero ya entiendo lo que quiere decir: es una labor difícil, con muy pocas recompensas.

—Los delfines tienen que escoger acercarse a ti —dice entre el ruido de los motores fueraborda—. Nunca puedes ir tú hacia ellos.

Si los persiguiéramos, podríamos verlos un instante desde la distancia, pero, si nos metemos en el agua, se asustarán y casi siempre se sumergirán a mayor profundidad. Acercarse a ellos muy despacio a un ángulo de cuarenta y cinco grados les da tiempo para observarte y decidir si quieren interactuar contigo o no.

Estamos a unos trescientos metros del cardumen cuando Schnöller me ordena que me ponga las gafas y me prepare para saltar. Kuczaj será mi compañero.

—Venga, allá vamos —dice Schnöller en voz baja. Traspasa a Vanessa, una auxiliar de investigación de París que ha venido para esta semana, la responsabilidad del timón. Schnöller agarra su cámara y luego me señala—. Tú te metes después de mí, ¿vale? —me dice.

Asiento con la cabeza. Los delfines están persiguiendo un banco de peces que se desplaza en paralelo a nuestra barca. Schnöller se mete en el agua con su cámara sin hacer ruido y se va nadando.

Los delfines pueden ser unos cazadores feroces. Una vez, Schnöller observó desde una barca como un grupo atacaba un banco de atunes de un metro y medio de longitud. Los delfines nadaban en círculos para ganar velocidad, luego clavaron sus hocicos puntiagudos en los costados de esos enormes peces como si fueran puntas de lanza. Pronto el agua empezó a teñirse de marrón y rojo por la sangre. (Schnöller se metió en el agua de todos modos y grabó unas imágenes impresionantes.)

Ahora no hay atunes en el agua, al menos que nosotros veamos. Kuczaj y yo nos ponemos las aletas y las gafas y nos sumergimos; nadamos delante del cardumen para interceptar su rumbo.

Los delfines se ponen nerviosos cuando hay grupos numerosos de personas en el agua. Tener a dos grupos pequeños —Schnöller y un buceador local, por un lado, y Kuczaj y yo, por el otro— les da la opción de elegir con quién quieren nadar. Si no les gustamos ni un grupo ni el otro y siguen adelante, no debemos perseguirlos. Han optado por no interactuar y tenemos que respetar esa decisión.

Miro arriba y veo que los delfines ahora están a tan solo sesenta metros de nosotros. Están nadando justo hacia nosotros.

Schnöller nos indica que nos detengamos. Es importante que nos quedemos lo más tranquilos y quietos posible para que los delfines no se sientan amenazados.

Mientras Kuczaj y yo flotamos en la superficie, Schnöller, unos quince metros más adelante, se sumerge en apnea unos seis metros con su cámara, listo para capturar el encuentro. Hasta el momento, no podemos ver nada: hoy la visibilidad es de tan solo treinta metros, mala para los estándares de La Reunión. Pero sí podemos oír a los delfines; sus clics suenan como cien mecanógrafos percutiendo viejas Underwoods. Esa cacofonía me parece urbana y disonante, algo que nunca había imaginado que pudiera provenir del mundo natural.

Mientras estoy allí flotando sobre la barriga y con la cabeza en el agua, me doy cuenta de que, aunque no puedo ver a los delfines desde la distancia, ellos sí están observándome. Cada uno de los clics que oigo rebota en mi cuerpo y regresa a los delfines, los cuales se revelan en su cerebro como mil pequeñas fotos.

El encuentro de hoy dura unos minutos, luego los chasquidos se desvanecen; los dorsos resbaladizos de los delfines se alejan hacia el horizonte y desaparecen. Damos la vuelta y regresamos nadando a la lancha.

—Hoy no querían jugar —die Schnöller—. Tendrán hambre. Mañana; los tendremos mañana.

Schnöller arranca el motor y pone rumbo al puerto. No se le ve decepcionado ni mucho menos. Y yo tampoco lo estoy: por fin he percibido el funcionamiento de la ecolocalización.

Es domingo, mi último día en La Reunión, y Schnöller y yo estamos sentados a una gran mesa de madera que hay en la terraza delantera de un estudio alquilado situado detrás de la casa de la familia. Subiendo por unas escaleras a nuestra izquierda hay una piscina vacía, con el suelo de hormigón cubierto de hojas mojadas, tierra y charcos de agua oleosa, marrón oscuro como si fuera café. Un robot limpiador de piscinas, enmarañado y estropeado, descansa burlón en el fondo. Por encima de la piscina, a través de una ventana esquinera sin limpiar de la casa, los rayos de sol iluminan una habitación llena de sofás, juegos de mesa, ropa y otros trastos viejos. El caótico despacho de Schnöller está en la parte trasera de la casa y se accede a él por una escalera con grietas. Toda la escena parece un set para una versión con ambientación tropical de *Grey Gardens*. Cuando Schnöller y yo hablamos, como hemos hecho casi cada noche después de las sesiones del congreso, nos reunimos en mi habitación para no tener que andar de puntillas entre los escombros.

Cuando llegué a La Reunión hace diez días, Schnöller comentó que podría estar a punto de hacer un «gran descubrimiento» sobre el lenguaje de silbidos y chasquidos de los cetáceos, pero no me dijo de qué se trataba. Le perseguí toda la semana, pero entre el congreso de DareWin, ayudar en Planet Nature y cuidar de tres hijos, no ha tenido ni un minuto. Dos horas antes de ir al aeropuerto, me dice que ahora ya está preparado para contarme los detalles.

—Esto es una pasada —dice Schnöller repitiendo su palabra favorita—. Y es muy difícil de entender al principio, así que debes tener paciencia.

Schnöller me cuenta que los científicos saben que los delfines utilizan unos silbidos distintivos para identificarse en los cardúmenes a modo de nombre de pila y que usan dialectos específicos del grupo para identificar de dónde vienen y con quién están viajando. Que los delfines y los cachalotes utilicen clics de ecolocalización como una forma de lenguaje sofisticado sigue siendo un misterio. Esa es una de las cuestiones que DareWin espera desentrañar.

Sin embargo, más allá de la comunicación auditiva, Schnöller cree que esos cetáceos también comparten un lenguaje visual, algo denominado comunicación holográfica. Esa forma no verbal de comunicación permite a los cetáceos compartir imágenes tridimensionales completas con otros cetáceos, de la misma forma en que nosotros podemos sacar una foto con el móvil y mandársela a un amigo. Schnöller cree que los cetáceos pueden compartir lo que están pensando y viendo con otro individuo sin abrir nunca sus oídos ni sus ojos.

La comunicación holográfica parece algo inverosímil, pero no es algo muy exagerado teniendo en cuenta lo que llevan haciendo los cetáceos desde hace unos cincuenta millones de años. Schnöller cree que, como los cetáceos ya pueden construir imágenes sonográficas a partir de sonidos, es posible que sean capaces de reproducir esas imágenes y enviarlas a otros individuos.

El concepto no es nuevo. En 1974, el científico ruso V. A. Kozak propuso que los cachalotes utilizaban un sistema videoacústico que les permitía traducir la información de ecolocalización en imágenes. Lilly creía que los cachalotes usaban imágenes sonográficas para comunicarse, pero ni él ni Kozak comprobaron nunca sus hipótesis.[4]

Durante el año posterior al congreso de La Reunión, los investigadores de DareWin tienen previsto llevar a cabo los primeros ensayos científicos sobre comunicación holográfica con delfines y cachalotes salvajes.

—Así es como vamos a hacerlo —dice Schnöller al tiempo que acerca una silla a la mesa de la cocina. Luego se saca un bolígrafo del bolsillo, abre mi cuaderno, busca una página en blanco y empieza a dibujar delfines rodeados por lo que parecen nubes de humo. Ese humo representa sonidos, dice; el círculo que hay debajo de la cabeza de cada delfín representa la mandíbula.

El sonido no viaja en línea recta, como aparece representado en un espectrograma, sino que se expande en tres dimensiones, como la niebla. Nuestros oídos procesan el sonido a partir de solo dos canales; los cetáceos tienen el equivalente de miles de canales que pueden recoger esa niebla desde todas las direcciones.

—La mandíbula es como un sonograma —me cuenta Schnöller—. Solo que en muy alta definición.

Para percibir imágenes sonográficas mediante la ecolocalización, los humanos no lo tienen fácil. Los científicos tendrían que construir una mandíbula artificial llena de miles de pequeños micrófonos para imitar los diminutos receptores y luego fabricar un ordenador capaz de procesar todos los datos recabados. Pocos científicos tienen el interés o los recursos necesarios para emprender tal aventura.

En lugar de eso, Schnöller y Markus Fix, el ingeniero principal de DareWin, están construyendo una versión en baja definición de la mandíbula de los cetáceos a partir de un conjunto de diez hidrófonos conectados en serie.

—La imagen será de muy mala calidad, como una imagen de diez píxeles en un ordenador —dice Schnöller—. Pero tal vez sea suficiente para que nos hagamos una idea.

Schnöller prevé grabar las «imágenes de sonar» —es decir, el eco de clics de delfines y cachalotes—, luego procesar esos sonidos con un *software* y reproducirlos mediante un conjunto de treinta y nueve altavoces para evaluar la reacción de los delfines.

—Tenemos que ir con cuidado, ya sabes —dice—. No queremos enviar una imagen que sea negativa o violenta.

A través de este intercambio visual primitivo, Schnöller espera dar los primeros pasos en el contacto con esos animales. Veremos qué visión tienen del mundo y luego les enviaremos imágenes de nuestro mundo, al igual que dos viajeros de la antigüedad de distintos países podrían haber dibujado símbolos en la arena.

A las seis de la tarde, las sombras de las ramas de bambú que hay en el exterior del estudio de alquiler se han alargado y el sol se ve bajo y perezoso en el horizonte. Los mosquitos ya han salido. Ha llegado la hora de hacer las maletas y emprender el vuelo de treinta y seis horas de vuelta a casa.

Antes de irme, Schnöller me comenta que está planificando una expedición con DareWin para grabar clics de cachalotes con unos aparatos nuevos que tiene la esperanza que le ayuden en sus investigaciones holográficas. El equipo zarpará dentro de unos cuatro meses.

Me deja participar en la expedición con una condición: tengo que aprender a bucear en apnea.

-760

Eric Pinon es un hombre bajo y delgado, con los ojos soñolientos, el pelo ralo y un bigote a lo Fu Manchú recortado meticulosamente. En tierra firme, camina con delicadeza, habla con un leve tartamudeo y su conducta transmite casi docilidad. Pero, si os encontráis en el agua, Pinon te va a destrozar. Una vez, arponeó una caballa de treinta y siete kilos, le metió las manos dentro de las agallas y la llevó hasta la superficie como a un cimarrón corcoveante. Puede aguantar la respiración durante más de cinco minutos y puede bucear hasta profundidades por debajo de los cuarenta y cinco metros.

Sin embargo, Pinon no ha recorrido los 480 kilómetros que separan su casa de Miami, en Florida, y esta aula construida con bloques de hormigón en Tampa para enseñarnos a matar animales en el océano. Quiere enseñarnos cómo sobrevivir en sus aguas.

Hace treinta años, Pinon murió. Estaba buceando a pulmón con unos amigos cerca de un muelle en el Caribe y quería impresionar al grupo aguantando la respiración durante mucho rato. Así que se sumergió tres metros, se agarró a un poste e intentó quedarse allí el mayor tiempo posible. Pasaron los minutos. En algún momento durante ese rato, perdió el conocimiento. Al final, su cuerpo llegó flotando a la superficie; inconscientemente expulsó todo el aire de sus pulmones y luego tragó agua y se hundió de nuevo como una piedra hasta el fondo de mar.

Sus amigos se quedaron impresionados cuando le vieron salir a flote y volver a hundirse; pensaron que todo eso formaba parte del espectáculo. Pasados unos minutos más, se dieron cuenta de que algo no iba nada bien. Nadaron hacia el fondo, recogieron el cuerpo de Pinon y lo arrastraron hasta la playa. Se le había parado el corazón; no daba señales de vida. Un trabajador de emergencias fuera de servicio le practicó la reanimación cardiorrespiratoria. El corazón de Pinon empezó a latir, pero pronto se detuvo de nuevo. Quince minutos más tarde, llegó un helicóptero de emergencias y lo trasladó a un hospital, donde se pasó ocho días en coma y luego tres semanas convaleciente. Pinon sufrió daños permanentes en el cerebro que a veces, dice, hacen que le cueste recordar cosas y formar frases. No quiere que eso nos ocurra ni a mí ni a otros apneístas.

Durante los últimos tres años, los fines de semana que no dedica a dirigir su empresa de pienso para peces, Pinon ha viajado por Florida enseñando los fundamentos del buceo en apnea y dando cursos de seguridad a través de Performance Freediving International, una escuela de buceo en apnea con sede en Canadá. Este fin de semana en Tampa, PFI ha alquilado un edificio estucado de una planta que tiempo atrás podría haber acogido un restaurante de comida rápida.

Mis compañeros de clase están sentados en un batiburrillo de sillas de bar colocadas alrededor de cuatro mesas de pícnic de plástico. Uno de ellos es Ben, un joven corpulento al que se le ve un collar de oro por el cuello de una camiseta raída; otro es Josh, el colega de Ben que lleva unas gafas de sol con los cristales irisados; luego está Lauren, una belleza sureña de piel bronceada; y, por último, está Mohammad, un greñudo estudiante catarí que lleva un enorme reloj cromado.

Dentro de unas horas, Pinon va a enseñarnos a aguantar la respiración bajo el agua durante al menos un minuto y medio en una piscina que hay justo al salir del aula. Mañana iremos en dirección al norte a una poza de agua dulce en la que se puede nadar y aprenderemos a aguantar la respiración mientras nos sumergimos hasta los veinte metros.

Pero, esta mañana, la clase va sobre seguridad. En concreto, Pinon nos enseñará cómo mantenernos con vida en caso de que alguna vez nos encontremos en una nube rosa: una alucinación que experimentan los apneístas justo antes de perder el conocimiento.

—La nube rosa es algo inocuo, pero estás inconsciente —dice Pinon, de cuarenta y cuatro años, que nació en Toulouse, en Francia, y aún conserva un fuerte acento—. Si llegáis a la superficie y respiráis, ningún problema. Si no, entonces... —Hace una pausa—. Entonces la cosa no pinta bien. —Pinon se refiere a que moriremos.

Nos explica que, cuando nos sumerjamos mañana, él nos puede llevar a la profundidad que queramos; lo que no puede prometernos es traernos de vuelta a la superficie. Cada uno de nosotros tiene la responsabilidad de conocer sus límites. El entrenamiento para aguantar la respiración bajo el agua de hoy y mañana nos dará una idea de cuáles son esos límites. En caso de que no cumplamos esa responsabilidad, excedamos nuestros límites y nos dejemos arrastrar para siempre por la nube rosa, las seis páginas del formulario de exención de responsabilidades que hemos firmado garantizarán que nuestros seres queridos no puedan acusar a Pinon ni a Performance Freediving International de homicidio involuntario. Pinon comprueba por segunda vez que tiene nuestros formularios. Luego se aclara la garganta, se acaricia el bigote y empieza la lección.

Si bien mi investigación en el océano pronto me llevará a una profundidad de más de setecientos sesenta metros, mi experiencia personal va muy rezagada, pues está a tan solo tres metros y medio. Tras muchos meses de observación, entrenamiento y envidia, todavía estoy vadeando y esperando en la superficie.

He observado desde la cubierta de una embarcación como apneístas deportivos se sumergían noventa metros y los he escuchado describir el pleno potencial del Interruptor General, pero aún no he percibido en primera persona el alcance total de esos reflejos anfibios. He visitado a las ama con la esperanza de que me dieran algún consejo ancestral y secreto sobre el buceo a pulmón, pero se rieron de mi ignorancia. He oído a Fred Buyle hablar durante horas sobre la conexión magnética que siente con los tiburones, pero aún no he visto ninguno en el océano, y mucho menos he nadado con ellos. Me he pasado semanas con Fabrice Schnöller y le he oído describir la sensación transcendental de comunicarse con delfines y cachalotes, pero tampoco he visto esos animales.

Lo que me ha impedido hacer todas esas cosas es un hecho simple: no sé bucear en apnea. Puede que esta capacidad esté al alcance de todo el mundo, pero el precio de entrada es alto: un dolor de oídos extremo, claustrofobia y convulsiones incontrolables. Ahora, no obstante, Schnöller me ha ofrecido hacer una inmersión junto a él con cachalotes, una oportunidad que no puedo dejar escapar: una oportunidad que me obliga a bajar a las profundidades.

Performance Freediving International, considerada la mejor escuela de este ámbito del mundo, ha entrenado a seis recordistas mundiales de apnea y a más de seis mil buceadores recreativos, entre ellos Woody Harrelson y Tiger Woods. El curso de nivel básico, llamado Freediver, enseña a los alumnos seguridad básica, profundidad y técnicas para aguantar la respiración. Aunque practiqué algunos de esos elementos con Hanli Prinsloo en Grecia, lo mejor es empezar de cero.

Dentro del aula, Pinon se dirige a un portátil y nos pone un vídeo. PFI destaca lo peligroso que es el buceo en apnea y te entrena, desde el primer minuto, para gestionar situaciones potencialmente mortales. Pinon empieza con un vídeo recopilatorio de accidentes: el equivalente subacuático de los documentales chocantes de *Red Asphalt* que te ponen en la autoescuela en California.

—Esto se llama samba —dice Pinon—. Es como un baile.

Por los altavoces sale a toda potencia música rock, seguida de vídeos de buceadores sufriendo agónicas convulsiones. Ese estado previo al síncope tiene lugar en la superficie, cuando el cerebro de un buceador está tan falto de oxígeno que empieza a mandar señales eléctricas aleatorias a los músculos.

—Algunas personas parecen borrachas, a otras se las ve contentas y a otras muy tristes —dice Pinon—. Les ves la cara —señala el rostro alegre de un buceador en la pantalla— y parece que estén viviendo un momento emotivo, un sueño maravilloso.

Las sambas son inocuas, dice Pinon, siempre que los buceadores no empiecen a inhalar agua o pierdan el conocimiento.

Tras salir a la superficie, un buceador podría respirar, empezar a hablar y presentar una actitud completamente normal. Pero, unos instantes después, cuando el aire le entra por la boca, baja por la tráquea y se mete en los pulmones y el torrente sanguíneo —un proceso que puede durar varios segundos—, puede recaer de golpe en una samba. En caso de que alguna vez encontremos a un apneísta en un estado de samba, debemos acercarnos a él poco a poco y sostenerle la boca por encima de la superficie del agua durante treinta segundos. Pinon dice que esta es una de las muchas razones por las que los apneístas nunca deberían bucear solos y de por qué siempre debemos vigilar a nuestros compañeros de buceo durante medio minuto o más una vez que han salido a la superficie. Este punto lo subraya varias veces.

En el siguiente vídeo aparecen buceadores que han rebasado el estado de samba y han perdido el conocimiento. Mientras aguantas la respiración, «puedes tener un síncope en cualquier sitio —dice Pinon—. En un océano profundo, en un lago con poca hondura, en una bañera: en cualquier parte». Dice que el 90 % de las sambas y los síncopes se producen en la superficie; otro 9 % ocurren a menos de cuatro metros y medio de ella, lo que los apneístas llaman la zona de peligro, el área del agua en la que se da el mayor cambio de presión. Son muy pocos los casos en que los apneístas pierden el conocimiento en el fondo del mar. Lo habitual es que se desmayen en la superficie, se hundan de nuevo y se ahoguen, como le sucedió a él.

El primer paso para salvar a un buceador que ha sufrido un síncope es gritarle «¡Respira!» a los oídos y llamarle por su nombre. En el estado de síncope, la vista y las sensaciones físicas desaparecen, pero se mantiene intacta la capacidad auditiva, que a menudo se intensifica. Al gritar, dice Pinon, activamos partes del cerebro que aún no se han apagado. Esa sacudida puede anular el reflejo del cuerpo de cerrar la garganta para que pueda entrar aire fresco en los pulmones.

Si gritar no funciona, debemos quitarle las gafas al buceador, darle golpecitos en la cara y empezar a soplarse en los ojos. Esta técnica suele reanimar a los apneístas que han perdido el conocimiento; a menudo, volverán en sí y comenzarán a jadear.

Ahora bien, si los golpecitos, los gritos y los soplidos no logran despertar al buceador, dice Pinon, «la situación empeora». Tenemos que abrirle la garganta al buceador y hacerle entrar aire en los pulmones.

Una manera que tiene el cuerpo de evitar que la persona se ahogue es cerrando la laringe cuando esta entra en contacto con el agua. Todos nacemos con este reflejo. Cuando se pone a un bebé en el agua, su laringe se cierra de forma automática; el recién nacido abre los ojos e instintivamente empieza a nadar bajo el agua.

Durante un síncope, la laringe cerrada impide que entre agua en los pulmones (algo positivo), pero también impide que entre aire (algo negativo). Muchos ahogamientos en el agua se conocen como ahogamientos en seco por el hecho de que ocurren como consecuencia del cierre de la laringe y no por la entrada de agua en los pulmones.

Pinon nos enseña cómo abrir la boca de un buceador con los dedos y cómo introducirle dos rápidas bocanadas. La primera abre la laringe; la segunda suministra aire a los pulmones y estimula el cuerpo a empezar a respirar de nuevo. En casi todos los casos, nos asegura Pinon, eso hará volver en sí al buceador que ha perdido el conocimiento.

Aunque esos rescates pueden ser aterradores y estresantes, en realidad sufrir un síncope no es nada de eso.

—Todo el dolor se desvanece —dice Pinon sonriendo.

Empieza con desorientación visual y leves alucinaciones; luego uno comienza a sentir un hormigueo en los dedos de las manos y de los pies y después en las manos y los pies enteros. Se pierde el control muscular. Esos síntomas avanzan hasta que se entra en un estado de colocón eufórico acompañado de sueños de lo más extravagantes, la nube rosa que hemos mencionado con anterioridad. Algunos buceadores desmayados han contado haber tenido experiencias extracorporales: en Grecia, un apneísta deportivo me contó que vio el futuro. (No me dijo, no obstante, qué vio exactamente.)

Por más que los síncopes amplíen las sensaciones mentales, por supuesto es mejor evitarlos. Los desvanecimientos prolongados son mortales en algunas ocasiones y, cuando no lo son, pueden provocar daños cerebrales, parálisis, paros cardíacos e ictus.

Cada segundo en que aguantas la respiración, el nivel de oxígeno empieza a descender. Si el oxígeno que hay en el cerebro alcanza un cierto nivel mínimo, pierdes el conocimiento. Una persona puede permanecer en ese estado de síncope de forma segura durante unos dos minutos, momento en que el oxígeno del cerebro es tan bajo que se entra en lo que se denomina estado de anoxia. La anoxia incita el cuerpo a hacer un último intento de respirar, llamado estertor terminal. Si en ese instante no hay oxígeno disponible (por ejemplo, si estás bajo el agua), se empiezan a producir daños cerebrales y la persona termina falleciendo.

La clave para evitar un síncope y los daños cerebrales posteriores es llegar a la superficie tan pronto como empiezas a sentirte colocado, pierdes el control muscular o experimentas alucinaciones: algo difícil de hacer si has calculado mal tus capacidades de buceo y tus músculos comienzan a sufrir convulsiones a sesenta metros de profundidad.

—Este es otro motivo por el que siempre hay que bucear dentro de los límites de cada uno —dice Pinon con insistencia.

El instructor da por terminada la clase porque es la hora de comer, nos recomienda que comamos algo ligero, a poder ser algo vegano y sin cafeína. Los lácteos, dice, pueden taponar los senos y hacer que sea más difícil compensar la presión al sumergirse. La cafeína hace incrementar la frecuencia cardíaca y acelera el metabolismo, lo que provoca que el cuerpo consuma más oxígeno y reduce la duración de las inmersiones. Después de comer, nos meteremos todos en la piscina y empezaremos a poner a prueba nuestros límites.

De todas las disciplinas del buceo a pulmón, la apnea estática, que consiste en cronometrar a una persona aguantando la respiración por lo general en una piscina, es la más rara. Es aburrido ver a alguien practicarla, es doloroso llevarla a cabo y es tedioso entrenarse para aprender a hacerla. Y, aun así, no hay otra actividad que prepare mejor a un apneísta para manejar la carga mental y física de bucear a gran profundidad.

En 2001, el récord mundial de apnea estática, en manos del checo Martin Štěpánek, era de poco más de ocho minutos. En 2009, el buceador francés Stéphane Mifsud incrementó el récord en un 27 %, hasta los 11 minutos y 39 segundos.* En 2013, dos buceadores han aguantado la respiración durante más de diez minutos: Mifsud y el alemán Tom

* En enero de 2012, el serbio Branko Petrović batió el récord de Mifsud con una apnea estática de doce minutos y once segundos. Sin embargo, la AIDA no certificó ese récord porque la inmersión de Petrović no contó con la presencia de ningún juez internacional.

Sietas. Si los practicantes de apnea estática siguen a su ritmo actual, a buen seguro pronto superarán la marca de los quince minutos mencionada en los relatos históricos de los pescadores de perlas y esponjas.

La apnea estática tiene su propio conjunto de disciplinas extremas: aguantar la respiración en un tanque con tiburones, bajo el hielo o dentro de una burbuja de plástico. Una variante cada vez más popular es la apnea estática con oxígeno puro, que sigue las mismas reglas que la apnea estática normal salvo que los buceadores pueden inhalar oxígeno puro media hora antes de sumergirse. Eso sobresatura la sangre de oxígeno, lo que permite al cerebro y los demás órganos funcionar durante un período significativamente mayor de lo que sería factible si el buceador hubiera inhalado aire normal (que contiene solo cerca de un 20 % de oxígeno). El estadounidense David Blaine, mago y artista de *performance* de escenas peligrosas, se formó en PFI y en 2008 batió el récord de apnea estática con oxígeno con un tiempo aguantando la respiración de 17 minutos y 4 segundos que llevó a cabo en directo en el programa de Oprah Winfrey. Cinco meses después, Sietas batió el récord de Blaine, y ahora está en manos de Sietas el récord histórico: una impresionante marca de 22 minutos y 22 segundos.

Nosotros no intentaremos nada por el estilo en nuestro curso. Para recibir el certificado oficial de apneísta, cada uno de nosotros debe completar una apnea estática de al menos 1 minuto y 30 segundos. Desde un punto de vista físico, no es mucho: cualquier ser humano con una salud decente es capaz de alcanzar esta marca. Pero, desde un punto de vista mental, puede ser un reto. No tiene nada de intuitivo o natural mantener la cara bajo el agua hasta que tu cerebro empieza a tener alucinaciones y tus músculos sufren convulsiones. Pero todo eso, según me cuentan, forma parte del proceso de inmersión.

A la una y media, ya llevamos puestos trajes de neopreno y nos hemos agrupado en la parte menos profunda de la piscina. Los de la clase de nivel intermedio de PFI, que se imparte en una sala adyacente, también entran en la piscina. Uno de los dos instructores del nivel intermedio está de pie en el lado de la parte profunda sin camiseta. Lleva unas branquias tatuadas que le suben por ambos costados.

Mohammad, el silencioso catarí con el reloj cromado que estaba sentado a mi lado en clase, acepta ser mi controlador. De forma periódica, va a comprobar que aún estoy consciente e impedirá que mi cuerpo vaya a la deriva.

La sensación de estar dando vueltas es habitual durante los largos períodos aguantando la respiración, porque tu cuerpo pierde la conciencia de sus propios límites. Eso es una alucinación, dice Pinon, pero nada por lo que debamos preocuparnos. Si bien poner una mano encima de la espalda no impide que los apneístas estáticos pierdan accidentalmente la conciencia, sí los tranquiliza durante su estado alucinatorio para que no piensen que de repente se están hundiendo o están flotando a la deriva o que se están yendo volando.

Pinon da el aviso de que falta un minuto. Me pongo las gafas y empiezo a respirar un poco más hondo. Pinon y Mohammad salmodian el patrón de respiración previo a la inmersión: «Inspirar uno, aguantar dos, espirar dos-tres-cuatro-cinco-seis-siete-ocho-nueve-diez, aguantar dos». Cuando Pinon da la orden, tomo cuatro bocanadas enormes y me sumerjo de cabeza en el agua.

Puedo aguantar un minuto sin problemas. Pasados unos minutos, la inmersión de dos minutos está marcada por una tediosa agonía. Extrañamente, no obstante, la de tres minutos transcurre para mí en una cómoda confusión, como si hubiera cruzado una frontera invisible. No me desmayo, y, durante algunos minutos después de la inmersión, me siento aturdido, mareado y muy colocado, como si acabara de aspirar gas de la risa. La sensación es maravillosa.

Por lo general, una sensación tan buena sería dañina en algún aspecto, como mínimo mataría varios miles de células cerebrales. Pero, según decenas de estudios, los largos períodos aguantando la respiración son inocuos. Los daños neurológicos se producen cuando la sangre que irriga el cerebro transporta demasiado poco oxígeno o cuando el flujo sanguíneo se detiene por completo. Esas condiciones tienen lugar solo cuando uno se ha pasado dos minutos en estado de síncope. Dicho de otro modo, mientras estés consciente o te despiertes de un desvanecimiento antes de los dos minutos, hay una gran probabilidad de que no sufras daños por haber aguantado la respiración. El agua prolonga la duración de la inmersión desviando sangre de las extremidades y dirigiéndola al cerebro y los órganos, lo cual les permite funcionar con una cantidad mínima de oxígeno durante mucho más tiempo de lo que podrían hacerlo en tierra firme, es decir, activa el Interruptor General.

En condiciones normales, el cuerpo humano tiene una saturación de oxígeno en la sangre de entre un 98 % y un 100 %, aproximadamente (la cifra más alta es la mayor cantidad de oxígeno que la sangre podría llegar a contener). El estrés físico o las enfermedades pueden hacer disminuir la saturación de oxígeno hasta cerca de un 95 %. Pocas personas sanas bajarán nunca de esa cifra, pero, durante las inmersiones, algunos buceadores expertos han registrado niveles de saturación de oxígeno de hasta un 40 %: un número extraordinariamente bajo. Las saturaciones de oxígeno inferiores a un 85 % suelen provocar un aumento de la frecuencia cardíaca y problemas de visión; un 65 % o menos perjudica de forma notable las funciones cerebrales básicas; un 55 % provoca la pérdida del conocimiento. Pero de alguna forma, hay buceadores expertos que no solo han permanecido conscientes con saturaciones de oxígeno por debajo del 40 %, sino que han mantenido el control muscular y han registrado frecuencias cardíacas bajísimas, al parecer de tan solo siete latidos por minuto.

De vuelta a la piscina, mi clase se está preparando para la última inmersión del día, que va a consistir en aguantar la respiración durante cuatro minutos, el máximo permitido para este curso introductorio. Durante las inmersiones más largas, los compañeros han hecho comprobaciones periódicas dando un golpecito en el hombro de los que están aguantando la respiración cada quince segundos. Cuando un buceador siente el golpecito, tiene dos segundos para alargar el dedo índice de la mano izquierda, que está bajo el agua, como una forma de decir: «Sigo aquí, estoy bien». Si la persona no responde, su compañero le dará otra oportunidad y volverá a darle un golpecito. Si ese segundo intento resulta infructuoso, el compañero del buceador lo levantará del agua, le ordenará a gritos que respire, le quitará las gafas y le soplará en los ojos.

Los compañeros empiezan a salmodiar el patrón respiratorio de calentamiento: «Inspirar, espirar, aguantar dos-tres-cuatro-cinco-seis-siete-ocho-nueve-diez, aguantar dos, inspirar uno». Los de la clase de nivel intermedio, que están en la parte profunda de la piscina, se unen en la salmodia. Yo sigo bastante colocado por el intento de tres minutos y me siento borracho mientras respiro más hondo. El coro de voces, que hace eco contra las paredes de hormigón, aumenta de volumen y resuena por el recinto cerrado de la piscina como mantras dentro de una iglesia antigua. Es hipnotizador. El curso empieza a parecer un bautizo, en el que cada uno de nosotros intenta renacer en un mundo acuoso.

A continuación, una respiración más y volvemos a sumergirnos.

Pasa un minuto, y luego dos. Cada quince segundos, Mohammad me da un golpecito en el hombro. Alargo un dedo, vuelvo a doblarlo, lo alargo de nuevo. Durante el segundo minuto, percibo sonidos en la piscina que no había oído antes: un borboteo en el desagüe, un golpe de tos amortiguado, una salpicadura en la parte honda. Oigo a Mohammad contar en algún punto por encima de mí, noto su mano en mis lumbares y luego dejo de sentir casi todo. Me veo viajando en tren por el desierto. La escena parece muy real. Una parte de mí sabe que sigo estando en una piscina en Tampa, pero otra parte parece estar convencida de que me he subido a un tren de un lugar remoto. Ambas partes son igual de fuertes, como si una fuera un reflejo de la otra. Cuando mi estómago empieza a sufrir convulsiones, empujo mi mente hacia el lado del tren, para abrir más esa puerta.

Un revisor anuncia que llegaremos a nuestro destino dentro de tres minutos. Me da un golpecito en el hombro izquierdo y le enseño mi billete sosteniéndolo con el índice de la mano izquierda. El tejido azul del asiento es suave, como de seda. Lo acaricio con ese dedo. El revisor vuelve a darme un golpecito en el hombro; yo me llevo el dedo al bolsillo para darle el billete, pero el billete ya no está. Con el dedo le indico que espere mientras busco en mi mochila.

No encuentro la mochila. El compartimento está demasiado oscuro; el sol se ha puesto. Oigo que cerca de mí alguien chapotea en un fregadero. El revisor vuelve a darme un golpecito en el hombro. Señalo hacia la puerta y le pregunto si me puedo bajar. *Tú puedes*, me dice. *Puedes hacerlo.*

Yo vuelvo en mí, mi cabeza sigue dentro del agua y a través de las gafas miro fijamente el suelo de la piscina, de hormigón blanco. Parece que alguien me haya llenado los pulmones de gas mostaza.

—Tres cuarenta y cinco. Casi lo tienes —dice Mohammad.

Pongo las manos en el borde de la piscina para no hundirme, para no caerme por lo que parece un hoyo hondo y oscuro.

—¡Respira! —dice Pinon. Yo levanto la cabeza—. ¡Respira! ¡Respira! —dice Pinon.

La sala da vueltas. Intento expulsar todo el aire que tengo en los pulmones, pero he perdido parte del control muscular y no puedo. Me esfuerzo más para forzarlo a salir, para lograr que entre una bocanada de aire fresco. Sale un soplo de aire con un chillido y se me abre la garganta. Exhalo por completo y hago una respiración larga. Con cada entrada de aire, mi visión de túnel va ampliándose, como la escena inicial de las películas de James Bond. La sala está borrosa y cubierta de interferencias durante un instante, pero luego todo se pone en su sitio.

El instructor con branquias tatuadas en las costillas nada hacia mí y me da una palmadita en la espalda.

—Muy bien, tío —me dice.

Soy el único de la clase que ha completado la inmersión de cuatro minutos.

Al día siguiente, nuestra clase se reúne a unos 160 kilómetros de Tampa hacia el interior de Florida en un aparcamiento de tierra situado en las afueras de la ciudad de Ocala. Al otro lado del aparcamiento, a la sombra de unos árboles de la cera, hay una abolladura en la tierra que parece como si la hubiera golpeado un puño gigante y con rabia. En el hoyo hay una poza de agua verde resplandeciente que se conoce como la gruta de las Cuarenta Brazas. Como da a entender el nombre, tiene una profundidad de más de 73 metros.

Durante los últimos cuarenta años, el personal especializado en rescates de emergencia ha utilizado esta gruta para hacer formaciones avanzadas de submarinismo. Antes de eso, los lugareños la usaban como vertedero público. Aún está llena de toda clase de desechos: motos oxidadas, antenas parabólicas, un Corvette de 1965, algunos Chevrolets, un Oldsmobile y un sinfín de botellas y latas. En un saliente, situado a unos doce metros, está la Ciudad de los Gnomos, un conjunto de gnomos y castillos de yeso que colocaron allí los buceadores; está enfrente de una pared de caliza cubierta de los restos fosilizados de galletas de mar de hace cincuenta millones de años. Incluso este gran charco, a 80 kilómetros de la costa, formó parte del océano hace tiempo.

A las diez, Pinon lleva nadando dos flotadores hasta el centro de la gruta y los ata con una cuerda amarilla. Los alumnos nos ponemos trajes de neopreno, gafas, tubos de esnórquel y aletas y nos metemos dentro del agua. En la brumosa luz de la mañana, el agua es de un verde azulado opaco con poca visibilidad, quizás hasta unos seis metros. Por debajo de eso se ve todo negro y siniestro. Nadamos hasta los flotadores y nos agarramos a la cuerda, colgados en fila india como calcetines en un alambre para tender la ropa. Estaremos aquí durante las siguientes cuatro horas intentando bucear en apnea hasta veinte metros.

—La primera inmersión será hasta los cinco metros —dice Pinon—. Es una zambullida fácil, solo para calentar.

Como es una poza de agua dulce, que tiene una densidad menor que el agua salada, tendremos una capacidad de flotación alrededor de un 2,5 % menor que la que tendríamos en el mar. Eso no parece mucho, pero para los apneístas supone una diferencia significativa. Nos hundiremos más deprisa y tendremos que emplear un poco más de energía durante la ascensión.

El cuerpo humano en su forma natural —con poco o nada de ropa— tiene la densidad ideal para bucear en apnea; no hacen falta pesos para facilitar el descenso. No obstante, los gruesos trajes de neopreno que llevamos alteran ese equilibrio y obligan a que cada uno de nosotros lleve unos cinco kilos de peso al sumergirse en agua dulce para compensar la capacidad de flotación de más.

La clave para lograr una inmersión exitosa a cierta profundidad es volverse lo más hidrodinámico posible. Las prendas holgadas, los miembros extendidos y las gafas de grandes dimensiones pueden generar resistencia, lo cual ralentizará el descenso y reducirá la profundidad y el «tiempo allí abajo»: el rato que se pasa bajo el agua, en la jerga de los buceadores. Cuando las focas descienden a gran profundidad, comprimen los pulmones, extienden la columna vertebral y a menudo expulsan aire para reducir la resistencia y ganar profundidad más deprisa y con mayor facilidad. Pues los apneístas hacen lo mismo.

—Pones los brazos al lado del cuerpo, inclinas la cabeza, te haces como un misil —dice Pinon.

Hundirse es relativamente sencillo, sobre todo pasados los primeros tres metros y pico; ascender no lo es tanto, por eso bucear en apnea puede ser tan peligroso. Al igual que cuando se practica alpinismo, uno debe saber dónde está su punto medio y guardarse al menos un 60 % de las energías y de las reservas de oxígeno para hacer el viaje de vuelta.

Durante las ascensiones, deberemos expulsar todo el aire que hayamos estado aguantando a unos dos metros de la superficie. Eso nos permite inspirar de inmediato el aire fresco que tanto necesitamos una vez alcanzada la superficie sin perder tiempo espirando y también nos ayuda a protegernos ante los síncopes en aguas someras. Unos pocos segundos podrían suponer la diferencia entre una inmersión exitosa y una samba o un desvanecimiento. En el buceo en apnea, el éxito (en este caso, no perder el conocimiento) no se mide en metros o minutos, sino en centímetros y segundos.

Mientras Pinon nos habla de la estrategia de inmersión, me fijo en un grupito de submarinistas que están en una balsa de madera montada en el otro extremo de la gruta. Van engalanados de pies a cabeza con gafas, tubos, bombonas, chalecos, cinturones y otros objetos. Apenas pueden caminar por la tierra y solo pueden avanzar con dificultad y sin elegancia por el agua. Sus movimientos son extravagantes porque se lo pueden permitir. Desde donde yo estoy flotando, parece incómodo e ineficiente. Pero, bien pensado, esos buceadores nunca tienen que preocuparse por si implosionan sus pulmones o por perder el conocimiento.

Ben es el primero en zambullirse. Observamos a través de las gafas cómo hace las respiraciones preparatorias, se sumerge y se desplaza agarrado a la cuerda hasta que alcanza un peso en forma de bandeja a unos cuatro metros y medio. Da un golpe en la bandeja, se impulsa hacia arriba, vuelve a la superficie y llega hasta el final de la cuerda. Le siguen, uno detrás de otro, Lauren, Josh y Mohammad. Todos hacen la inmersión sin gran esfuerzo. Luego voy yo, pero salgo a la superficie habiendo llegado tan solo a unos tres metros y sintiendo palpitaciones en la cabeza.

—Esto es natural —dice Pinon—. Se requiere un poco de tiempo. Vuelve a intentarlo en la siguiente inmersión.

Le pregunto a Ben cómo ha logrado descender y ascender tan deprisa. Me cuenta que él, Josh y Lauren llevan años haciendo pesca submarina. Me asegura que voy a averiguar cómo hacerlo.

Para mí, como para la mayoría de los principiantes, el problema está en la compensación de la presión. El ritmo de descenso óptimo para un apneísta es de noventa centímetros por segundo, lo cual requiere compensar la presión de las cavidades sinusales (destapar los oídos) casi una vez por segundo; si no, uno corre el riesgo de sufrir daños graves en los oídos. Cada destape debe ser completo; de lo contrario, Pinon nos ha dado la orden de que nos detengamos al instante, volvamos a la superficie y lo intentemos de nuevo.

Pinon baja la bandeja a nueve metros; luego a casi catorce. Otros buceadores llegan con facilidad a esas profundidades, pero yo no logro pasar de los cuatro metros y medio.

Sobre las dos de la tarde, llega la hora de nuestro último intento. Ahora la bandeja está a veinte metros: la mayor profundidad que se permite a los principiantes. Desde la superficie es invisible. Lo único que podemos ver desde arriba es una cuerda amarilla que desaparece entre las aguas verde oscuro.

Es una perspectiva aterradora sumergirse en unas aguas sin saber dónde estarás cuando llegues al final de la cuerda o cuándo volverás a tomar aire. Todo lo que sé sobre la supervivencia en el océano me dice que esto es una mala idea. Pero empiezo a hacer las respiraciones preparatorias de todos modos y me preparo para zambullirme.

Ben va a la cabeza del grupo. Hace una última inspiración y desaparece. Pasan cuarenta y cinco segundos y aún no vemos señales del chico. Luego, en medio de la turbiedad, reaparece ayudándose de la cuerda. Sale despacio a la superficie, respira y vuelve al final de la cola. Ha llegado a veinte metros de profundidad, al parecer sin hacer un gran esfuerzo. Le siguen Lauren y Josh, y ambos hacen la inmersión. Mohammad, novato en el buceo en apnea, alcanza unos quince metros, una profundidad meritoria.

Cuando llega mi turno, noto la presión. Intento no mirar abajo siguiendo la cuerda que desaparece mientras hago las últimas respiraciones. Tomo una gran bocanada, expulso una más grande. Y otra vez.

Pinon se ayuda del flotador para ponerse justo a mi lado.

—Tienes que hacer esta inmersión. Di: «James lo va a conseguir» —me dice.

Yo asiento con la cabeza, inspiro, zambullo la cabeza en el agua y bajo agarrando la cuerda.

Cada vez que tiro de la cuerda con el brazo derecho, repliego la mano derecha, me aprieto la nariz con los dedos e intento compensar la presión soplando. Empieza a funcionar. Sigo tirando, una mano detrás de otra, como en el cuento de *Jack y las habichuelas mágicas* pero a la inversa, hasta que siento la presión de las aguas más profundas que se intensifica a mi alrededor. Para que mi cuerpo sea más hidrodinámico, he puesto la cabeza hacia abajo, así estoy en horizontal en medio del agua, como si estuviera caminando. Pinon, que me sigue desde el otro lado de la cuerda, me mira fijamente a través de las gafas. Me observa con atención para asegurarse de que no suelto aire, empiezo a sufrir espasmos o pierdo el conocimiento.

Yo también le miro y nos aguantamos la mirada mientras vamos hundiéndonos. El agua a nuestro alrededor se va oscureciendo más y más. Una extraña sensación me agarra por los hombros. Parece como si una gran mano me estuviera arrastrando. Dejo de agarrar la cuerda con tanta fuerza y me doy cuenta de que ya no estoy yendo hacia abajo. En todas las direcciones se ve la misma niebla verde pálido: estoy atrapado en una canica gigante. Si no estuviera agarrado de la cuerda, no sabría cómo ir hacia arriba o hacia abajo.

Al otro lado de la cuerda, Pinon está mirándome y se encoge de hombros. Pone la mano derecha delante de mis gafas y señala hacia abajo. «Quiere que baje a mayor profundidad», pienso. Hago un gesto de negación con la cabeza pero él sigue señalando hacia abajo. Me doy cuenta de que ninguno de los dos está sujetando la cuerda.

Estamos allí suspendidos, dos hombres de mediana edad flotando boca abajo, mirándose el uno al otro, sacudiendo la cabeza en las sombrías profundidades de un antiguo vertedero de agua dulce en el centro de Florida.

Luego se me ocurre que quizás abajo en realidad significa arriba y que tal vez Pinon me está indicando que vuelva a la superficie. Quizás algo no va bien. ¿Será esa la sensación de estar en la nube rosa?

De repente vuelvo a la realidad, pero ahora tengo muchas ganas respirar. Si ahora tosiera, podría consumir el oxígeno que mi cuerpo necesita para volver a la superficie consciente. Esa idea me infunde miedo. Siento un ansia terrible de regresar a la superficie para inspirar aire fresco. Giro deprisa mi cuerpo en torno a la cuerda como un bastón de hacer malabares y empiezo a tirar de ella para ir hacia arriba. Pinon me sigue de cerca, justo detrás de mí. Con cada tirón, el agua se vuelve más clara hasta que veo, a unos cuatro metros y medio por encima, una hilera de aletas colgando entre dos flotadores. Parecen pájaros boca abajo colgados de un cable telefónico. Expulso todo el aire a una profundidad de unos dos metros y luego salgo a la superficie.

Después me dicen que he llegado más o menos a la mitad de la cuerda, a unos nueve metros. No es desastroso, pero tampoco es espectacular. Aquello no eran las puertas de las profundidades, pero me estaba acercando, ya empezaba a limpiarme los pies en el felpudo de la entrada. El tirón de la flotabilidad neutra que he sentido justo antes de iniciar la ascensión por la cuerda significaba que me quedaban unos tres metros. Para bien o para mal, el miedo residual de estar allí abajo no se ha ido.

Y, días después, cuando estoy en el aeropuerto de camino a casa, sigo temblando de emoción y miro a mi alrededor antes de toser.

Algún día, bucear en apnea me ayudará a nadar entre cachalotes y, quizá, a sumergirme a bastante más de doce metros, pero nunca podrá llevarme hasta la frontera de la zona batipelágica, un reino de una negrura pura y permanente que abarca desde los 1.000 hasta los 4.000 metros de profundidad. Nunca la luz del sol ha bañado esas profundas aguas. La presión es incapacitante y puede ser de entre cien y cuatrocientas veces superior a la que hay en la superficie, y la temperatura del agua se mueve en torno a unos cuatro grados positivos. Es el infierno, pero sin el calor ni la muchedumbre.

Ningún buceador —ni con equipamiento de submarinismo ni haciendo apnea— se ha sumergido nunca por debajo de los 318 metros, que es solo un tercio del camino hasta la zona batipelágica. Los seres humanos solo pueden acceder a ese mundo con la ayuda de máquinas aptas para bajar a las profundidades. Un vehículo subacuático con control a distancia (ROV, por sus siglas en inglés), que es un robot del tamaño de una cabina telefónica cubierto de luces y cámaras de vídeo que va atado a una embarcación con un cable, puede sumergirse miles de metros, pero no puede llevar humanos a bordo. Hay media docena de ROV en Estados Unidos, operados por universidades e instituciones oceanográficas, que pueden alcanzar la zona batipelágica, pero a mí ver una retransmisión en directo desde la cubierta de un barco me parece una experiencia de aislamiento. Nada puede competir con la experiencia de estar allí abajo de verdad.

Pocos submarinos o sumergibles han podido hacer un viaje como ese. Es probable que el sumergible de investigación más famoso (un submarino sostenido por una embarcación en superficie) del mundo sea el Alvin, un vehículo de la Marina estadounidense botado en 1964. Durante sus primeras cinco décadas de operación, el Alvin ha hecho más de 4.600 inmersiones, muchas de ellas muy adentro de la zona batipelágica. Dar un paseo en él era imposible. Según la responsable de relaciones públicas de la Institución Oceanográfica de Woods Hole, que opera el vehículo, ningún periodista se había subido nunca al submarino y no se admitiría a bordo a nadie que no fuera científico. (Más adelante me enteré de que la responsable de relaciones públicas o se estaba haciendo la tonta o estaba mal informada. En contadas ocasiones, el Alvin ha llevado a bordo a periodistas, a veces en inmersiones profundas. Pero no tenía sentido discutir con ella. De hecho, el Alvin estaría en el dique seco durante los siguientes dos años para una remodelación.)

Mi única opción sería subirme a un submarino privado. Durante la década anterior, había florecido en Florida y California un sector *amateur* de fabricantes de submarinos especializados y, por primera vez, era posible que un aficionado bajase a unos mil metros de profundidad. Esos submarinos, no obstante, tenían un precio prohibitivo, de entre 1,8 y 80 millones de dólares, y su construcción podía alargarse varios años. Comprar uno, por supuesto, no entraba en mis planes. Todos los intentos que hice para ponerme en contacto con esos propietarios de submarinos superricos fueron infructuosos. Nunca obtuve respuesta.

Luego un amigo me habló de un hombre de Nueva Jersey llamado Karl Stanley que empezó a construir un submarino con piezas de fontanería en el patio de la casa de sus padres cuando tenía quince años. Cuando tenía catorce, se pasó seis semanas en una institución psiquiátrica porque le habían diagnosticado «síndrome de desafío a la autoridad». Cuando le dieron el alta, logró construir su submarino casero sin tener formación en ingeniería. Ocho años después, en 1997, había diseñado y montado a mano una embarcación con el casco (la parte de una embarcación marina que controla la flotación) con menor desplazamiento de la historia y lo había hecho por un total de 20.000 dólares: cerca de una centésima parte de lo que habría costado en un proyecto dirigido por ingenieros. El submarino, al que bautizó como un deslizador subacuático controlado por flotación (CBUG, por sus siglas en inglés), podía transportar a dos personas hasta doscientos veinte metros de profundidad.

Puesto que llevar a turistas a setenta pisos de profundidad en un submarino sin licencia y de fabricación casera, sin seguro, implicaba una pesadilla de obligaciones legales, Stanley trasladó sus operaciones a Roatán, en Honduras, donde no había regulaciones sobre naves subacuáticas o eran muy laxas. Las excursiones de Stanley en submarino fueron un éxito. Al cabo de unos años, diseñó y construyó una embarcación más grande, el Idabel, que podía transportar a tres pasajeros hasta una profundidad de novecientos metros.

La zona batipelágica o de medianoche se define como cualquier profundidad acuática en la que no puede penetrar la luz del sol. En el mar Caribe frente a Roatán, esa profundidad es de unos quinientos veinte metros, muy por debajo del alcance máximo del Idabel. Yo quería bajar a la máxima profundidad a la que pudiera llevarme el Idabel, porque no sabía si podría volver a sumergirme tanto otra vez en la vida. Aunque los setecientos sesenta metros quedaban todavía a unas decenas de metros de lo que los oceanógrafos consideran la zona batipelágica oficial, era lo más cerca que podía llegar un ciudadano privado con unos recursos normales.

Y, mejor aún, Stanley no me hacía firmar cláusulas de exención de responsabilidad ni me obligaba a contratar un seguro. Si pasaba algo malo, todos los pasajeros, también Stanley (que pilotaba todas las inmersiones), moriríamos. Y punto. No quedaría ni el submarino ni nadie a quien demandar. Lo único que tenía que hacer era enviarle una transferencia de 1.600 dólares y elegir una fecha.

La expedición completa, descenso y ascenso, me dijo, duraría unas cuatro horas. Durante ese tiempo, estaría acurrucado en una bola de acero del tamaño del maletero de un coche y tendría que quedarme allí sin poder estirar las piernas, mear o perder la cabeza durante toda la expedición.

Stanley se ha salvado por los pelos en algunas ocasiones. El CBUG se le atascó en una cueva y se le enganchó con una cuerda por debajo de los sesenta metros. Una vez, a casi seiscientos metros, mientras transportaba a un hombre de Roatán y a su esposa, que estaba embarazada, se agrietó una ventana, pero por suerte no se rompió. En otras expediciones, han saltado arandelas; en algunos casos, un motor ha dejado de funcionar o ha quedado inoperativo. Pero Stanley ha modificado el diseño cada vez y, tras casi dos mil inmersiones tanto con el CBUG como con el Idabel, nadie ha muerto; nadie ha resultado siquiera herido.

En su submarino de fabricación casera, montado con sus manos y diseñado por él mismo, Stanley se ha pasado más tiempo en las aguas profundas entre los trescientos y los seiscientos metros que cualquier otra persona en la historia.

El Instituto de Exploración de las Profundidades Marinas de Roatán, el nombre oficial con el que Stanley ha bautizado su negocio de expediciones submarinas, está situado en el extremo más alejado de la zona turística de West End, una bahía en forma de medialuna con arena blanca y unas plácidas aguas azules que da al Caribe. West End es una destinación popular para mochileros, familias estadounidenses con bajo presupuesto y cruceristas que hacen una excursión de un solo día por la isla; y está a la altura de las expectativas. Hay bares tiki con el suelo de arena donde se sirven granizados rosas, hombres con la piel quemada, barrigudos y con las piernas delgadas y mujeres rubias de bote con bikinis fucsia. Se ven perros callejeros sobre montones de basura rascándose el trasero pelado. Hay lugareños fumando Marlboro falsos delante de un restaurante llamado Cannibal Café. Suena a todo volumen *Legend* de Bob Marley desde radiocasetes portátiles apañados con cinta aislante y la melodía se mezcla con los tonos de móviles Nokia que trinan desde los bolsillos de los pantalones de taxistas descamisados.

A unos ochocientos metros de todo ese ruido y siguiendo por una carretera no señalizada cubierta de hojas de palmera muertas, está el domicilio de Stanley, una casa de madera de estilo colonial ubicada a pocos metros del agua. Una pasarela de madera lleva a un pequeño muelle. Encima de la marquesina del muelle están pintadas las palabras *Go Deeper* («Ve a mayor profundidad»). A la sombra de la marquesina, colgando de un cable de acero, hay un submarino sacado del universo de los Beatles: es amarillo chillón, con ventanas redondas en todos los lados y un bulto cilíndrico como un tubo de calefacción en la parte trasera. El nombre IDABEL está estampado en uno de los laterales con unas letras mayúsculas azules de palo seco.

Stanley está detrás del Idabel con una pieza de acero de la maquinaria que acaba de sacar del casco. Alto y esbelto, lleva unas gafas de sol espejadas, una camiseta gris ajustada y bermudas color caqui. De fondo, un generador expulsa gas de escape como si tosiera y cada pocos segundos salen de debajo del submarino ráfagas de aire comprimido como si fueran pedos. He llegado antes de la hora y pillo a Stanley haciendo los últimos retoques. Se le ve molesto cuando me acerco a estrecharle la mano; me aguanta la mirada durante un lapso un poco excesivo y luego vuelve al submarino sin decir ni una palabra.

El Idabel tiene dos plazas, lo que significa que tuve que comprar dos pasajes (ochocientos dólares cada uno). Le pregunté a Stan Kuczaj, el científico experto en delfines que había conocido unos meses antes en La Reunión, si le gustaría acompañarme en la expedición. Kuczaj iba a estar en Roatán esta semana para llevar a cabo una investigación sobre delfines en cautividad en un centro turístico ubicado a algunos kilómetros de allí. Aunque llevaba más de treinta y cinco años estudiando el océano y sus habitantes, nunca había subido a bordo de un submarino y nunca había observado el océano por debajo de unos treinta y cinco metros al practicar submarinismo. Así pues, estuvo contentísimo de poder acompañarme.

Sin embargo, al ver las reducidas dimensiones del Idabel, sus eufóricos comentarios derivaron en una suerte de temor silente. El submarino tiene una longitud de cuatro metros y una anchura de cerca de un metro ochenta. La parte superior cuenta con nueve ojos de buey que ofrecen una visión de trescientos sesenta grados. Stanley está en esa posición y controla el exterior por esas ventanillas mientras pilota el submarino. Los pasajeros van sentados al frente, a sus pies, en un área que él denomina la esfera de los pasajeros. Esta sección tiene un diámetro de unos escasos 137 centímetros con un espacio para sentarse de unos noventa centímetros, o de alrededor de la anchura de una butaca de salón. En nuestro caso, esa silla deberá acoger a dos hombres de metro ochenta y ocho. Delante de ese asiento hay una ventana de plexiglás convexa con un grosor de setenta y cinco centímetros.

La gran ventaja de organizar excursiones submarinas en Roatán es el fácil acceso a la fosa de las Caimán, un abismo en aguas profundas que se extiende, por debajo del mar, desde cerca de Jamaica hasta las islas Caimán. En su punto de mayor hondura, la fosa se sumerge más de 7.600 metros y alberga la cordillera volcánica más profunda del planeta. En 2010, un grupo de investigadores de la Universidad de Southampton, en Inglaterra, enviaron un ROV a esas profundidades y descubrieron las fuentes hidrotermales más profundas y calientes del mundo. (Las fuentes hidrotermales son unos volcanes subacuáticos que expulsan gas tóxico hasta más de ochocientos metros en dirección vertical desde el fondo marino.) Las temperaturas cerca de esas fuentes alcanzaban los 425 grados, un calor suficiente para fundir plomo. En otra expedición, en 2012, se halló que esas fuentes, quizá el entorno más hostil del planeta, acogían una plétora de animales y microorganismos extraños: especies que no se han observado en ningún otro rincón de la Tierra.

Hoy ni siquiera nos acercaremos a una fuente hidrotermal, pero sí que nos sumergiremos, a través de unas aguas negras como el carbón, hasta un lugar del fondo marino que ningún ser humano ha visto nunca.

—En cada inmersión descubro algo nuevo —nos dice Stanley.

Ha llegado la hora de embarcar. Kuczaj se ofrece voluntario para ser el primero en entrar. Observo como comprime su largo torso para meterse por un agujero de sesenta centímetros de ancho ubicado en la parte superior del submarino, como un topo que se esconde de aquel juego para niños. Una vez dentro, se arrastra como un gusano con los pies por delante hasta llegar a la cubierta de observación, doblando las piernas hasta el pecho mientras se embute en el minúsculo asiento. Hace un gesto con el pulgar arriba por la ventana delantera y sacude la cabeza riéndose.

—¡No creo que vayas a caber aquí dentro! —dice gritando—. Te lo digo en serio: aquí no vas a caber.

Yo le demuestro que está equivocado, pues consigo acceder a su lado avanzando a meneos. Más que a su lado, estoy sentado encima de Kuczaj. Como las paredes curvas hacen que sea imposible recostarse, nuestra columna vertebral debe encorvarse hacia delante como un paréntesis. El espacio para la cabeza es tan pequeño que tenemos que inclinar el mentón hacia abajo, como una tortuga, para no rascar la pared superior con el cuero cabelludo.

Antes de que tengamos tiempo de echarnos atrás de la expedición, Stanley entra en el vehículo deslizándose. Los motores eléctricos del Idabel empiezan a retumbar. El cable que sostiene el sumergible se desenrolla y nos baja hasta el agua. Nos soltamos del cable. Stanley cierra la escotilla y ponemos rumbo hacia el norte, medio sumergidos, hasta la fosa de las Caimán.

En la esfera de los pasajeros, Kuczaj y yo contemplamos por la ventana dos mundos muy distintos: arriba, la dorada luz del sol y, abajo, las aguas argentinas del océano. Bajo los rayos del sol, la ventana delantera, en forma de burbuja, actúa como una lupa y sobrecalienta el interior. Antes de salir de la bahía, la temperatura dentro del Idabel ha alcanzado los treinta y siete grados. A Kuczaj se le ve el sudor en la camiseta; parece enfadado e inquieto. Casi de inmediato, desarrolla un tic nervioso: aprieta todo el rato el botón del obturador de su cámara. Nos quitamos los zapatos para refrescar los pies, que han empezado a sudar.

El Idabel va sumergiéndose; la luz y la vida de la superficie empiezan a desvanecerse.

—Ahora va a haber algunos meneos y traqueteos —nos avisa Stanley.

Con una sacudida, inclina el Idabel unos cuarenta y cinco grados y se detiene un momento, de modo que estamos mirando directamente las fauces de la fosa de las Caimán.

—Vamos allá —anuncia Stanley. E iniciamos el descenso.

Por encima de la ventana, en dirección a la superficie, unas franjas azules se extienden hacia el horizonte y van oscureciéndose, como un cuadro de Rothko. Los gradientes de color no son un efecto de la luz ni un espejismo: son el espectro de la luz del sol que las moléculas de agua van tragándose poco a poco.

En la superficie del océano, la energía del sol penetra el agua con facilidad. A mayor profundidad, esa energía va perdiendo fuerza hasta que, a unos novecientos metros, deja de haber luz. Los colores con longitudes de onda mayores, como el rojo o el naranja, son los que las moléculas de agua absorben con mayor facilidad, por eso desaparecen antes. El rojo se vuelve invisible al ojo humano a una profundidad de unos quince metros; el amarillo desaparece a unos cuarenta y cinco metros; los verdes a sesenta metros, y así sucesivamente, hasta que al final solo quedan colores más fuertes, con longitudes de onda más cortas, como el azul y el morado.

El agua azul del océano (y el color el cielo) que vemos desde la superficie no tiene nada que ver con el color del agua o del aire: ambos elementos, claro está, son incoloros. Vemos el agua tropical de un color azulado-morado intenso porque la visibilidad se extiende decenas de metros, lo que nos permite observar las profundidades donde solo puede penetrar la luz azul y morada.

Los peces azules son rarísimos en los océanos, porque se les vería mucho hasta que llegasen a las aguas afóticas de la zona batipelágica. Por el contrario, los peces rojos son bastante comunes porque el rojo es el mejor camuflaje en las aguas profundas. Un pez como un pargo rojo se ve rojo en la superficie, pero, a medida que desciende, su coloración roja parece desvanecerse hasta que, a unos treinta metros, el animal se vuelve virtualmente invisible para sus presas y depredadores. Por eso los pargos permanecen casi todo el tiempo a una profundidad de entre quince y sesenta metros.

Stanley inclina el Idabel considerablemente, de modo que estamos mirando hacia abajo del todo. Nos deslizamos con delicadeza hasta el fondo marino, como un globo aerostático pero en dirección contraria. El indicador de profundidad marca menos noventa metros. Stanley aún no ha encendido ninguna de las luces interiores del Idabel, y nos inunda la paleta monocromática. La ropa, la piel, los cuadernos y el mundo exterior nos parecen todos del mismo color azulado.

Pasados algunos minutos, alcanzamos los 245 metros. Hemos entrado en la zona mesopelágica. A esas profundidades, el agua ha absorbido el 99 % de la luz solar. Ninguna planta puede sobrevivir aquí, y de aquí para abajo, todo el océano es animal y mineral. La estructura del Idabel comienza a temblar y chirriar por la presión, que ahora es de más de 24.130 hectopascales. Stanley ha calibrado la presión de la cabina para que se corresponda con los 1.013 hectopascales del nivel del mar, pero no estoy seguro de que esté funcionando. La sensación que tengo es como si la presión siguiera aumentando a medida que nos hundimos. Cada treinta segundos, más o menos, tenemos que compensar la presión de las cavidades sinusales para no tener lesiones en los tímpanos. Kuczaj está acurrucado y parece que va a vomitar. Luego a mí me viene una oleada de náuseas y paranoia.

—¿Estás bien? —le pregunto a Kuczaj.

—Hago... —contesta— respiraciones pesadas.

Los astronautas han aprendido a manejar los traumas psicológicos y físicos de los viajes espaciales centrándose en tareas concretas, recordándose a sí mismos que deben mantener la racionalidad y trabajando y comunicándose con otros astronautas con la mayor frecuencia posible: lo contrario de lo que Kuczaj y yo estamos haciendo ahora mismo. Como pasajeros que han pagado un billete, no tenemos responsabilidades a bordo del Idabel, y hay demasiado ruido en la esfera delantera para mantener una conversación sin gritar. Por eso cada uno está metido en sus propios pensamientos. Yo me pregunto qué cosa terrible podría ocurrir a continuación y, después de treinta minutos de sufrimiento claustrofóbico, me cuesta mucho mantener la racionalidad. Kuczaj aprieta la mandíbula y se le ve mareado.

El cosmonauta ruso Vasili Tsibliyev tuvo ese mismo problema. En 1997, tras cuatro meses a bordo de la estación espacial Mir, se había vuelto neurótico y estaba deprimido. Mientras dirigía una nave no tripulada con suministros hasta el muelle de la Mir, de repente se confundió y casi destruyó la nave entera. Dos años después, otros dos cosmonautas se enzarzaron de manera fortuita en una pelea a puñetazos que terminó en sangre y al parecer intentaron agredir sexualmente a una mujer que formaba parte de la tripulación. Ella se fue a otra habitación y se encerró allí.

Lo que terminó afectando a esos cosmonautas no fue la carga de trabajo; fue la claustrofobia de estar confinados con otro ser humano en un espacio tan pequeño. El cosmonauta ruso Valeri Ryumin dijo una vez: «Todas las condiciones necesarias para perpetrar un asesinato se consiguen encerrando a dos hombres en una cabina de 5,5 por 6 metros [...] durante dos meses».

Yo no tengo un deseo especialmente fuerte de asesinar, golpear o agredir sexualmente a Kuczaj, pero, pensándolo bien, hemos estado confinados en este receptáculo de acero durante solo unos treinta minutos. Nos quedan tres horas y media antes de volver a ver la luz del sol..., o un baño. Y también empieza a hacer más frío. La temperatura del agua es de unos siete grados, y el casco interior del submarino está frío al tacto. Una película de humedad cubre paredes y ventanas.

Stanley anuncia que acabamos de superar los 335 metros. De repente, se ve un destello brillante a un lado del submarino, luego otro, luego dos más. Stanley acaba de encender los once faros del Idabel. El agua que tenemos delante brilla blanca como la leche; luego, cuando nuestros ojos se acostumbran, se suaviza a un gris verdoso, el color de una pantalla de televisión antigua. En el exterior, pasan copos blancos a raudales.

Stanley nos dice que eso es detritus de las aguas de más arriba, iluminadas por el sol. En el océano, todo lo que no flota se hunde: esqueletos de plancton, excrementos de los peces, piel mudada, cualquier cosa. Todo termina disolviéndose en pedacitos más pequeños y cayendo al fondo del mar en un torbellino infinito.

Las profundidades del océano no solo absorben todos los desechos, sino también dióxido de carbono. El fitoplancton, las algas microscópicas que constituyen como mínimo la mitad de toda la biomasa del océano, absorben entre un tercio y la mitad de todo el CO_2 y producen más del 50 % de todo el oxígeno de la Tierra. A medida que los océanos se calienten, el fitoplancton irá extinguiéndose. Los niveles de dióxido de carbono aumentarán y los de oxígeno disminuirán.

Entre 1950 y 2010, la cantidad de especies de fitoplancton se redujeron un 40 %: una cifra asombrosa. A medida que el fitoplancton siga muriendo, a los animales de la Tierra cada vez les costará más respirar.

Mientras vamos sumergiéndonos en aguas más profundas, el detritus nos pasa por delante más deprisa, como una lluvia de meteoros subacuática.

—Esto es increíble —dice Kuczaj.

Enciende la cámara para sacar algunas fotos. Justo cuando estamos rozando el sobrecogimiento, contemplando embelesados ese espectáculo de luces que parece la Vía Láctea al otro lado de la ventana de observación, Stanley apaga las luces de forma inesperada.

Le pregunto si puede volver a encenderlas; queremos alucinar un poco más.

—No dejéis de mirar por la ventana —responde él—. Mirad, mirad.

Sin luces eléctricas, fuera está todo negro. Echo un vistazo al indicador de profundidad y me doy cuenta de que acabamos de superar los quinientos dieciocho metros, el área adonde no puede llegar la luz del sol. La zona batipelágica.

—¿Lo veis? —nos dice Stanley—. Allí, arriba a la izquierda.

A unos doce metros, parecen verse unos fuegos artificiales explotando en medio del cielo nocturno. Luego otra explosión de luz estalla debajo de nosotros. Entonces más a la derecha. Los colores son brillantes: blanco con destellos fucsias y morados y verdes. Estamos contemplando lo que los antiguos marineros llamaban el mar en llamas: bioluminiscencia, la producción química de luz por parte de organismos vivos. Entre un 80 y un 90 % de la vida oceánica, desde las bacterias hasta los tiburones, utilizan alguna forma de este fenómeno.

Mientras miramos por la ventana delantera, los centelleos y los destellos se hacen más resplandecientes, parpadeantes y mecánicos. Una explosión verde a la derecha es acompañada por una explosión azul a unos cuatro metros a la izquierda. Media docena de luces más tenues centellean en la distancia. No podemos ver formas, ni animales nadando, solo destellos de luz, como luciérnagas. Nos hemos puesto en medio de un banco de... algo.

—Parece alguna forma de comunicación —dice Kuczaj, levantando de nuevo la cámara.

Los animales bioluminiscentes usan la luz para asustar, distraer, atraer y comunicar. El rape, un pez de apariencia grotesca, utiliza una lucecita que tiene encima de la cabeza para atraer a las presas. Los calamares gigantes —que pueden alcanzar una longitud de dieciocho metros y se cree que habitan en profundidades aún mayores que la zona batipelágica— usan fuertes destellos para comunicarse con otros individuos, tal vez empleando algo parecido al código Morse. Los enormes ojos de los calamares, los rapes y otros animales de las profundidades no se les desarrollaron para procesar la luz del sol —de hecho, nunca verán el sol—, sino para detectar los más tenues titileos de bioluminiscencia.

Muy poco se sabe sobre cómo esa luz puede usarse como herramienta de comunicación, porque se ha hecho muy poca investigación sobre los animales que habitan las grandes profundidades. Solo se han filmado dos calamares gigantes en la historia, y solo una vez los investigadores han capturado a un calamar gigante enviando señales bioluminiscentes.

Aun así, algunos investigadores terrestres están aprovechando la bioluminiscencia para aplicarla a otros ámbitos. Ahora los oncólogos usan los genes bioluminiscentes del pensamiento de mar, un animal gelatinoso, parecido a una medusa, para estudiar cómo las células y los patógenos del cáncer reaccionan a los tratamientos. Los genes del pensamiento de mar también se usan para investigar muchas otras cuestiones, desde la expresión genética de las células madre hasta la forma en que los virus infectan organismos vivos.

En enero del año 2000, el artista estadounidense Eduardo Kac contrató una empresa de genética francesa para insertar un gen de medusa vinculado con una proteína verde fluorescente en el genoma de un conejo albino y así crear el primer —y muy polémico— proyecto artístico de un mamífero brillante. En 2013, un equipo estadounidense que tenía la intención de alterar plantas genéticamente para que brillasen en la oscuridad consiguió recaudar 480.000 dólares en una campaña a través de la plataforma de financiación de proyectos creativos Kickstarter. El equipo prevé que algún día las plantas brillantes puedan sustituir el alumbrado de las calles.

En torno a la época en que Kac dio a conocer su conejo fluorescente, unos científicos añadieron un gen fluorescente a peces cebra y crearon el GloFish, el primer pez fluorescente por modificación genética del mundo. Ahora los peces GloFish pueden adquirirse en tiendas de mascotas en todo Estados Unidos.

Stanley vuelve a encender las luces, y el agua negra que tenemos delante se vuelve gris al instante con la perpetua nevada de detritus. Los fuegos artificiales desaparecen. La escena deviene en cierto modo más extraña. Por delante de nosotros pasa un banco de peces, pero no nadan en horizontal, como peces normales. Nadan en vertical, hacia la superficie. En el reflejo de los faros, parecen una decena de signos de exclamación plateados.

Si bien en tierra firme la mayoría de los organismos están restringidos a un solo plano horizontal, los que viven entre la superficie y el fondo, un área denominada aguas intermedias, pueden desplazarse en cualquier dirección. Este mundo es totalmente indiferenciado y constante de una forma perturbadora. Aquí no hay montañas, ni cielos, ni puntos de referencia, nada para distinguir derecha de izquierda, arriba de abajo. La noche nunca se convierte en día; no hay estaciones. La temperatura es casi siempre la misma. No hay un hogar concreto para los animales que viven aquí, no hay un lugar al que regresar, ni un destino al que llegar, solo se va constantemente a la deriva. Aquí siento una profunda tristeza existencial; es el sitio más negro y más solitario que haya visto nunca.

En las aguas intermedias, el peligro puede llegar desde cualquier dirección. Algunos animales escapan de la monotonía migrando cientos de metros hacia arriba hasta unas aguas más superficiales y luminosas cuando sale el sol y luego vuelven a sumergirse para camuflarse en las aguas negras por la noche. Ese desplazamiento es la migración de vida animal más grande del planeta, y tiene lugar todos los días. Sin embargo, la mayoría de los animales nunca se marchan de esta zona.

El Idabel supera los seiscientos metros. Los temblores y chirridos del casco aumentan de volumen y de frecuencia. La presión en el exterior es ahora de más de 62.000 hectopascales. Si en una pared apareciese de repente un agujerito, el chorro se abriría paso entre la carne humana como un bisturí hasta que el chorro aumentara y las paredes del Idabel cedieran. A esa profundidad, la muerte no sería lenta; quedaríamos aplastados al instante.

Por extraño que parezca, eso me consuela. Antes de sumergirme, pensaba que sentiría pánico y estrés a esta profundidad, pero ahora, bajo seiscientos metros de agua, me siento tranquilo, casi sereno. Absolutamente nada está bajo mi control: no puedo salir, no puedo impedir que las paredes cedan. De nada sirve quejarse o preocuparse por lo que vaya a ocurrir.

Me recuerda un fragmento de *Sin blanca en París y Londres*, de George Orwell, obra en la que el autor británico, tras haber sido despedido de un trabajo fregando platos en un restaurante de París y sin un duro en el bolsillo, describe la alegría repentina de tocar fondo. «Es una sensación de alivio, casi de placer, al saber que al fin estás verdaderamente sin blanca. Has hablado muy a menudo de que tu vida se iría al garete; pues bien, aquí está el garete, y has llegado a él, y puedes soportarlo. Eso te quita mucha ansiedad.»

Al descansar la barbilla en las palmas de las manos y al escuchar la estructura de acero del Idabel gruñir y chirriar, me doy cuenta de que, si morimos todos aquí abajo, nadie va a saber lo que ha ocurrido. Ni siquiera nosotros.

Atribuyo parte de mi relajación a Stanley. En tierra firme, era silencioso y reservado. Ignoró mis preguntas y parecía molesto por mi presencia. No me sorprendió; por Roatán circula la mala fama de que tiene un temperamento irritable.

No obstante, aquí abajo, a cientos de metros bajo la superficie, es otra persona. Charla, ríe y tamborilea con los pies al ritmo de melodías disco y jazz que salen a todo volumen del radiocasete de un coche que montó detrás de nosotros. Circulamos a velocidad constante en un submarino que él construyó con sus propias manos y con su propio dinero, por un territorio donde se ha pasado más tiempo que cualquier otro ser humano. En esta casa somos los invitados, y él parece decidido a ofrecernos una velada fantástica.

Seguimos sumergiéndonos. Ante nosotros aparece una luz pálida. Miro por la ventana convexa y parece que nos estamos acercando a una luna remota. Cada vez se hacen más visibles los detalles de un mundo extraño. Stanley va acercándose despacio, ralentiza la marcha y luego inclina el Idabel de modo que nuestra ventana está paralela al fondo del mar. Nos preparamos para el aterrizaje. Kuczaj y yo respiramos hondo. El Idabel chirría y eructa. Acabamos de tocar tierra a 670 metros bajo la superficie.

Ahora las paredes de acero están heladas y la temperatura interior ha bajado a los dieciocho grados. Kuczaj y yo recogemos los zapatos y nos los ponemos para que los pies no nos queden entumecidos al estar en contacto con el suelo. Las vistas del exterior son lunares: rocas, cráteres poco profundos y unas llanuras extensas y sin fronteras, todo de un blanco tan resplandeciente como si hubieran espolvoreado nieve por encima de ese lugar. Pero no es nieve; ese manto polvoriento son los restos de calcio y silicio de miles de millones de esqueletos microscópicos, una sustancia fina que los biólogos denominan sedimento marino. Como no hay sol que lo derrita, ni viento que lo esparza, ni lluvia que lo limpie, esos sedimentos simplemente se quedan allí, acumulándose a un ritmo de 2,5 centímetros cada dos mil años.

Acabamos de aterrizar en el cementerio más antiguo de la Tierra.

Parece imposible que nada pueda sobrevivir aquí abajo. Y, aun así, nuestros alrededores están llenos de vida, de una variedad que es más rara y fea de lo que hubiera imaginado.

En medio de la extensión blanca, vemos pasar un pez rojizo, parecido a una anguila, de unos sesenta centímetros de longitud. Ni Kuczaj ni yo lo reconocemos, parece una ramificación del árbol evolutivo. A nosotros nos parece que está tomando un camino errático y de borracho por el fondo del océano, y no podemos evitar soltar una risita cuando pasa.

Un poco más lejos, un pez del tamaño de un perrito faldero se agacha cerca de una roca. Su piel está cubierta de manchas marrones que parecen la corteza de un árbol. Cada pocos segundos abre la boca como un anciano bostezando en un banco de un parque. A nuestra derecha, un tiburón gris con una aleta dorsal larga e irregular nos pasa por delante con despreocupación. Nada dibujando semicírculos imprecisos; luego se nos queda mirando impasible a través de la ventana con los ojos estrábicos.

Aquí abajo todo parece a medio hacer, estrambótico, lento y tullido de algún modo: experimentos fallidos del laboratorio de pruebas de Dios. Pero esa suposición no podría ir más desencaminada. En un mundo sin luz, la apariencia no importa. Lo que sí importa son la eficiencia y la adaptabilidad, y todos estos animales, por estrambóticos y horrendos que puedan parecer, han evolucionado para encajar en su propio nicho diminuto de este entorno hostil que destruiría a la mayoría de los organismos.

A esas profundidades, la comida es escasísima. Sin luz solar, no hay fotosíntesis; y, sin fotosíntesis, no pueden crecer plantas, ni plancton ni ningún tipo de vegetación. Ese es un mundo carnívoro, en el que los animales solo pueden sobrevivir cazando y comiendo otros animales. Los músculos y la carne requieren más combustible y energía de la que muchos organismos de las profundidades marinas pueden encontrar. Por eso la mayoría han desarrollado una piel gelatinosa y una estructura esquelética, que son el diseño más eficiente para ese entorno.

El movimiento también consume energía, con lo cual la mayoría de los animales batipelágicos casi nunca se toman la molestia de moverse. Obtienen su comida sentándose en un lugar y esperando que se les acerquen presas desprevenidas que puedan atrapar. Se reproducen de la misma forma, esperando a dar con un individuo para aparearse. Algunos animales han incrementado la probabilidad volviéndose hermafroditas, lo que les permite criar con cualquier sexo que se les acerque. Otros animales sobreviven desarrollando en alto grado un solo sentido.

Quizá el animal que se ha adaptado a las aguas profundas de una forma más impresionante es la raya eléctrica, una residente de esos lares. Este organismo debería ser una presa fácil: tiene mala vista y un oído aún peor. Algunas rayas eléctricas apenas saben nadar, y otras no tienen dientes. Y, aun así, las rayas son uno de los depredadores más temidos del océano.

En los últimos cientos de millones de años, esos peces extraños en forma de disco (hay cerca de sesenta especies) han desarrollado unos órganos que pueden emitir una descarga de más de doscientos veinte voltios: casi el doble que un enchufe de un hogar en Estados Unidos. Eso no es ningún poder sobrenatural; todos los organismos funcionan mediante una serie de descargas eléctricas, lo que se conoce como bioelectricidad. La raya eléctrica simplemente ha desarrollado unos órganos que maximizan ese potencial letal.

Los humanos comparten esa electricidad. Cada célula de nuestro cuerpo contiene una carga eléctrica. Cada vez que miras, oyes, tocas, pruebas o piensas algo, dentro de tus células estalla una tormenta de descargas eléctricas, que van de aquí para allá entre el cerebro y distintas zonas de tu cuerpo a ciento veinte metros por segundo.

Esa electricidad viaja a través de una serie de circuitos llamados canales iónicos, diminutas proteínas contenidas en las membranas de las células. Esos canales pueden permitir o bloquear el paso del flujo de iones con carga eléctrica a través de ellos.

Podemos imaginar que nuestros nervios son como unos ríos y que el cerebro es como un lago al que todos esos ríos desaguan. Los canales iónicos funcionan como pequeñas presas para controlar el flujo y dirección de las señales que van y vienen del cerebro. Tenemos cerca de treinta y cinco billones de células en nuestro cuerpo, cada una con su propio canal iónico, que se abre y se cierra en sincronía para que nos hagamos una idea del mundo que nos rodea. Varios miles de millones acaban de dispararse mientras leías esta frase.*

Cuando un nervio dispara un impulso, se produce una cantidad significativa de electricidad. Según la genetista de la Universidad de Oxford y ensayista Frances Ashcroft, el

* Los ordenadores, que se crearon antes de que los científicos comprendiesen el funcionamiento de los canales iónicos, funcionan con el mismo principio. El código binario en el que se basan todos los ordenadores —ceros y unos— circula en series a lo largo de secuencias binarias, de una forma muy parecida a como los canales iónicos circulan por las terminaciones nerviosas. Esas secuencias de ceros y unos son lo que constituye cada color, sonido, película, canción y programa —todo lo que vemos y oímos— en el ordenador, de la misma forma en que el binario de canales iónicos abiertos y cerrados se utiliza para todos los procesos de nuestro cuerpo.

campo eléctrico que se forma mediante el canal iónico equivale a unos cien mil voltios por centímetro.

Un cuerpo humano genera alrededor de cien milivoltios (unidad con que se mide el potencial eléctrico). Si toda la electricidad del cuerpo de una persona pudiera aprovecharse y convertirse en luz, el cuerpo humano sería sesenta mil veces más brillante que una masa comparable del sol. Kilo por kilo, tú podrías ser más brillante que la estrella más brillante del sistema solar.*

Algunos fármacos actúan cerrando o abriendo canales iónicos, lo que puede permitir que ciertas funciones celulares vuelvan a la normalidad. Ashcroft ha escrito mucho sobre los canales iónicos y ha sido una de las primeras investigadoras en recomendar el uso de medicamentos como la sulfonilurea para dolencias como la diabetes neonatal. La sulfonilurea trata esa enfermedad cerrando los canales iónicos defectuosos en células que, cuando están abiertos, inhiben la producción de insulina.

En la medicina china, la energía eléctrica del cuerpo se llama *chi*; los japoneses la denominan *ki*, y los indios la conocen como *prana*. Las tradiciones médicas de esas culturas orientales se basan, en buena medida, en ajustar la cantidad de energía de ciertas áreas del cuerpo para potenciar o restablecer la salud.

Uno de los ejemplos más asombrosos, y quizá la analo-

* Por lo menos, según los cálculos del bloguero de la revista *Discover* Phil Plait. Sigue los números que hace Plait (si puedes): el volumen del sol es de $1{,}4 \times 10^{33}$ centímetros cúbicos. Cada segundo, cada centímetro cúbico del sol emite 2,8 ergios (un ergio es una unidad de energía). Así pues, la luminosidad total de un centímetro cúbico de sol es de 2,8 ergios por segundo. El cuerpo humano tiene un volumen de unos 75.000 centímetros cúbicos. Al dividir la luminosidad humana (1,3 × 1010 ergios/segundo) por el volumen, obtenemos 170.000 ergios por segundo por centímetro cúbico.

gía humana que ha visto la ciencia occidental más cercana a las rayas eléctricas, son los monjes budistas tibetanos que practican la tradición bön de la meditación tummo. Esos monjes pueden elevar la temperatura de sus extremidades cerca de unos nueve grados y pueden secar sábanas húmedas que se ponen sobre la espalda a una temperatura ambiente de 4,5 grados. Su poder ni se acerca al de las rayas eléctricas, pero es un claro indicador de una capacidad que compartimos con esas criaturas.

Stanley acelera el motor del Idabel y nos deslizamos unos cuantos metros por la inclinación del fondo marino hasta profundidades mayores. Si siguiésemos bajando, terminaríamos llegando a 7.620 metros. Ahora el indicador de profundidad marca menos 777 metros.

En la distancia, un grupo de esferas de discoteca relucientes cuelga a pocos metros del fondo del mar. Es un banco de calamares, nos dice Stanley. Cada individuo está envuelto por una capa de tecnicolor a cuál más brillante y chillona. Al lado de los calamares hay otros animales —medusas, creo— que emiten una intensa luz fucsia y morada. Es como si hubiéramos encontrado una especie de Studio 54 subacuático.

—Eh, mirad esto —dice Stanley mientras hace virar el Idabel hacia la izquierda.

Kuczaj y yo inclinamos el cuello para acercarnos un poco más a la ventana delantera. Las paredes de acero de la cubierta de observación ahora están heladas, y nos caen sobre la cabeza y nos bajan por el cuello gotitas de agua gélida.

Stanley detiene el submarino. Una masa redondeada de sesenta centímetros que emite destellos de colores se acerca y se queda flotando a unos centímetros de la ventana. A lo largo de la parte superior de esa masa hay una capa de luces, todas parpadeantes, una tras otra, en perfecta sincronía. Primero solo centellean las luces azules, luego solo las rojas; luego las moradas; luego las amarillas, hasta que han aparecido todos los colores del espectro. Luego todos los colores aparecen al mismo tiempo y el espectáculo vuelve a empezar. Los cientos de hileras de lucecitas están distribuidas de forma regular por la masa. Parecen una ciudad de noche: cuando las luces son rojas, parecen los faros posteriores de los coches en la autopista; cuando son blancas, parecen una red de alumbrado público vista desde un avión a cientos de metros de altitud. Entre esas luces, no hay nada: ni carne, ni nervios, ni huesos, ni ningún cuerpo visible.

—Pero ¿qué coño es...? —dice Kuczaj con los ojos y la boca abiertos de par en par.

Stanley dice que es un ctenóforo, el mayor que ha visto nunca. Los ctenóforos son habituales en las aguas profundas. Se impulsan mediante una capa exterior de finos pelos llamados cilios y pueden alcanzar una longitud de hasta un metro y medio. Al igual que las medusas, los ctenóforos no tienen ojos, ni orejas, ni sistema digestivo ni músculos. La masa redondeada que estamos observando está compuesta en un 98 % de agua y es una mera red de nervios invisibles y colágeno, todo ello unido por dos capas de células transparentes. No tiene cerebro y, aun así, este animal caza presas, se aparea y puede desplazarse con agilidad por el agua.

Y ahí está esa cosa, a sesenta centímetros de nuestra cara, a una profundidad equivalente al doble de la altura del Edificio Chrysler, mirándonos sin ojos, comunicándose sin cerebro y deslumbrándonos con sus luces que recuerdan Las Vegas.

Los ctenóforos, los peces caminadores, el banco de calamares relucientes, los depredadores verticales: todos esos animales me parecen rarezas extravagantes, pero de hecho aquí son la norma. Las profundidades batipelágicas y afóticas acogen al 85 % de la vida oceánica, con lo cual representan el hábitat más concurrido del planeta. Se calcula que hay treinta millones de especies por descubrir en el océano pero solo 1,4 millones de especies sobre la tierra. Las mayores comunidades animales del planeta y el mayor número de individuos viven por debajo de los novecientos metros.[1]

Mientras estoy sentado en esta minúscula esfera de metal observando por la ventana un hábitat que pocas personas han visto, siento un vacío en el pecho que el aire no puede llenar. Esta es la Tierra real, la mayoría silenciosa del 71 %. Y este es el aspecto que tiene: gelatinosa, estrábica, torpe, reluciente, parpadeante, escondida entre una oscuridad perpetua y comprimida por más de casi 70.000 hectopascales.

La esfera azul que vemos desde el espacio no es más que una fachada. En realidad, nuestro planeta no es azul, no está lleno de hojas de hierba, nubes, color y luz.

Es negro.

–3.050

La expedición en el submarino amarillo de Stanley, por muy asombrosa que sea, no hace más que retardar lo inevitable: la desgracia de entrenarme para bucear en apnea. Me quedan ocho semanas antes de la misión de Schnöller con los cachalotes en Sri Lanka. No puedo ir si no soy capaz de bucear a pulmón con el equipo. Y por eso practico. Y mucho.

Entrenarse para bucear a gran profundidad no es una opción en las aguas abiertas de San Francisco: hay mala visibilidad, el agua es gélida, las olas son mortales y acecha la amenaza constante de los tiburones blancos. Así pues, centro mis esfuerzos en los entrenamientos en una piscina y en superficie. Varias veces por semana, meto el traje de neopreno y las gafas en la mochila y bajo en bici a una piscina municipal a hacer largos bajo el agua por debajo de los pies colgantes de señoras mayores. El socorrista, del que más tarde me entero que también es apneísta, me vigila con atención. Tras algunas semanas, asume la responsabilidad de empezar a hacerme de entrenador, a lo señor Miyagi.

Como instrumento de tortura elige un cono de tráfico naranja que va moviendo por el borde la piscina para forzarme a aguantar la respiración unos segundos más en cada inmersión. En ese ejercicio, la mejora se mide por la distancia horizontal en lugar del tiempo pasado bajo el agua. Yo lo llamo *Schadenfreude* subacuática, porque hacer esas largas zambullidas no es fácil, y el socorrista lo sabe. Se ríe entre dientes cuando salgo a la superficie, con la cara enrojecida, jadeando y mirando a mi alrededor con ojos soñolientos mientras ondeo mis manos entumecidas para recuperar la circulación. Dolores y entumecimiento: esas son las tarjetas de presentación de la asfixia. Él también las había experimentado. Todo apneísta en formación las ha vivido.

El ejercicio funciona. Al cabo de un mes, doblo mi distancia bajo el agua, de unos veintitrés metros a unos cuarenta y cinco.

En los días que no entreno en la piscina, practico aguantando la respiración en estático mientras estoy tumbado en una esterilla de yoga en el salón de mi casa. Los ejercicios fuera del agua no son más tolerables que dentro, pero sirven para un propósito único: me ayudan a acostumbrarme a la acumulación de dióxido de carbono en el cuerpo.

La molesta necesidad de respirar que se produce al aguantar la respiración no es consecuencia de la falta de oxígeno, sino de la acumulación de dióxido de carbono. Sentirse cómodo con esa acumulación es lo que distingue a los buenos apneístas de los magníficos, o a los buenos de los tipos como yo. Los apneístas hacen que su cuerpo se acostumbre a tolerar altos niveles de CO_2 mediante unos ejercicios cronometrados aguantando la respiración llamados tablas estáticas. En esencia, es un entrenamiento por intervalos. Respirar dos minutos, hacer cuatro respiraciones enormes, aguantar la respiración dos minutos; respirar un minuto y medio, hacer cuatro respiraciones enormes, aguantar la respiración dos minutos y medio, y así sucesivamente.

El objetivo de las tablas estáticas es aumentar el tiempo que uno puede aguantar la respiración a la vez que se disminuye el intervalo de reposo. En pocas semanas, alcanzo mi objetivo de aguantar la respiración tres minutos con descansos de solo un minuto entremedio.

Había otro efecto secundario del entrenamiento estático, del que poco se habla, que iba más allá de aumentar la tolerancia al CO_2: que te da un colocón de miga. Ese colocón está en un punto intermedio entre el chute de endorfinas posterior a hacer ejercicio intenso y la desagradable sensación de ebriedad después de beber alcohol malo con prisas. Sientes una desorientación cálida y notas los impulsos eléctricos de tus terminaciones nerviosas disparándose por todo el cuerpo, o por lo menos estás tan colocado que puedes imaginar que te está ocurriendo algo así. Tu mente divaga hacia lugares felices.

Empiezo a hacer prácticas de aguantar la respiración en distintos lugares de la casa. Schnöller me avisó de que, si alguna vez lo hacía (y casi todos los apneístas en formación lo hacen), debía estar sentado o tumbado y no tener nada afilado cerca. Se puede perder el conocimiento con la misma facilidad en tierra firme que en el agua y a veces es difícil saber con exactitud cuándo va a ocurrir. Ahora estás aguantando la respiración, fregando los platos y te sientes de maravilla. Y, al cabo de unos segundos, estás inconsciente en el suelo de la cocina encima de un charco de tu propia sangre. Eso es justo lo que le ocurrió a uno de los amigos de Schnöller. Puedes quedarte inconsciente entre unos segundos y un minuto. Al final tu cerebro va a despertarse, verá que el resto de tu cuerpo no está bajo el agua e indicará a tus pulmones que tomen aire. Los síncopes en tierra firme son inofensivos siempre que te hayas caído encima de algo blando.

En una ocasión, me salvé por los pelos. Cuando llevo varias semanas de entrenamiento estático, intento animar unas aburridas tareas de oficina intentando aguantar la respiración tres minutos varias veces seguidas. No me doy cuenta de que haya pasado nada hasta que veo que me pesa la cabeza, tengo un brazo colgando al lado de mi cuerpo y he derramado té caliente por encima del teclado. Me he quedado frito; solo por un segundo, parece. En ningún momento me ha parecido que fuera a perder el conocimiento; fue una transición fluida de la preinconciencia a la posinconciencia. Deduzco que ha sucedido algo solo debido a cambios en mi entorno. Eso me asusta.

A pesar de ese susto, no restrinjo el entrenamiento de aguantar la respiración a la seguridad de mi casa.

Uno de los mejores métodos de entrenamiento en superficie es el llamado andar en apnea, que consiste en aguantar la respiración y andar por una superficie blanda (por si te desmayas) durante largas distancias. La idea es que el oxígeno que tus músculos consumen cuando estás caminando despacio es más o menos la misma cantidad de oxígeno que los músculos consumen durante un descenso en apnea. Empiezas aguantando la respiración mientras estás de pie quieto durante unos treinta segundos hasta que notas que disminuye tu frecuencia cardíaca, luego caminas despacio en línea recta, das la vuelta cuando crees que ya has llegado a la mitad de lo que puedes aguantar y regresas al punto de partida. La distancia que recorres es aproximadamente lo lejos que serías capaz de aguantar la respiración durante una inmersión profunda.

Tras un mes de práctica constante, puedo caminar con facilidad más de sesenta metros (treinta de ida y treinta de vuelta) sin respirar.

No obstante, el buceo en apnea es más que caminar y aguantar la respiración. Mi mayor reto, como el de muchos principiantes, es aprender cómo compensar la presión de las cavidades sinusales (destapar los oídos) por completo y con rapidez. Por mucho que lo intenté durante mis inmersiones de entrenamiento en la gruta de las Cuarenta Brazas, al parecer no lograba hacerlo lo bastante deprisa para alcanzar ninguna profundidad considerable. La explicación es sencilla: lo estaba haciendo todo mal.

Cuando una persona normal y corriente intenta compensar la presión de los oídos, hincha las mejillas y sopla fuerte, de modo que entra aire comprimido en las cavidades sinusales que conducen a los oídos. Este método, denominado maniobra de Valsalva, es el que usa cerca del 99 % de la población, y suele ser efectivo. Pero no funciona si te sumerges por debajo de unos doce metros. Cuando buceas a una profundidad mayor, el aire se comprime cada vez más en los pulmones hasta que no queda aire para impulsar hacia los oídos. El método de Valsalva se vuelve inútil.

La mayoría de los apneístas y algunos pilotos de avión (que tienen que compensar la presión deprisa durante los ascensos y los descensos) utilizan el método de Frenzel, que retiene aire dentro del circuito cerrado de las cavidades sinusales y permite liberaciones inmediatas y completas de presión. Este método es complicado y muchas personas lo hacen mal, lo cual puede causar graves problemas al estar sumergido a gran profundidad. Contrato a Ted Harty, el capitán del equipo de apnea de Estados Unidos, para que me instruya en una sesión de treinta minutos por Skype. (Al empezar la lección, enseguida reconozco a

Harty: es el tipo con los tatuajes de branquias en las costillas que, meses atrás, me había vigilado durante mi inmersión de cuatro minutos en el curso de Performance Freediving International en Tampa.)

—La gran diferencia entre el Valsalva y el Frenzel —empieza diciendo Harty— es que en el Valsalva la garganta se mantiene abierta; en el Frenzel, está cerrada.

A lo largo de diez minutos, me enseña varios ejercicios que consisten en toser haciendo un sonido de T y gruñir con la boca cerrada. En ambos ejercicios interviene la epiglotis, el colgajo carnoso que cubre la tráquea, para que aprenda a abrirla y cerrarla a voluntad. A continuación, Harty me enseña a «vomitar» aire de mi estómago y a «martillearlo» con la lengua para meterlo en las cavidades sinusales. Reteniendo aire en mi cabeza (en lugar de sacarlo de los pulmones, como se hace con el método Valsalva), soy capaz de desplazar aire de un lado para otro entre las cavidades sinusales y liberar presión en una fracción de segundo. Una vez lo entiendo, funciona todas las veces.

La maniobra es tan rara como suena y casi imposible de explicar si no te la enseña alguien, motivo por el cual Harty ofrece sus sesiones privadas por Skype. También requiere mucha práctica. Harty me dice que repita el método de Frenzel como mínimo trescientas veces al día durante la siguiente semana y que luego lo use durante mis sesiones de entrenamiento en la piscina. Antes de despedirse, me da un sabio consejo final.

—Recuerda: jamás en la vida bucees en apnea solo —me dice—. Tengo alumnos que se inscribieron en un curso, pero nunca se presentaron. ¿Sabes por qué? —Hace una pausa—. Porque murieron practicando solos. No lo hagas nunca.

Terminamos la llamada y yo salgo a pasear a mi perro por el parque y, durante todo el camino, aguanto la respiración y vomito aire dentro de mi cabeza.

La parte de mí que aún necesita entrenamiento para hacer frente a los rigores del buceo en apnea es la mente. Para mejorar en este aspecto le pido ayuda a Hanli Prinsloo, una exapneísta deportiva convertida en apneísta con mentalidad espiritual. Como les ha ocurrido a muchos excompetidores, Prinsloo no entró en razón hasta que estuvo al borde de la muerte.

—Sentí una irritación en la garganta —me cuenta Prinsloo—. Tosí y había gotitas de sangre.

Estoy sentado a una vieja mesa de madera con ella, dentro de un restaurante abarrotado en Kalk Bay, un antiguo pueblo de pescadores que ahora está de moda situado a unos 30 kilómetros al oeste del centro de Ciudad del Cabo, en Sudáfrica. Prinsloo, que vive en esa misma calle, lleva una chaqueta de plumas negra fina, vaqueros y unas botas de lana. Detrás de ella, hay una gran ventana, por la que veo los dorsos resbaladizos de ballenas francas australes encorvarse e impulsarse por debajo de una capa de océano gris. En cualquier otra parte, ver este espectáculo costaría un riñón, pero aquí las ballenas son algo tan habitual como ver perros por la playa, al menos en primavera. Prinsloo está en el centro del paisaje que contemplo, tomando sorbos de vino y riendo mientras describe cómo se hizo un desgarro en la laringe.

—Quería ver lo lejos que podía llegar mi cuerpo —dice—. Ya sabes, poner a prueba mis límites.

La inmersión que Prinsloo está describiendo tuvo lugar en agosto de 2011, un mes antes de que yo la conociera en el Campeonato Mundial de Apnea en Grecia. Estaba entrenando en Dahab, en Egipto, con su amiga Sara Campbell, antes de intentar batir el récord mundial femenino en la disciplina de apnea con peso constante. El récord femenino en esta modalidad era de sesenta y dos metros en ese momento; Prinsloo tenía previsto incrementarlo hasta los sesenta y cinco.

Durante meses, siguió un riguroso programa de entrenamiento: hacía inmersiones con los pulmones medio llenos hasta unos treinta y cinco metros varias veces al día, hacía yoga y hacía prácticas de aguantar la respiración en estático. Seguía una dieta crudivegana —nada de trigo, ni azúcar ni alcohol— para potenciar las reservas de oxígeno en sangre y reducir el exceso de mucosidad, que le dificultaría compensar la presión con rapidez a gran profundidad.

En su primera inmersión del día a modo de práctica, tomó una última bocanada de aire, inclinó el cuerpo, cerró los ojos y empezó a descender por la cuerda.

—Ya desde el principio tuve la sensación de que esa inmersión era distinta —dice—. Estaba agotada y tensa, no me sentía yo misma.

Prinsloo hizo caso omiso de las señales de alerta y se forzó a seguir descendiendo. A unos cuarenta metros, sintió una contracción en el estómago. Casi nunca sentía eso, y nunca en la bajada. Aún le quedaban más de sesenta metros por recorrer.

Prinsloo consiguió terminar la inmersión y volver a la superficie consciente. Expulsó el aire que tenía en los pulmones, tomó una gran bocanada y luego tosió. Le salieron gotitas de sangre por la boca. Se le había desgarrado la laringe debido a la presión.

En circunstancias normales, la laringe puede resistir la tensión de las profundidades extremas, pero solo si el cuerpo está relajado. Si el apneísta se tensa, los tejidos blandos pueden sufrir roturas y a veces se producen daños graves o permanentes, que en algunas ocasiones pueden ocasionar la muerte. Sara Campbell compartió con Prinsloo una predicción aciaga.

—Me dijo que me estaba mintiendo a mí misma. Era tan falsa conmigo misma que estaba empezando a hacerle daño a mi propio cuerpo.

Para Prinsloo aquello supuso un punto de inflexión.

Prinsloo renunció a su intento de superar el récord mundial y puso fin de forma oficial a sus trece años de carrera en la apnea deportiva. Dos meses antes de ir a Dahab, había viajado a Dharamsala, en India, y había vivido durante cinco semanas en un templo budista, donde meditaba doce horas al día, practicaba yoga, leía libros de filosofía y, en sus propias palabras, «se pasó un mes solo respirando». Al término de su estancia, redescubrió una «quietud» en su interior. Era la misma quietud que la había atraído al buceo en apnea quince años antes, pero que se había extraviado en su ambición de sumergirse cada vez más.

—En Dharamsala recordé que la importancia del buceo en apnea estaba en soltar —me dice—. Después de Dahab, volví a recordar que nunca puedes forzarte a sumergirte en el océano. Si lo haces —hace una pausa—, vas a perderte.

Pensaba quedarme seis días en Kalk Bay, con la esperanza de que el enfoque holístico de Prinsloo me ayudase a cruzar las puertas de las profundidades. Necesitaba algo.

Mi curso con Eric Pinon meses atrás me había dado todas las herramientas para bucear en apnea, pero aún no sabía cómo usarlas. Mi cabeza y mis oídos seguían doliéndome en inmersiones superficiales y, sin Pinon a mi lado, mis pensamientos daban paso a un miedo paralizante cuando sentía la presión de las aguas profundas por debajo de los seis metros. Luego imaginaba al instante los rostros desmayados de buceadores que vi en Grecia. Suena melodramático, lo sé, pero es cierto. Aquellos ojos muertos y aquellos cuellos hinchados eran imágenes potentes: algunas de las más atroces que he visto nunca. Se me aparecían de nuevo inevitablemente cada vez que me sumergía. Mis pensamientos empeoraban como una bola de nieve. Luego me imaginaba sufriendo un síncope, poniéndome morado. Perdía la concentración, sentía una tremenda necesidad de respirar y nadaba a toda velocidad hasta la superficie para tomar aire. En mi reloj de buceo se veía una triste marca de veinte segundos, y la mayor parte de ese tiempo lo había pasado con una terrible sensación de angustia.

Prinsloo es una experta mundial en el arte de soltar. El trabajo la mantiene ocupada. Me cuenta que el mes pasado la contrataron los Springbok Sevens, un equipo de rugbi de Ciudad del Cabo.

—A algunos de esos chicos les daba miedo el agua, ¡ni siquiera sabían nadar! —dice.

Al cabo de unas semanas, nadaban largos por debajo del agua.

—¿Puedes sujetarme esto un segundo? —me dice Prinsloo mientras me da una botella de agua de acero inoxidable.

Primera hora de la mañana del día siguiente. Voy de copiloto en la camioneta de Prinsloo, un ajado Toyota Hilux azul celeste al que llama afectuosamente Freya. Prinsloo está conduciendo a Freya a toda velocidad por un paisaje tolkieniano de acantilados verticales de ciento cincuenta metros y cubierto de arbustos junto a la orilla de un océano turquesa. Habla afrikáans por el móvil que sujeta con una mano, mientras conduce la camioneta por curvas cerradas con la otra y, entre respiraciones, habla conmigo en inglés.

—Madre mía, hace un montón que no me meto en el agua, ¡cómo me fastidia! —dice Prinsloo. Controla el volante con las rodillas durante un instante mientras le paso la botella de agua—. Seis días.

Espeta algunas palabras en afrikáans por el teléfono, se ríe y luego vuelve a la conversación conmigo.

—Pero, para mí, eso es una eternidad.

En el asiento trasero de la camioneta está el belga Jean-Marie Ghislain, de cincuenta y siete años, exejecutivo de una inmobiliaria, que dejó su trabajo hace seis años después de una experiencia transformadora nadando con tiburones. Ahora Ghislain dirige un programa de conservación sin ánimo de lucro llamado Shark Revolution y se pasa nueve meses al año viajando por el planeta fotografiando animales oceánicos y apneístas, a veces a ambos a la vez.

Durante el trayecto, Prinsloo comparte algunas máximas, una suerte de Diez Mandamientos del buceo a pulmón:

Bucear en apnea es algo más que aguantar la respiración, es un cambio de percepción.

No bajes pateando hasta las puertas de las profundidades; deslízate hacia allí con sigilo.

Nunca en la vida bucees solo.

Entra siempre al océano en paz contigo mismo y con tu entorno.

En el núcleo de esta lista está la coexistencia pacífica con el agua y sus habitantes, ya sean otros apneístas, focas, delfines, ballenas o incluso tiburones. Prinsloo demostró eso ayer en el Two Oceans Aquarium de Ciudad del Cabo cuando, para una foto publicitaria, se zambulló de cabeza en un acuario de casi dos mil metros cúbicos lleno de tiburones de dientes serrados. Los tiburones no la atacaron. Parecía que a la mayoría les traía sin cuidado que ella estuviera por allí. Los pocos tiburones que se interesaron por Prinsloo la dejaron nadar a su lado, casi como si la invitasen a unirse al grupo. Fue fascinante de observar, pero me puso los pelos de punta.

Prinsloo cree que mi miedo a los tiburones se suma a mi ya larga lista de inhibiciones ante el buceo a pulmón. Quizá tenga razón. En treinta años nadando en el océano Pacífico, he tenido algunas malas experiencias. He visto las marcas de los dientes de un tiburón blanco en la cabeza decapitada de una foca en la orilla de mi lugar favorito para surfear. He pasado el dedo por tablas de surf machacadas por mordidas de sesenta centímetros. He visto cicatrices a lo Frankenstein en el estómago de un surfista atacado por un tiburón tan solo días después de haber surfeado por la misma zona. He estado dos veces en la isla de La Reunión. Sí, sé que los tiburones son una parte esencial del ecosistema oceánico y, desde luego, no quiero que los maten. Pero tampoco tengo ningún interés en encontrármelos en estado salvaje.

Prinsloo cree que, si me enfrento a ese miedo, si nado con tiburones y los veo en persona, experimentaré el cambio de percepción del que no deja de hablar. Y ese cambio puede trasladarse también a mi «miedo irracional» a no ser capaz de respirar bajo el agua, a no ver la superficie. Todo ello forma parte del arte de soltar.

Treinta minutos después de ponernos en marcha, Prinsloo detiene la camioneta en Miller's Point, un lugar popular de buceo en apnea que también es el hogar de decenas de tiburones vaca de siete branquias. Los tiburones vaca, cuyo nombre se debe a sus ojos bovinos, grandes y de aspecto inocente, son considerados una especie tranquila y no propensa a atacar a los humanos (al menos, no a menudo).

Nos cambiamos, bajamos al agua y nadamos hacia el horizonte hasta que Freya es un puntito azul en medio de un paisaje de rocas. Debajo de nosotros, la luz de la mañana se abre paso entre columnas de algas para crear lo que parecen destellos entrecruzados en el agua verde reluciente. La visibilidad es buena para esas aguas, quizá de unos veinticinco metros.

—¿Lo ves? —dice Prinsloo al sacar la cabeza del agua.

Debajo de nosotros, pasa nadando un tiburón vaca del tamaño de un humano adulto, a unos seis metros por el fondo del océano. Prinsloo toma una bocanada de aire, se zambulle, se le acerca y nada a su lado. Una vez que está al mismo nivel que el animal, patea al ritmo de la aleta dorsal del tiburón. El animal da un giro pronunciado a la derecha; Prinsloo le sigue, esta vez un poco más de cerca. Luego el tiburón vuelve a girar a la derecha y dibuja un gran círculo. Menea con rapidez la aleta caudal de un lado a otro. Prinsloo y el tiburón están jugando el uno con el otro.

Al final, el tiburón se aleja nadando, pero llega otro pasados unos minutos, y la escena se repite. El proceso sigue durante una hora.

Finalmente, la curiosidad vence al miedo y tomo una bocanada de aire y me zambullo unos tres metros para juntarme con ellos. Los tiburones mantienen la distancia; los pongo nerviosos con mis movimientos estrambóticos y mis constantes y apresuradas ascensiones para tomar aire. Pero no se alejan. Al cabo de un rato, los tiburones y yo nos acercamos.

Debo admitir que estar con esos animales no me suscita un gran afecto hacia ellos, pero sí siento un poquitín de camaradería. Estamos compartiendo un territorio. Ellos pueden devorarme, pero no lo hacen. Yo podría observarlos desde una barca, pero estoy aquí abajo. Quizá todo esto forma parte de la vigilancia previa a hincar el diente. O quizá esa sensación se debe solo a mi «miedo irracional».

Unos minutos después, dejo de pensar en todo esto y sencillamente nado con los tiburones.

A lo largo de las siguientes semanas, trabajo con Prinsloo para desarrollar un régimen. Leo el libro *Curso de apnea*, una biblia del deporte de 362 páginas, de cabo a rabo. Rastreo internet y veo un sinfín de vídeos instructivos de YouTube y leo blogs sobre buceo en apnea. Practico y practico. Me digo a mí mismo y a Schnöller que estoy preparado.

Un mes después, estoy en el asiento del copiloto de un monovolumen blanco, en una carretera polvorienta y llena de baches en algún punto de la costa noreste de Sri Lanka. Son las nueve de la noche. Y brillan las estrellas.

—¿Seguro que es por aquí? —le pregunto a nuestro conductor.

Es un lugareño llamado Bobby; este no es su nombre real, pero así es como quiere que le llamemos. Bobby sacude la cabeza y me tranquiliza con una sonrisa. Es la misma sonrisa que empleó hace diez minutos cuando giró en el sitio equivocado y se metió en el jardín de una casa, la misma que me dedicó veinte minutos antes de eso cuando paró en seco el monovolumen en medio de una autovía de dos carriles, salió del vehículo a pesar del tráfico que se acercaba y cruzó la vía para preguntar a un hombre que iba en bici descalzo si íbamos en la dirección correcta.

—¿Bobby? ¿Seguro que es por aquí? —repito.

Y esa sonrisa.

Luego Bobby se detiene de golpe delante de una entrada. Gracias a los faros delanteros, parece que acabamos de entrar en un depósito de chatarra. Guy Gazzo, el apneísta de setenta y cuatro años de La Reunión, murmulla algo en francés en el asiento que hay detrás de mí. Gazzo está sentado al lado de Diderot Mauuary, un científico experto en acústica del norte de Francia. En un monovolumen blanco idéntico nos siguen Fabrice Schnöller y un equipo de grabación estadounidense.

Llevamos todos nosotros doce horas conduciendo por empinadas carreteras de montaña, junglas llenas de elefantes y pueblos polvorientos llenos de hombres en pantalones holgados que venden cacahuetes y guineos. Ahora vamos con un retraso de dos horas y todos estamos empezando a perder la paciencia.

—¿Bobby?

El conductor sale de esa entrada y gira a la izquierda. Esta carretera es más estrecha y tiene más baches. Los arbustos rascan las puertas. Los ojos de animales desconocidos brillan en medio de los cocoteros. Un perro ladra. Murciélagos del tamaño de una rata aletean y bajan en picado a pocos centímetros del parabrisas.

Minutos después, nos detenemos en un solar. A la derecha hay un edificio inquietante de hormigón rosado y de tres pisos. Una sola bombilla ilumina una mesa blanca de plástico que hay en la terraza, lo que da a la escena visos de un cuadro de Edward Hopper. Bobby suspira, saca la llave del contacto y sonríe. Hemos llegado a nuestro destino, dice: el hotel Pigeon Island View Guesthouse.

Yo estoy en la habitación 6, a la que se llega subiendo tres tramos de escaleras, cerca de la parte trasera del edificio. En una esquina de la habitación, al lado de una pared verde lima, hay una cama tan pequeña que las piernas me van a colgar por la mitad de las pantorrillas. En el techo, un ventilador pende precariamente de dos cables y sus aspas baten con torpeza como un helicóptero a punto de estrellarse. La red fucsia que cubre la cama se supone que evitará que entren moscas y mosquitos, pero no ha logrado mantener alejadas las pulgas, que dan brincos como palomitas encima de las sábanas y la funda de la almohada. Aquí es donde voy a dormir durante los próximos diez días.

Me he unido al equipo de DareWin en Trincomalee, un pueblecito aislado situado en la costa noreste de Sri Lanka, para nadar con cachalotes, los animales que se sumergen a mayor profundidad del mundo.

Los cachalotes pueden descender hasta los tres mil metros, pero estudiarlos a esas profundidades es imposible: pocos submarinos o ROV lo han logrado y, aunque accediesen a esos lugares, no verían nada. Allí no llega la luz del sol, y las luces artificiales de un submarino asustarían a los animales.

Al igual que con los tiburones y los delfines, la mejor forma —la única— de filmar y estudiar a los cachalotes es hacerlo cerca de la superficie.

Perseguir cachalotes y forzarlos a estar contigo nunca funciona: se asustan y se sumergen; se alejan nadando; o te atacan. Los cachalotes deben escoger venir hacia ti, y es más habitual que elijan a un apneísta que a una barca, a un submarinista o a un robot.

Lo que atrae los cachalotes a Sri Lanka es el cañón de Trincomalee, un desfiladero de 2.400 metros de profundidad que se extiende a lo largo de 40 kilómetros por el océano Índico, desde la punta septentrional del país hasta el puerto de Trincomalee. Los cachalotes vienen aquí para alimentarse de calamares de aguas profundas, socializar y aparearse durante sus migraciones anuales desde marzo hasta agosto. Llevan haciendo esto desde que se tiene memoria, y es probable que antes ya llevaran millones de años haciéndolo.

A diferencia de otros desfiladeros situados en aguas profundas y de otros lugares en los que se ven cachalotes, el cañón de Trincomalee está cerca de la costa, con lo cual es fácil hacer viajes para aproximarse a los animales durante el día y volver a tierra por la noche. Eso ahorrará al equipo tener que fletar una nave de investigación con instalaciones para pasar la noche, que puede costar miles de dólares al día. Pero el gran atractivo de la zona es que aquí no hay que conseguir permisos, no hay que evadir autoridades y no hay nada que nos impida bucear con los cachalotes. Porque aquí no hay nada de nada.

Durante la guerra civil de Sri Lanka, que se prolongó de 1983 a 2009, los separatistas, encabezados por los Tigres de Liberación de Tamil, se enfrentaron con el Ejército de Sri Lanka por el control de la costa noreste. Trincomalee era una zona de combate. Aquí venían pocos turistas; las pocas infraestructuras que había quedaron destruidas enseguida, y el área sufrió un golpe directo con el tsunami de 2004 en el océano Índico. El beneficio inesperado para la vida marítima fue que durante años en esa costa no hubo ninguna presencia humana significativa. Nunca han pasado cruceros por aquí y no hay un sector dedicado a la observación de cachalotes. En muchos sentidos, las aguas de Trincomalee tienen casi el mismo aspecto que tenían hace miles de años.

Hoy en día, es uno de los mejores lugares del mundo para ver y estudiar los cachalotes.

Venir aquí fue idea mía. Después de visitar a Prinsloo en Ciudad del Cabo, la puse en contacto con Schnöller, y los dos propusieron que fuésemos todos a Trincomalee para participar en una expedición con el fin de investigar los cachalotes buceando en apnea. Meses después, compramos los billetes e hicimos los preparativos del viaje. No sé cómo lo hemos logrado, pero a las nueve y media, tras días viajando en avión desde distintos puntos del planeta, estamos todos sentados en la terraza del Pigeon Island View Guesthouse. En un extremo de una de las mesas está el equipo de DareWin: Schnöller, Gazzo y Mauuary. En el otro, el equipo de Prinsloo. La apneísta ha traído a su nuevo novio, Peter Marshall, un hombretón acuático de metro ochenta y ocho que viene desde Los Ángeles. Marshall batió dos récords mundiales de natación en las pruebas de clasificación para los Juegos Olímpicos de 2008. A su lado está Ghislain. Él me cuenta que, después de conocernos en Ciudad del Cabo, se fue a Botsuana para nadar con cocodrilos. El viaje terminó después del primer día, cuando a un miembro del equipo le arrancaron un brazo de un mordisco.

En el grupo también hay tres miembros de un equipo de rodaje estadounidense que han venido aquí para grabar imágenes para un documental sobre el trabajo de Schnöller acerca de la comunicación por clics de los delfines y los cachalotes.

Esta semana se cumplen treinta años desde que otro equipo de grabación vino a Trincomalee y filmó las primeras imágenes de cachalotes en su hábitat natural. La película resultante, *Whales Weep Not* [Las ballenas no lloran], locutada por Jason Robards, se convirtió en un éxito internacional y fue uno de los factores que suscitó el movimiento Save the Whales.

Nuestro equipo tiene la esperanza de causar un efecto parecido captando las primeras imágenes en 3D en las que se vea interactuando a cachalotes y humanos buceando en apnea. Los científicos de DareWin utilizarán los datos sobre clics que recaben gracias a varios hidrófonos que han instalado en las cámaras para descifrar lo que creen que es el lenguaje de chasquidos de los cachalotes.

Pero, para que todo eso funcione, primero tenemos que encontrar algún cachalote.

Durante mi inmersión en el submarino de Stanley hasta setecientos sesenta metros, me sentí más alejado del mundo que conocía de lo que me había sentido nunca. Y los organismos gelatinosos, estrambóticos, sin ojos y sin cerebro que había en el fondo de la fosa de las Caimán parecían más alejados de la humanidad que cualquier cosa que hubiera podido imaginar.

Suponía que esa sensación de lejanía no haría más que intensificarse cuando explorase territorios más profundos. Me daba la sensación de que los cachalotes iban a reforzar esa hipótesis.

Esas criaturas no tienen nada que ver con nosotros. Pesan hasta 57.000 kilos y carecen de las extremidades y el vello de los mamíferos terrestres. Su interior es tan distinto del nuestro como el exterior. Los cachalotes tienen cuatro estómagos, un solo orificio nasal en la parte superior de la cabeza y un depósito de aceite de casi 1.140 litros que da a su enorme hocico su forma característica. Pueden aguantar la respiración hasta noventa minutos y sumergirse a profundidades de tres mil metros. Sin embargo, en dos aspectos relacionados y vitales —el lenguaje y la cultura—, los cachalotes se aproximan más a la cultura y al intelecto humanos que cualquier otro organismo del planeta.

«Es algo extraño. Sí, la analogía más cercana que podemos encontrar somos nosotros mismos», ha afirmado Hal Whitehead, un biólogo canadiense que lleva treinta años investigando los cachalotes. Whitehead se refería a las sofisticadas agrupaciones de cachalotes, a las que ha denominado «sociedades multiculturales». Dentro de esas comunidades, los cachalotes se comunican en dialectos y comparten conductas que se distinguen de las de otros cachalotes que viven cerca.

Cada sociedad de cachalotes está compuesta por unidades familiares de «jardines de infancia» con una estrecha relación. Cada una contiene entre diez y treinta hembras adultas y su descendencia masculina y femenina. A las crías no solo las educan sus madres, sino toda una agrupación matriarcal de parientas, que incluye a sus tías y abuelas. Las hembras permanecen en esas familias toda su vida, mientras que a los machos se les enseña a una edad temprana a ser más independientes. Cuando son adolescentes, los machos se unen a grupos, o pandillas, de otros machos y vagan por el océano buscando comida; y a veces pelea. Cuando sean adultos, los machos llevarán una vida independiente de soltero en los océanos Ártico y Antártico, y visitarán el ecuador —«para pasar las vacaciones de verano», ha dicho Whitehead— cada primavera con el fin de aparearse y socializar durante seis meses, pero luego regresarán a sus solitarios hogares invernales.

Los chasquidos de los cachalotes —que se emplean para la ecolocalización y la comunicación y pueden alcanzar los 236 decibelios bajo el agua— pueden oírse a varios cientos de kilómetros de distancia, y es posible que se oigan por todo el orbe. Los cachalotes son el animal más ruidoso del planeta.

En el aire, un sonido de 236 decibelios causaría un estruendo mayor que novecientos kilos de TNT explotando a sesenta metros de ti, y un ruido mucho mayor que un transbordador espacial despegando a setenta y cinco metros de distancia. De hecho, un sonido de 236 decibelios tiene tal intensidad que no puede existir en el aire. Por encima de los 194 decibelios, las ondas sonoras se convierten en ondas de presión.

Aunque los decibelios se usan para medir la intensidad del sonido tanto en el agua como en el aire, la intensidad del sonido en ambos medios difiere. Dicho de otro modo, un decibelio es una unidad de medida relativa. (Por ejemplo, un sonido de 80 decibelios será menos ruidoso en el agua que en el aire.) Pero esa distinción no hace que los clics de los cachalotes sean menos impresionantes o letales. Incluso bajo el agua, los chasquidos de esos animales son tan potentes que no solo podrían reventarle el tímpano a un humano desde decenas de metros de distancia, sino que, según calculan algunos científicos, podrían provocarle la muerte con las vibraciones.

El poder extraordinario de los clics permite a los cachalotes percibir una visión detalladísima de su entorno desde distancias muy lejanas. Pueden detectar un calamar de veinticinco centímetros de longitud desde una distancia de más de treinta metros y a un humano desde más de 1.600 metros. La ecolocalización de los cachalotes es la forma más precisa y potente de biosonar jamás descubierta.

El cerebro de los cachalotes, como sus clics, se distingue del de los seres humanos y al mismo tiempo sugiere que hay parecidos sorprendentes entre las dos especies.[1]

De un tamaño seis veces superior al cerebro humano y en muchos sentidos más complejo, el cerebro de los cachalotes es el mayor cerebro que haya existido nunca sobre la Tierra, por lo que sabemos hasta la fecha. El colículo inferior del cerebro de los cachalotes, que ayuda a percibir el dolor y los cambios de temperatura y sirve de itinerario auditivo de un área a otra del cerebro, es doce veces mayor que el de los humanos. Su lemnisco lateral, que procesa el sonido, es doscientas cincuenta veces superior al de una persona. El neocórtex, la parte del cerebro que, en los humanos, gobierna las funciones superiores como el pensamiento consciente, la planificación futura y el lenguaje, se calcula que es unas seis veces superior en el cerebro de los cachalotes que en el nuestro.

También es posible que los cachalotes tengan vidas emocionales que no difieran mucho de las nuestras. En 2006, unos investigadores de la Facultad de Medicina vinculada al hospital Monte Sinaí, en la ciudad de Nueva York, descubrieron que los cachalotes tenían neuronas en huso, las estructuras alargadas y altamente desarrolladas que los neurólogos asocian con el lenguaje y los sentimientos de compasión, amor, sufrimiento e intuición: los elementos que hacen que los humanos sean humanos.

Los cachalotes no solo tienen neuronas en huso, sino que cuentan con una concentración de estas células mucho mayor que los humanos. Los científicos creen que estas células se desarrollaron en los cachalotes más de quince millones de años antes de que lo hicieran en los humanos. En el ámbito de la evolución cerebral, quince millones de años es mucho tiempo.

«Para mí está clarísimo que esos animales son extremadamente inteligentes», dijo Patrick Hof, uno de los investigadores que hizo el descubrimiento.[2]

Es ese cerebro, en concreto el descomunal neocórtex y las neuronas en huso, lo que ha llevado a Schnöller y al equipo de DareWin a Sri Lanka.

Alguien que no sea científico podría decir que el amor, el sufrimiento y la compasión es aquello de lo que está hecha la poesía. Y nunca un poema ha visto la luz que no estuviera hecho con palabras o algo parecido.

Nuestras dos primeras salidas son un desastre. Los dos días, nos pasamos varias horas en dos barcas de pesca minúsculas sin sombra balanceándonos en el océano y no logramos ver ningún cachalote. El cámara del equipo de grabación se mareó el primer día y se negó a volver a navegar. Sin un cámara, y aún sin imágenes aprovechables, el director amenazó con cancelar el documental.

La noche del segundo día, me reúno con Schnöller en la terraza del segundo piso. Está allí sentado solo, con un halo de mosquitos. El rayo azul fluorescente de una linterna frontal ilumina una mesa llena de fundas subacuáticas para cámaras a medio montar. Detrás de él, la luna creciente está baja encima de un mar negro.

—Este es un trabajo muy duro, ya lo ves —dice mirando arriba mientras me siento a la mesa. Lleva una cinta para la cabeza con la bandera estadounidense y unas sandalias de Facebook falsas que compró en una tienda de productos de segunda mano de camino aquí, y tiene un aspecto tan ridículo como esta descripción lo presenta—. La investigación en el océano requiere paciencia, mucha paciencia, persistencia y es muy agotadora físicamente.

Schnöller creció en Gabón, en África occidental, hijo de un exteniente del Ejército francés que trabajaba para el entonces dictador Omar Bongo. La casa de la familia está situada debajo de las copas de árboles de mango en la orilla de una playa despoblada, lugar donde Schnöller pasó buena parte de su juventud.

Ya me había contado antes que recordaba ver cocodrilos que subían desde un río cercano hasta el porche de delante de su casa y comían del cuenco de comida para el perro. A veces, mientras la familia cenaba, mambas gigantes se deslizaban por entre los tablones de madera del techo y se dejaban caer en la mesa. El padre de Schnöller tenía una escopeta a mano y, al cabo de unos años, el techo estaba agujereado por los balazos.

Los fines de semana, Schnöller navegaba por la costa virgen gabonesa y acampaba en islas inexploradas. Aprendió a navegar a través de los muchos cambios de humor del océano, a no perder la calma en los momentos de crisis y a improvisar para resolver los problemas.

Schnöller sabe que el equipo de Prinsloo lo ha estado criticando y que el equipo de rodaje está a punto de irse, pero él no les hace caso.

—En estas investigaciones, no hay resultados rápidos —dice—. Por eso hay tan poca gente que se tome la molestia de hacerlo.

En realidad, añade a modo de corrección, *nadie* lo está haciendo.

De los veintipico científicos expertos en los cachalotes, ninguno bucea e interactúa con los animales que estudia. A Schnöller esto le parece inconcebible.

—¿Cómo puedes estudiar el comportamiento de los cachalotes sin verlos comportarse, sin verlos comunicarse? —Está convencido de que, para entender a los cachalotes, uno debe entender primero su comunicación, y, para entender su comunicación, uno tiene que entender su lenguaje, que según él se transmite mediante clics—. Esos patrones están muy estructurados; no son algo aleatorio —dice tomando un sorbo de cerveza.

Los cachalotes producen cuatro patrones de vocalización distintos: los clics normales, para rastrear presas a distancias de más de 1.600 metros; los chirridos, que suenan, a pesar de su nombre, como disparos de ametralladora, para orientarse hacia presas cercanas; las codas, los patrones que se utilizan durante las interacciones sociales; y los clics lentos, que nadie entiende del todo. Una teoría es que los machos utilizan los clics lentos para atraer a las hembras y asustar a los otros machos. Los clics son muy parecidos a los de los delfines, pero más complejos.

Los chasquidos de coda, en los que se centra el trabajo de Schnöller, se usan solo durante la socialización y son muy diferentes de los clics que se emplean como herramienta para la percepción y la navegación. El oído humano no los percibe como algo extraordinario, sino más bien como el tac-tac-tac de unas canicas que caen encima de una mesa de madera. Pero, cuando los clics se reproducen a menor velocidad y se observan en forma de onda acústica en un espectrograma, cada uno presenta una colección increíblemente compleja de clics más breves en su interior.

Dentro de esos chasquidos más breves hay unos clics más cortos todavía, y así sucesivamente. Cuanto mayor ha sido el grado de precisión con que Schnöller ha analizado el clic, más detalles han aparecido, los cuales se despliegan en la pantalla de su ordenador como una muñeca rusa.

Un clic normal dura entre veinticuatro milisegundos y setenta y dos milisegundos. Dentro de esos clics hay una serie de microclics, que a su vez están separados por microsegundos, y así sucesivamente. Todos esos clics diminutos que hay en el interior de una coda se transmiten a unas frecuencias muy específicas y características. Podría haber patrones de clics organizados aún más breves dentro de esos microclics, pero las máquinas de Schnöller —que registran a 96.000 hercios, la velocidad más alta disponible en la mayoría de los aparatos de audio actuales— no son lo bastante rápidas para procesarlos.

Schnöller me cuenta que los cachalotes pueden reproducir esos clics hasta el milisegundo y la frecuencia exacta, una y otra vez. También pueden controlar los intervalos de milisegundos de duración que hay dentro de los clics y reorganizarlos en distintas estructuras, del mismo modo en que un compositor podría revisar una escala de notas de un concierto para piano. Pero los cachalotes pueden hacer revisiones sofisticadas de sus patrones de chasquidos y luego los reproducen en un lapso de unas milésimas de segundo.

—Si lo piensas bien, el lenguaje humano es muy ineficiente, es muy propenso a los errores —dice Schnöller.

Los humanos empleamos fonemas —unidades básicas de sonido, como *ka*, *pu*, *a*, *te*— para crear palabras, frases y, en última instancia, significados. (La lengua inglesa tiene unos cuarenta y dos fonemas, que los hablantes combinan para crear decenas de miles de palabras.) A pesar de que por lo general podemos transmitir los fonemas con la claridad suficiente para que los demás nos entiendan, nunca podemos replicarlos del todo de la misma forma cada vez que hablamos. La frecuencia, el volumen y la claridad de la voz cambian todo el tiempo, de modo que la misma palabra pronunciada dos veces seguidas por la misma persona sonará, en general, de una manera perceptiblemente distinta y siempre va a presentar claras diferencias en un espectrograma. En el lenguaje humano, la comprensión se fundamenta en la proximidad: si enunciamos con la suficiente claridad, otro hablante del mismo idioma nos va a entender; si no acertamos una cantidad excesiva de vocales y consonantes o incluso si pronunciamos mal un idioma (pensemos en el francés o una lengua asiática tonal), entonces la comunicación se pierde.

Las investigaciones de Schnöller hacen pensar que los cachalotes no tienen ese problema. El uso de esos clics como forma de comunicación, cree él, no sería tanto como el lenguaje humano, sino como las transmisiones por fax, que funcionan enviando tonos con una duración de microsegundos por una línea telefónica hasta un receptor, que procesa esos tonos para formar palabras e imágenes. Tal vez no sea casualidad que un cardumen de cachalotes en proceso de socialización suene muy parecido a una transmisión por fax.

El lenguaje humano es analógico; el lenguaje de los cachalotes podría ser digital.[3]

—¿Por qué tienen un cerebro tan enorme, por qué esos patrones son tan constantes y están organizados a la perfección, si no son alguna forma de comunicación? —pregunta Schnöller de forma retórica. Añade que los cachalotes tienen más masa cerebral y más células en el cerebro para controlar el lenguaje que los humanos—. No sé, no sé, todo esto no son más que teorías, pero, aun así, cuando lo piensas bien, no tiene sentido que sea otra cosa.

Para ilustrar su argumento, Schnöller cuenta un encuentro que tuvo el año pasado con un grupo de cachalotes. El cardumen estaba formado por adultos y crías, que estaban pasando el rato en el agua, chasqueando y socializando, cuando Schnöller se les acercó con una cámara pegada a una tabla de *bodysurf*. Una cría nadó hacia él y le miró de cara, y luego se metió la cámara en la boca. De inmediato, un grupo de adultos lo rodearon y le lanzaron una lluvia de clics de coda. Segundos después, la cría dejó la cámara, se echó atrás y se colocó detrás de los adultos sin siquiera mirarlos. Para Schnöller, el joven cachalote parecía avergonzado.

—Le dieron el mensaje de que no se relacionase con nosotros —dice riendo—. Entonces supe que tenían que estar hablándole. Es que no hay otra opción.

Schnöller dice que también ha visto, en numerosas ocasiones, a dos cachalotes dirigiéndose chasquidos una y otra vez el uno al otro como si estuvieran en medio de una conversación. Ha visto otros cachalotes intercambiar clics y luego de repente desplazarse en la misma dirección. Ha observado un cachalote inclinar la cabeza con movimientos exagerados para ponerse cara a cara con otro individuo y pasarle un patrón de clics, luego girarse en otra dirección para ponerse de cara a otro cachalote y pasarle un patrón completamente distinto. A Schnöller, todo eso le parecieron actos comunicativos.

No obstante, ni Schnöller ni ninguna otra persona va a traducir el lenguaje de los cetáceos en un plazo breve. Es demasiado complicado, y tanto los recursos como el personal son demasiado escasos para estudiarlo con detenimiento. El equipo de DareWin ha venido aquí para recabar datos con la esperanza de demostrar solo que los cachalotes usan los clics como forma de comunicación. Grabarán el

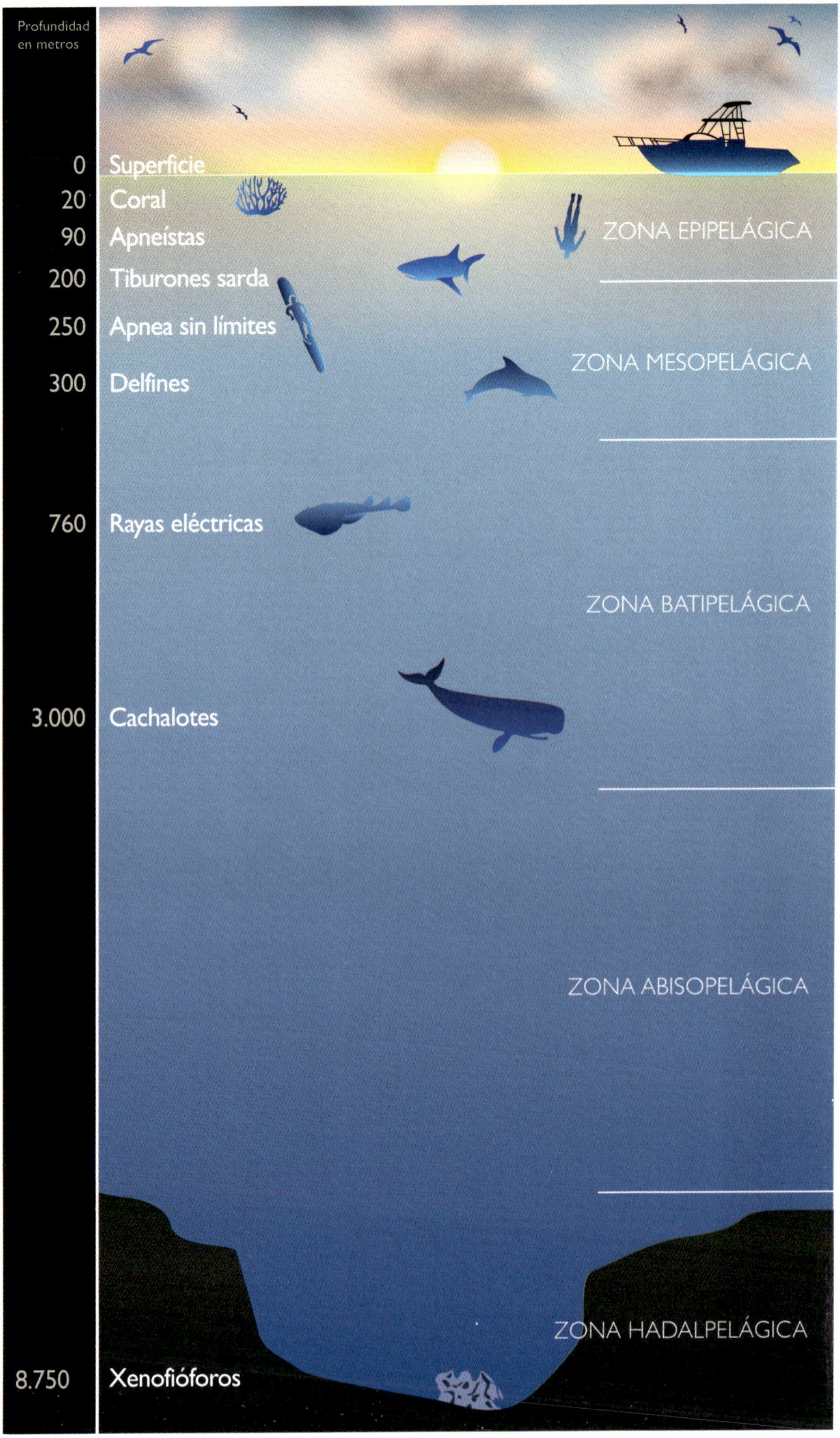

Ilustración de Josh Ceazan

Los cachalotes producen unos chasquidos que les permiten ver su mundo subacuático gracias a la ecolocalización, que usan a modo de sonar. El investigador aficionado Fabrice Schnöller cree que esos sonidos también podrían contener una suerte de lenguaje codificado. Construyó este artilugio casero formado por hidrófonos con sonido envolvente y cámaras de vídeo para estudiar mejor las vocalizaciones y el comportamiento de los cachalotes. Fred Buyle/Nektos.net

El ojo del cachalote: el cerebro de los cachalotes tiene un tamaño seis veces superior al nuestro y en muchos aspectos es más complejo. Según los conocimientos actuales, es el cerebro más grande que haya existido jamás, y la mayoría de los investigadores creen que permite a los cachalotes comunicarse de forma sofisticada. Schnöller y su equipo tienen la esperanza de ser los primeros en descifrar lo que dicen esos animales. Fred Buyle/Nektos.net

«Es como estar en el espacio exterior»: en las profundidades inferiores a unos doce metros, la gravedad se invierte. En lugar de empujarte hacia la superficie, te arrastra hacia abajo. Hanli Prinsloo, campeona de buceo en apnea y activista en defensa de los océanos, intenta caminar por la cuerda floja bajo el agua. Annelie Pompe/anneliepompe.com

Prinsloo se mete dentro de un grupo de tiburones de puntas negras. Cuando los investigadores apneístas se acercan a los tiburones «en sus propias condiciones» —es decir, a gran profundidad bajo la superficie del océano y sin la molestia del borboteo del equipamiento de submarinismo—, a menudo desaparece la amenaza de ataques. Los tiburones se vuelven curiosos o incluso dóciles. Jean-Marie Ghislain/ghislainjm.com

«Son unos gigantes amables»: los tiburones ballena no son ni tiburones ni ballenas, sino los peces más grandes del planeta. Pueden llegar a tener una longitud de más de doce metros y un peso de unas veintidós toneladas. Prinsloo nada justo enfrente de uno de esos animales mientras este se alimenta de plancton. Jean-Marie Ghislain/ghislainjm.com

Los delfines «pronuncian» su nombre de pila y su apellido cuando se acercan a otros delfines y, a veces, a apneístas humanos. Es posible que también se envíen entre ellos imágenes sonográficas, algo que los investigadores denominan «comunicación holográfica». Schnöller se zambulle para escucharlos de más cerca.

Olivier Borde

«Jane Goodall no estudió los simios desde un avión»: de los veintipico científicos expertos en los cachalotes que hacen investigación en este ámbito, ninguno bucea con los animales que estudia. A Schnöller (centro derecha de la imagen, con una cámara) esto le parece algo inconcebible. «¿Cómo puedes estudiar el comportamiento de los cachalotes sin ver cómo se comportan, sin verlos comunicarse?» Con su método de inmersión buceando en apnea, en cinco años Schnöller ha capturado más imágenes y ha hecho más grabaciones de audio de las interacciones de los cachalotes de las que nadie había hecho nunca. Fred Buyle/Nektos.net

La clave para acercarse a las ballenas y los delfines, dice Schnöller, es aproximarse de una forma tranquila y predecible. Con un poco de suerte, las ballenas jorobadas (que aparecen en la imagen), por lo general muy tímidas, se vuelven juguetonas. A veces, se acercan al buceador. Yann Oulia

«Estuvieron con nosotros tres horas»: un apneísta se acerca a una tintorera en esta imagen capturada por Fred Buyle, uno de los fotógrafos subacuáticos más buscados del mundo. Buyle se propone documentar la cara amable de lo que él llama «los animales más incomprendidos del planeta». Se calcula que todos los años se cazan veinte millones de tintoreras para preparar sopa de aleta de tiburón y para venderlas como pescado. Jean-Marie Ghislain/ghislainjm.com

El cuerpo humano en su forma natural (sin pesos ni trajes de neopreno) tiene la flotabilidad perfecta para bucear a gran profundidad. Somos capaces de flotar en la superficie y, aun así, podemos zambullirnos hasta grandes profundidades sin hacer un gran esfuerzo. De izquierda a derecha, el nadador Peter Marshall, Hanli Prinsloo y el autor del libro. Fred Buyle/Nektos.net

Al igual que en la superficie de la luna, en el fondo del mar la gravedad sigue existiendo por debajo de los doce metros, pero se reduce mucho. Pasear, hacer yoga o incluso practicar senderismo subacuático son actividades que uno puede hacer durante todo el tiempo que pueda aguantar la respiración. En la imagen, el apneísta canadiense William Winram da un paseo.
Fred Buyle/Nektos.net y williamwinram.com

mayor número de cachalotes socializando que puedan y luego establecerán una correlación entre los clics de coda y comportamientos específicos.

Eso es lo que está haciendo la estrambótica cápsula que tiene a los pies Schnöller. El aparato, llamado SeaX Sense 4-D, es una versión embellecida de un armazón para una cámara subacuática cubierto con doce minicámaras y cuatro hidrófonos, todos colocados en ángulos distintos. Con este artilugio, Schnöller puede grabar audio y vídeo en alta definición en todas las direcciones a la vez.

Schnöller me explica que los cachalotes, al igual que los delfines, es probable que procesen el sonido mediante un saco acústico que se encuentra en la mandíbula superior, en la punta de su enorme hocico y que, como el de los delfines, tenga miles de receptores para captar sonidos. Tener más receptores (en esencia, más orejas) permite al cachalote tener una visión mucho más amplia y precisa de su entorno. Al usar su hocico y los clics para la ecolocalización, un cachalote puede «ver» con claridad en todas las direcciones al mismo tiempo.

El SeaX Sense 4-D, dice Schnöller, «replica lo que los cachalotes ven y oyen» capturando vídeo en trescientos sesenta grados y audio con sonido envolvente. Otra cámara, más pequeña y en 3D, con solo dos hidrófonos, reproducirá la experiencia humana. Los datos de estas dos máquinas se introducirán en un programa informático que han creado los ingenieros de DareWin que puede identificar qué cachalote ha chasqueado, a qué otro individuo se lo ha hecho y en qué momento. Si un cachalote reacciona de una forma concreta al mismo patrón de clic, eso dará a entender que esos clics codifican cierta información. Entonces los investigadores trabajarán en la dirección contraria y analizarán esos clics para encontrar patrones e intentar desentrañar el vocabulario de los chasquidos.

No es la piedra de Rosetta, admite Schnöller, pero es un punto de partida. Nadie ha grabado nunca interacciones y comportamientos de cachalotes con unos aparatos tan precisos, porque antes no existían esos equipos. Schnöller construyó todos esos artilugios a partir de donativos y piezas sueltas.

Buceando a pulmón con esos aparatos, ha grabado veinte horas de interacciones de cachalotes de cerca: la colección más extensa y más detallada que existe en el mundo.

A las siete de la mañana del tercer día, llegan los capitanes de las barcas y vuelven a conducirnos a las «embarcaciones de investigación» que hemos fletado: dos barcas de pesca destartaladas con tablones de madera por asientos.

Los otros dos miembros del equipo de grabación y el equipo de DareWin irán en una barca; el equipo de Prinsloo irá en la otra. Yo alternaré entre ambas. El plan es zarpar juntos y alejarnos varios kilómetros de la costa hasta un punto del cañón de Trincomalee donde el fondo marino alcanza una profundidad de más de 1.800 metros. Desde allí, nos dividiremos y buscaremos cachalotes. En caso de que alguien de alguna de las barcas aviste alguno, alertará a la otra nave con el móvil. Luego rastrearemos a los cachalotes, esperaremos que se ralenticen o se detengan y nos meteremos en el agua con ellos. Si tenemos suerte, se nos acercarán e interactuarán con nosotros.

Cogemos nuestras cosas, nos apretamos en las barcas y zarpamos en dirección sur hacia el horizonte, con nuestras desvencijadas embarcaciones navegando bajas por el agua. Horas después, estamos a 32 kilómetros de la costa flotando en un mar en calma. Ni rastro de los cachalotes. Empiezo a ponerme de parte del equipo de rodaje: la expedición parece no llevar a parte alguna.

—Había muchos por aquí el año pasado —dice Prinsloo disculpándose. Está acurrucada en una sábana mojada de agua de mar y sudor, apoyada contra Peter Marshall. Los dos llevan una camiseta atada a la cabeza, de modo que solo se les ven los cristales de las gafas de sol—. No lo sé —se lamenta Prinsloo—. No sé qué ha ocurrido.

Ghislain se seca las palmas sudadas con su camiseta Abercrombie & Fitch azul claro. Emite un suspiro exagerado, bebe un poco de agua y se da la vuelta para contemplar el océano. Un minuto se convierte en una hora; una hora se convierte en dos. Miro mi reloj de buceo: el indicador de temperatura marca cuarenta y un grados. Incluso mis dedos están quemados por el sol.

Recuerdo cuando Schnöller me contó hace meses que ve delfines y cachalotes solo un 1 % del tiempo que dedica a buscarlos y que los graba un 1 % de ese 1 %. Ahora me preocupa que ese porcentaje sea en realidad mucho más bajo.

En los últimos catorce meses he descubierto que la investigación en aguas profundas no tiene tanto que ver con investigar los misterios del mar, sino con ver películas de Tom Cruise en un avión, cepillarse los dientes en los baños de una gasolinera, dormir en hoteles de mala muerte, tener diarrea, quitarte piel muerta de los hombros pelados, discutir, comer y cenar cruasanes secos, explicar a tus seres queridos que aún vas a tardar en volver a casa y estar sentado en una barquita navegando por encima de una fosa profunda en medio de la nada escribiendo frases como esta en un cuaderno mojado.

Pasa otra hora. Ni rastro de los cachalotes. Y allí estamos, observando, sudando y esperando...

Desde luego, la idea de organizar un encuentro pacífico con los cachalotes es un poco irónica, teniendo en cuenta la forma en que la humanidad ha tratado a esos animales durante siglos.

Según la leyenda, en 1712, un barco estadounidense capitaneado por Christopher Hussey estaba cazando ballenas francas delante de la costa sur de la isla de Nantucket cuando un temporal alejó la nave varios kilómetros al sur, donde ya no se veía la isla, hasta un área de aguas profundas en medio del océano Atlántico. Los tripulantes se esforzaron para recuperar el control del barco y estaban recolocando el mástil para poner rumbo de vuelta a la costa cuando vieron unas columnas de vapor que salían disparadas hacia arriba en unos ángulos raros desde la superficie del agua. Luego oyeron unas fuertes y pesadas exhalaciones. Habían dado con un cardumen de ballenas. Hussey ordenó a sus hombres que sacaran lanzas y arpones y que se las clavasen a la ballena más cercana al barco. Mataron al animal, lo ataron al lado de la nave, arreglaron el mástil y regresaron a Nantucket, donde dejaron el cuerpo de la ballena en una playa que daba al sur.[4]

Pero aquel animal no era una ballena franca. Hussey sabía que la boca de las ballenas francas estaba llena de barbas, unas tiras que parecen pelos y que se usan para filtrar kril y pequeños peces. La ballena que acababan de cazar tenía unos dientes enormes, de varios centímetros de longitud, y una sola fosa nasal sobre la cabeza. Los huesos de sus aletas guardaban un parecido espeluznante con los de una mano humana. Hussey y su tripulación abrieron la cabeza de la ballena y de ella salieron cientos de litros de un aceite espeso amarillento. Ese aceite debía de ser esperma, pensaron (equivocadamente); esa extraña ballena debía de llevar su «semilla» dentro de su descomunal cabeza. Hussey le dio el nombre de *spermaceti* —del griego *sperma* ('semilla') y del latín *cetus* ('ballena')—. Y se popularizó la versión inglesa del nombre: *sperm whale* ('ballena de esperma').

A partir de ese momento, los cachalotes lo tuvieron crudo.

A mediados del siglo XVII, la zona de Nantucket estaba llena de balleneros y el sector era boyante. El aceite de cachalote, la sustancia amarillenta que se extraía de la cabeza del animal, resultó ser un combustible eficiente y de combustión limpia para toda clase de elementos, desde farolas hasta faros. En su forma solidificada, permitía fabricar velas, productos cosméticos, lubricantes para máquinas y agentes impermeables de alta calidad. El aceite de cachalote fue un factor clave en la guerra de la Independencia de Estados Unidos.

En los años treinta del siglo XIX, había más de 350 barcos y 10.000 marineros cazando cachalotes. Veinte años después, esas cifras se habían doblado. Nantucket procesaba más de 5.000 cadáveres de cachalote al año y obtenía más de 45 millones de litros de aceite. (Un solo cachalote podía producir unos 1.900 litros o más de esperma; el aceite obtenido a partir de la grasa hervida podía producir casi el doble de esa cantidad.)

Pero cazar al depredador más grande del mundo no estaba exento de peligros.

Los cazadores de ballenas de los siglos XVIII y XIX eran víctimas de ataques de forma regular. El incidente más famoso tuvo lugar en 1820. El Essex, un ballenero de Nantucket, estaba frente a las costas de Sudamérica, con su tripulación cazando ballenas, cuando lo embistió dos veces un cachalote macho. El barco quedó destrozado. Un grupo de veinte hombres escapó en pequeños botes y fue navegando a la deriva por el océano.

Nueve semanas después, aún a la deriva, la tripulación estaba a punto de morir de hambre. Siguiendo las costumbres marítimas, los hombres echaron a suertes a quién se comerían. El elegido fue el primo del capitán, un chico de diecisiete años que se llamaba Owen Coffin. Coffin puso la cabeza en el lado de la barca; otro hombre apretó el gatillo de un arma. «Murió enseguida —escribió el capitán— y no quedó nada de él.»

Noventa y cinco días después, el bote fue rescatado. Había dos supervivientes: el capitán y el hombre que había apretado el gatillo. Ese relato horrible fue la base de la novela de Herman Melville *Moby Dick* y, más recientemente, del éxito de ventas en no ficción *En el corazón del mar*, de Nathaniel Philbrick.

A medida que en las proximidades de Nantucket descendió la cantidad de cachalotes y que los balleneros tuvieron que alejarse más para encontrar a esos animales, el coste del aceite se incrementó. Por otra parte, el geólogo canadiense Abraham Gesner inventó un método para destilar queroseno a partir del petróleo. Ese proceso producía una sustancia parecida al aceite de cachalote en cuanto a su calidad, pero mucho más barata. En los años sesenta del siglo XIX, el sector del aceite de cachalote se fue al traste.

Uno podría pensar que el descubrimiento del petróleo iba a suponer una sentencia de muerte para la caza de cachalotes, pero, en última instancia, ese nuevo combustible barato aceleraría la aniquilación de esos animales.

En los años veinte del siglo XX, los nuevos barcos propulsados con diésel podían procesar cuerpos de cachalotes tan deprisa y con tal facilidad que volvió a ser rentable cazar esos animales. El aceite de cachalote se convirtió en un ingrediente fundamental del líquido de frenos, de la cola y de los lubricantes. Se utilizaba para fabricar jabón, margarina y pintalabios y otros cosméticos. Los músculos y los intestinos de los cachalotes se machacaban y procesaban para crear comida para animales y cuerdas para raquetas de tenis. (Si tienes una raqueta de tenis de madera de alta calidad fabricada entre 1950 y 1970, es probable que las cuerdas estén hechas con tendón de cachalote.)

La caza de cachalotes se generalizó en todo el mundo. Entre los años treinta y los años ochenta, Japón mató 260.000 cachalotes: alrededor de un 20 % de la población total.[5]

Se calcula que a principios de los años setenta se había cazado un 60 % de la población de cachalotes de todos los mares y que la especie se acercaba a la extinción. Mientras que el mundo había perfeccionado su capacidad de cazar cachalotes, los propios animales seguían siendo un absoluto misterio. Nadie sabía cómo se comunicaban o socializaban; nadie sabía siquiera qué comían. Y nunca se les había grabado bajo el agua.

El documental *Whales Weep Not*, que en los años ochenta tuvo millones de espectadores, ofreció al público las primeras imágenes de cachalotes en su hábitat natural. Los cachalotes parecían algo distinto de la imagen que nos había llegado a través de la historia y la literatura. No eran bestias ariscas que devoraban barcas y hombres, sino seres amables, sociables e incluso hospitalarios. El movimiento internacional contra la caza de ballenas creció a lo largo de los primeros años ochenta y al final consiguió acabar con toda la caza comercial de ballenas en 1986.*

El aumento general del conocimiento de que la inteligencia y el comportamiento de los cachalotes se parecía al de los humanos no ha impedido que algunos países vuelvan a intentar cazarlos. En 2010, Japón, Islandia y Noruega han estado presionando la Comisión Ballenera Internacional para que levante su moratoria de treinta años a la caza de ballenas. Schnöller y otros investigadores prevén que la moratoria podría levantarse en 2016 y que la caza de cachalotes podría volver a legalizarse.

Los cachalotes tienen el índice de reproducción más bajo entre los mamíferos; las hembras paren una sola cría una vez entre cada cuatro y seis años. La población actual de cachalotes se calcula en unos 360.000 ejemplares, cuando había sido de unos 1,2 millones hace tan solo doscientos años, cantidad en la que es probable que se mantuviera durante decenas de miles de años antes de que los humanos empezaran a cazarlos. Nadie lo sabe a ciencia cierta, pero muchos investigadores temen que la población ha vuelto a descender de nuevo. La caza continuada podría hacer disminuir de forma significativa la población durante generaciones y podría terminar acercando los cachalotes otra vez a la extinción.

Si no erradican a los cachalotes los cazadores, podría hacerlo la contaminación. Desde los años veinte del siglo XX, los bifenilos policlorados (BPC), unas sustancias químicas carcinógenas que se emplean en la fabricación de produc-

* Aunque algunos países, como Japón y Corea, siguieron adelante con la práctica escudándose en el vacío legal de la «caza con fines científicos».

tos electrónicos, se han ido filtrando poco a poco en los océanos del planeta y, en algunas áreas, han alcanzado niveles tóxicos. Para que un animal sea procesado como alimento, debe contener menos de dos partes por millón de BPC. Cualquier animal que contenga cincuenta partes por millón de BPC debe, por ley, ser considerado residuo tóxico y debe desecharse en unas instalaciones adecuadas.

El doctor Roger Payne, activista en defensa de los océanos, analizó la vida marítima en busca de BPC y encontró que las orcas tenían cerca de 400 partes por millón de BPC: ocho veces el límite de toxicidad. Encontró belugas con 3.200 partes por millón de BPC y delfines hocico de botella con 6.800 partes por millón. Todos esos animales eran, en palabras de Payne, «lugares móviles del programa de limpieza medioambiental Superfund». Nadie sabe cuánta contaminación más (BPC, mercurio y otras sustancias químicas) podrán absorber las ballenas y otros animales oceánicos antes de empezar a desaparecer en masa.

Payne y otros investigadores señalan al delfín chino de río, un animal de agua dulce nativo del río Yangtsé, como un posible presagio del destino de los cachalotes. Considerada una de las especies de delfines más inteligentes, los delfines chinos de río se han extinguido en la práctica debido a la contaminación y a otras afectaciones antrópicas. (Según el último recuento, quedaban unos tres delfines chinos de río.)

Para Schnöller y sus homólogos, la investigación sobre los cetáceos es una carrera contrarreloj.[6]

De vuelta a la barca, pasa otra hora. Y otra. Compruebo el termómetro de mi reloj de buceo y veo que la temperatura ha subido a cuarenta y tres grados.

Luego, de repente, se oye a todo volumen un pitido electrónico desde la parte trasera de la embarcación. Es Schnöller, que llama al móvil de nuestro capitán. El equipo de DareWin acaba de avistar un cardumen de cachalotes cerca del puerto de Trincomalee. Schnöller dice que es probable que los animales hayan estado ahí todo el tiempo; solo que no estábamos lo bastante lejos para localizarlos. Están siguiendo al grupo despacio desde atrás, esperando que se presente la oportunidad de meterse en el agua.

El capitán arranca el motor y nos dirigimos hacia el sur. Al cabo de poco, estamos rodeados de cachalotes.

—¿Ves los chof? —dice Prinsloo señalando al este hacia el horizonte.

Salen disparadas desde la superficie una especie de nubecitas en forma de seta a un ángulo de cuarenta y cinco grados. Un cachalote tiene solo una fosa nasal externa, que está situada en el lado izquierdo de su cabeza y hace que sus espiraciones salgan con cierto ángulo. Esos soplos característicos pueden ascender cerca de tres metros y medio, y en los días despejados y sin viento, son visibles desde más de un kilómetro y medio.

—Parecen dientes de león, ¿verdad? —dice Prinsloo. A unos 275 metros a nuestra derecha, brota otro soplo—. Ponte las gafas —dice la apneísta—. Vamos al agua.

Nuestro equipo ha acordado que solo habría dos personas en el agua en un momento dado para evitar asustar a los cachalotes. Yo estoy en el primer turno. El capitán gira y se detiene en paralelo al grupo de animales para que estemos a unas decenas de metros delante de ellos.

—Nunca puedes perseguir a un cachalote —explica Prinsloo mientras se levanta de la sábana y coge sus aletas—. Siempre deben ser ellos quienes elijan venir hacia ti.

Si nos movemos despacio haciendo un movimiento previsible, justo delante de la trayectoria de los cachalotes, pueden ecolocalizar con facilidad la barca y sentirse cómodos con nuestra presencia. Si los inquietamos, tomarán una enorme bocanada y desaparecerán en las profundidades. Y no volveremos a verlos nunca.

Cuando la barca se acerca, los cachalotes aún no se han sumergido: buena señal. Prinsloo dice que no es un cardumen entero, solo una madre y una cría. Otra buena señal. Las crías sienten curiosidad cuando hay apneístas, y sus madres, según la experiencia de Prinsloo, las animan a investigar.

Los dos cachalotes están a ciento veinte metros de la barca cuando se frenan, casi hasta detenerse. Nuestro capitán para el motor. Prinsloo me hace un gesto con la cabeza; yo me pongo las aletas, las gafas y el tubo de esnórquel y nos sumergimos sin hacer ruido.

—Agárrame de la mano —me dice Prinsloo—. Y ahora, sígueme.

Mientras respiramos por los tubos de esnórquel con la cara un poco por debajo de la superficie, nadamos hacia los cachalotes. Hoy la visibilidad es mediana, de unos treinta metros. No podemos ver a los cachalotes bajo el agua, pero desde luego podemos oírlos. Los golpes se vuelven cada vez más intensos. Luego empiezan los chasquidos; el sonido se parece a una carta atascada en los radios en movimiento de una bicicleta. El agua comienza a vibrar.

Prinsloo tira de mi brazo intentando que me apresure. Saca la cabeza a la superficie por un momento y se para. Yo también saco la cabeza y veo un montículo a unos treinta metros delante de nosotros, como un sol negro alzándose en el horizonte. Los clics aumentan de volumen. El montículo vuelve a salir a la superficie y luego desaparece. Los cachalotes se van; no los vemos marcharse. Pero podemos oírlos bajo el agua, mientras sus golpes van atenuándose a medida que se alejan. Se calman las aguas, los clics se ralentizan como un reloj que se queda sin batería. Y ya no están.

Prinsloo levanta la cabeza y me mira de frente.

—Cachalote —me dice. Yo asiento con la cabeza, sonrío, me saco el tubo de esnórquel de la boca y empiezo a contarle lo increíble que ha sido la experiencia. Luego ella sacude la cabeza y señala detrás de mí—. No. Cachalote.

La madre y la cría han vuelto. Están detenidos y nos miran desde el otro lado, desde unos cuarenta y cinco metros. Empiezan de nuevo los chasquidos. Son más fuertes que antes. Por instinto, me dispongo a nadar hacia ellos, pero Prinsloo me agarra de la mano.

—No nades, no te muevas —me susurra—. Nos están observando.

Ahora los clics suenan como martillos hidráulicos sobre el asfalto. Esos clics son de ecolocalización; los cachalotes están escaneándonos por dentro y por fuera. Observamos desde la superficie como exhalan. Con una sacudida de las aletas, se lanzan hacia nosotros.

—Escucha —dice Prinsloo con urgencia. Me agarra por el hombro y me mira directamente—. Ahora debes mostrar que tienes buenas intenciones. Ellos pueden detectar tus intenciones.

Sé lo peligrosas que pueden ser las interacciones entre humanos y cachalotes, pero me esfuerzo para dejar el miedo a un lado, tranquilizarme y tener pensamientos positivos.

Por detrás de Prinsloo, los cachalotes se acercan, siseando y soplando vapor: dos locomotoras.

—Confía en este momento —dice ella. Los cachalotes están a treinta metros, luego a veinte. Prinsloo me agarra de la mano—. Confía en este momento —repite, y me arrastra a unos pocos metros por debajo de la superficie.

Una masa negra borrosa se materializa en la distancia y se va haciendo más grande y más oscura. Emergen detalles. Una aleta. Una boca abierta de par en par. Un trozo blanco. Un ojo, en la parte inferior de una cabeza hinchada, mira en nuestra dirección. La madre es del tamaño de un autobús escolar; la cría, de un autobús pequeño. Parecen masas de tierra, islas sumergidas. Prinsloo me aprieta la mano y yo le devuelvo el apretón.

Los cachalotes nos vienen de frente. Luego, unos diez metros antes de chocarse con nosotros, se apartan con suavidad hacia un lado y giran a la izquierda lánguidamente. El ritmo de los clics cambia; el agua se llena de unos sonidos que me parecen clics de coda. Creo que están identificándose. La cría flota justo delante de su madre, mece un poco la cabeza y nos mira fijamente sin pestañear. Tiene la boca con los extremos hacia arriba, como si sonriera. La madre tiene la misma expresión facial; es la que tienen todos los cachalotes.

Siguen mirándonos fijamente mientras pasan a escasos cuatro metros de nosotros, nos mandan una lluvia de chasquidos y luego se retiran poco a poco a las sombras. Los clics de coda se convierten en clics de ecolocalización, luego la ecolocalización se desvanece, y el océano, una vez más, se queda en silencio.

Recuerdo que Fred Buyle me contó la historia de un amigo suyo que estaba buceando en apnea en las Azores, las islas portuguesas situadas frente a la costa occidental de África, cuando se le acercó un cardumen de cachalotes hembra. Los animales lo inundaron de clics e interactuaron con él de forma apacible durante muchas horas. Luego se acercó un joven macho y, según Buyle, «es probable que se pusiera bastante celoso». El macho se dirigió hacia el amigo de Buyle y le disparó unos chasquidos lo bastante potentes para dejarlo aturdido. Consiguió volver a la superficie y subió trepando a la cubierta de la barca, donde experimentó un dolor debilitante en el estómago y el pecho. Tres horas después, se recuperó por completo y desde entonces no ha padecido ningún efecto negativo.

Schnöller me contó una historia parecida. Estaba buceando con cachalotes en 2011 cuando una cría curiosa se le acercó y empezó a darle golpecitos con el hocico. Schnöller usó la mano para empujar la cría hacia atrás y sintió una inmediata descarga de calor que le subió por el brazo. La energía de los clics que salían del hocico de la cría fue suficiente para paralizarle la mano durante las siguientes horas. Él también se recuperó.

Prinsloo y Ghislain también vivieron situaciones límite en Trincomalee el año pasado. Después de pasarse horas en el agua con un grupo de cachalotes, un macho se acercó a Ghislain a toda velocidad. Prinsloo hizo señas a Ghislain para que se apartase. Entonces el macho se giró, levantó su aleta de tres metros y medio por encima de la superficie, la volteó y pegó un golpe hacia abajo. De no haberse movido, Ghislain habría terminado con la cabeza aplastada.

Prinsloo y Ghislain me han dicho que es posible que el golpe de aleta fuera una interacción lúdica, sin intención de hacer daño. Pero, cuando estás dentro del agua con un animal que pesa quinientas veces más que tú y que tiene un tamaño diez veces superior, esos juegos pueden ser fatídicos.

Bucear en apnea era un acto de prudencia frente a accidentes como ese y una habilidad esencial al interactuar con cachalotes. Esos animales, sobre todo las crías, se entusiasman durante los encuentros con humanos y a veces pueden cargar contra los buceadores y ahogarlos. Ser capaz de sumergirse doce metros y permanecer allí durante un minuto hasta que haya pasado el cachalote puede significar la diferencia entre una experiencia que transforma tu vida y una que acaba con ella. El hecho es que nadie —ni Prinsloo, ni Schnöller, ni Buyle— saben a ciencia cierta lo arriesgados que son este tipo de encuentros. Hasta hace diez años, me ha contado Schnöller hace un rato, nadie nadaba entre cachalotes.

—Todo el mundo pensaba que era demasiado peligroso —me ha dicho.

Hoy en día, solo unos pocos buceadores lo intentan, y la mayoría han vivido situaciones en que se han salvado por los pelos.

Las universidades y las instituciones oceanográficas nunca dejarían que sus investigadores o estudiantes nadaran entre cachalotes. Y pocos querrían hacerlo.

Luke Rendell, investigador experto en cachalotes de la Universidad de Saint Andrews, en Escocia, me dijo en un correo electrónico que el método de investigación de Schnöller sonaba a «un montón de sandeces» y que era probable que fuera «una tapadera científica muy endeble para ir a nadar con cachalotes». Terminaba diciendo: «Soy perfectamente capaz de recabar datos sin bucear en apnea con los animales, gracias». En honor a la verdad, Rendell dijo que veía con buenos ojos que hubiera más investigadores en ese ámbito, pero creía que el sitio web de DareWin tenía un sospechoso aspecto pseudocientífico.

Schnöller se quita de encima esas críticas afirmando que son «una reacción científica normal» e insiste en que la mayoría de los investigadores no entienden su trabajo y los que sí lo entienden lo rechazan por carecer de rigor científico.

Pero nadie puede negar que el método de Schnöller, basado en el buceo en apnea, obtiene resultados.

En seis años de trabajo sin depender de instituciones, ha recogido más datos en vídeo y audio sobre la interacción con los cachalotes y se ha acercado más a esos animales de lo que lo ha hecho ningún científico institucional en décadas. Los investigadores que trabajan para alguna institución estudian la comunicación de los cachalotes grabando clics con un hidrófono desde la cubierta de una embarcación, sin saber nunca qué individuo está chasqueado y por qué. Uno de los programas de investigación sobre los cachalotes de mayor duración es el Dominica Sperm Whale Project, encabezado por Hal Whitehead. Este grupo estudia el comportamiento de los cachalotes, entre otras cosas, siguiendo cardúmenes y haciendo fotografías de aletas cuando los animales salen a tomar aire.

Mientras tanto, el año pasado Schnöller tuvo un encuentro cara a cara con cinco cachalotes que duró tres horas. Toda la zambullida se documentó en un vídeo en tres dimensiones y con audio en alta definición y es, hasta la fecha, la grabación más larga y más detallada de cachalotes que se haya hecho nunca.

Desde entonces, Schnöller ha hecho incursiones en la comunidad científica francesa y está colaborando con la prestigiosa científica cognitiva Fabienne Delfour y el experto en acústica Diderot Mauuary para elaborar el primer artículo científico de DareWin. Prevén publicarlo junto con Stan Kuczaj en una revista académica el año que viene.

—Todo eso será oficial, será todo científico —insiste Schnöller. Dice que no tiene la intención de subvertir el sistema científico (quiere trabajar en su seno), sencillamente intenta acelerar la recopilación de datos, que, en el nivel institucional, avanza a un ritmo lentísimo. Para Schnöller, y quizá para los cachalotes, ese ritmo puede resultar demasiado lento.

Sentado a la mesa de la terraza esta noche, aún con el placer posterior a mi primera zambullida con cachalotes, empiezo a compartir un poco su frustración.

En el breve encuentro que he tenido con Prinsloo, la madre y la cría no han dado la vuelta para escaparse de nosotros. Han vuelto para saludarnos. Mi interacción cara a cara con esos animales ha sido una de las experiencias más potentes de mi vida. He sentido un reconocimiento inmediato, una sensación directa e inefable de saber que estaba en presencia de algo extraordinariamente poderoso e inteligente. Esto, desde luego, no es una observación científica, sino emocional. Y, aun así, creo que es tan cierta y reveladora como cualquier hecho objetivo que podamos descubrir sobre esos animales. No puedes obtener algo así sentado en la cubierta de un barco y metiendo un robot en el agua. Para eso, tienes que meterte tú.

El cuarto día, el equipo de rodaje se marcha. El cámara que había sufrido un mareo intenso desde el primer día se ha negado a pasarse diez horas más navegando en una barca destartalada. El director, Emmanuel Vaughan-Lee, estaba agotado, y él y Schnöller no se llevaban bien.

«No me dijiste que sería tan duro», me dijo Vaughan-Lee cuando hablé con él esa mañana. Se estaba rascando las rodillas peladas y quemadas por el sol al lado de la mesa de la terraza. Yo le había avisado, y varias veces, pero era discutible. Él me dijo que había decidido recortar gastos y tomar el siguiente vuelo de regreso a San Francisco.

Se marchó demasiado pronto, por un día.

El equipo restante de siete personas, más el personal de a bordo contratado, nos apretujamos en una sola barca diseñada para la mitad de personas. Con el motor tosiendo y jadeando, ponemos rumbo al sur. Horas después, estamos a 24 kilómetros de la costa y merodeamos de nuevo por encima de las aguas profundas del cañón de Trincomalee. Schnöller mira su GPS y nos coloca cerca de donde vimos los cachalotes ayer.

—Apaga el motor, voy a tratar de escucharlos —dice.

Desde la proa de la barca, agarra un palo de escoba con un escurridor de pasta metálico enganchado en el extremo. Schnöller inserta un pequeño hidrófono en el centro del escurridor y mete el artilugio entero en el agua; luego se pone unos auriculares viejos.

Ese extraño aparato, que está conectado a un amplificador, funciona como una antena para localizar chasquidos de cachalotes. Girando el escurridor, Schnöller puede determinar de qué dirección proceden. La frecuencia y el volumen le dan una idea de la profundidad a la que podrían estar los animales.

—Venden aparatos de esos a instituciones por mil quinientos euros —dice riendo—. Yo he hecho el mío con chatarra y funciona igual de bien. —Click Research, una nueva empresa de productos oceanográficos que está creando, ofrecerá una versión que funciona tan bien como el modelo institucional por tan solo trescientos cincuenta dólares.

Schnöller me pone los auriculares y me pasa el palo de escoba.

—¿Qué oyes? —me pregunta. Le digo que oigo interferencias. Schnöller aprieta los auriculares para que queden cerrados sobre mis orejas—. Escucha bien. ¿Qué oyes?

Me coge el palo de escoba y hace girar el escurridor despacio por debajo de la superficie. Por entre las interferencias, empiezo a oír un ritmo sincopado, como unos remotos tambores tribales. Le digo a Schnöller que deje de mover el escurridor. En la barca, todo el mundo se queda callado. El ritmo acelera y se hace más agudo, los patrones se solapan. Lo que oigo no son tambores, obviamente, sino los clics de ecolocalización de unos cachalotes que están cazando en el cañón a algunos kilómetros por debajo de nuestra barca.

Schnöller me quita los auriculares y se los va pasando a toda la tripulación. Todo el mundo está fascinado. Un auxiliar de a bordo escucha un momento y luego le devuelve los auriculares a Schnöller. El hombre camina con cuidado hasta la proa y agarra un remo viejo de madera, luego lo zambulle en el agua y se lleva el extremo del mango al oído.

El auxiliar explica en un inglés chapurreado que así es como los pescadores de Sri Lanka solían localizar los cachalotes hace cientos de años. La ecolocalización de los cachalotes, incluso kilómetros por debajo de la superficie del océano, es lo bastante fuerte para hacer vibrar un metro y medio de madera y generar un chasquido audible. Hago la prueba del remo y oigo un tenue tic-tic-tic. Parece una señal de otro mundo, que, en cierto modo, es precisamente lo que es. Al escucharlo, me dan escalofríos.

Schnöller se pone los auriculares y gira el escurridor con destreza. Nos cuenta que, al ascender, los cachalotes dejarán de hacer clics de ecolocalización y empezarán a hacer codas. Escuchando esos cambios sutiles en los patrones de los chasquidos y el volumen y la nitidez de los clics, ha aprendido a predecir la ubicación y el momento en que los cachalotes saldrán a la superficie con una precisión asombrosa. Le pregunto: ¿con qué precisión? Y, a continuación, nos lo demuestra.

—Están a dos kilómetros en esa dirección —dice, señalando al oeste—. Están subiendo. Estarán aquí dentro de dos minutos. —Nos sentamos, mirando hacia el oeste—. Treinta segundos... —dice—. Se están desplazando hacia el este y... correcto...

En el momento exacto, un grupo de cinco cachalotes aparece en la superficie a unos cuatrocientos cincuenta metros de nuestra barca, cada uno expulsando un soplo magnífico. Schnöller sonríe, con obvio orgullo, se quita los auriculares y tira el escurridor y el palo de escoba a la proa. Le hago un «choca esos cinco». El capitán de la embarcación está perplejo.

—Venga —dice Schnöller—. ¿Quién quiere meterse en el agua?

Después de cenar, Schnöller, Gazzo y Ghislain están sentados alrededor de la mesa de la terraza y repasan las imágenes del día. Los vídeos son hipnotizantes. Cada uno de nosotros ha tenido breves encuentros con media docena de cachalotes distintos. Schnöller y Gazzo han grabado las interacciones en vídeo en 3D de alta definición. Schnöller dice que es la primera vez que se han documentado algunos de esos comportamientos desde tan cerca. Las imágenes más impresionantes, dice, son las de la zambullida que Guy Gazzo y yo hicimos en las primeras horas del día.

Un grupo de cinco cachalotes dio media vuelta y se acercó a nuestra barca. Schnöller me dijo que me pusiera las gafas y siguiera a Gazzo al agua, que llevaba la cámara en 3D. Al principio, los cachalotes se estaban alejando de la embarcación, pero, a medida que nosotros nos alejamos nadando, ellos cambiaron de dirección y vinieron a vernos cara a cara. A unos sesenta metros frente a nosotros, se alzó una sombra, que luego se dividió en dos formas: dos cachalotes enormes, de unos diez metros de longitud. Uno de ellos, un macho, vino directo hacia nosotros, pero luego, de forma inesperada, se giró de tal forma que nos enseñaba la barriga. No podíamos verle los ojos ni la parte superior de la cabeza. Al acercarse, se zambulló justo por debajo de nuestras aletas y soltó una rápida explosión de clics de coda tan potente que pude sentirla en el pecho y el cráneo. El macho, puesto aún del revés, soltó una columna de heces negras, como una cortina de humo, y desapareció. El encuentro entero duró menos de treinta segundos.

Schnöller pone el vídeo en el portátil y me lo enseña. Esta vez, sube el volumen de los altavoces.

—¿Oyes eso? —dice, y luego vuelve a ponerlo desde el principio varias veces. Yo escucho con atención. Los clics suenan estridentes y violentos, como fuego de ametralladora—. Esto no es una coda —dice Schnöller riéndose. Vuelve a ponerlo—. Y no te está hablando.

Lo que Gazzo y yo hemos oído y sentido era un chirrido —una secuencia de clics de ecolocalización que los cachalotes emplean cuando están centrando su atención en una presa. El animal se dio la vuelta para poder procesar los clics de ecolocalización con mayor facilidad en su mandíbula superior, al igual que un ser humano podría ladear la cabeza para centrarse en un sonido. Schnöller pone el vídeo una y otra vez más, sin dejar de reírse.

—¡Te estaba mirando para ver si te podía devorar! —me dice—. Por suerte para ti, supongo que no le has parecido muy apetecible.

Pero eso plantea una pregunta que tengo desde que nos montamos en las barcas. ¿Por qué no nos han comido? Sin lugar a dudas, somos una presa fácil.

Schnöller cree que, cuando los cachalotes ecolocalizan nuestros cuerpos, perciben que tenemos pelos, grandes pulmones y un gran cerebro: una combinación de características que no ven en el océano. Tal vez reconozcan que somos mamíferos como ellos, que tenemos la posibilidad de ser inteligentes. Si esta teoría es cierta, entonces los cachalotes son más listos que nosotros en un aspecto fundamental: ven las similitudes entre nuestras dos especies con mayor facilidad que nosotros.

Luego Schnöller busca otro archivo en su ordenador, un audio en bucle de diez segundos que ha grabado con los hidrófonos hoy por la mañana. Le da al *play*.

—¿Y bien?

Me mira. Yo le digo que lo único que oigo son clics remotos de ecolocalización, que suenan como emanaciones aleatorias de una caja rítmica. Él me dice que me ponga los auriculares, sube el volumen y me hace escuchar aquellos sonidos que recuerdan una enorme bomba estallando a varios kilómetros.

—Creo que esto es algo potente —dice. Le pregunto si el hidrófono tal vez chocó contra el lateral de la barca—. No, imposible —responde él—. Esto es algo importante. Te le prometo: esto es potente.

Con tal de aliviar las constantes disputas entre Prinsloo y Schnöller, decidimos fletar otra lancha motora para los próximos días. El equipo de Schnöller irá en una y el de Prinsloo en la otra. Yo voy a alternar entre las dos, empezando por la de Prinsloo.

Durante las horas libres, cuando no hay delfines ni cachalotes con los que bucear, paramos el motor, saltamos al agua y buceamos a pulmón. Prinsloo trae su flotador y su cuerda de entrenamiento y propone que hagamos algunos ejercicios de buceo en apnea a cierta profundidad.

—¿A qué profundidad quieres llegar? —me pregunta

sentada con las piernas cruzadas en la proa—. ¿Quince metros?

Sin dejarme tiempo para responder, agarra gafas y aletas, salta al agua y aleja el flotador unos tres metros y medio. Yo me pongo mi equipamiento y la sigo. Hoy las condiciones del agua son de una claridad perfecta, la visibilidad se extiende quizá unos sesenta metros. Incluso por debajo de eso, las profundidades no son negras y siniestras como lo eran en la gruta de las Cuarenta Brazas, sino azul morado. Observo a través de las gafas como Prinsloo ata un lastre al extremo de la cuerda y lo deja caer en el agua. Desde donde estoy flotando, parece la raíz de un árbol creciendo en unas imágenes aceleradas.

Marshall se pone el traje de buzo y nada al lado de Prinsloo; los dos hacen juntos las respiraciones preparatorias y luego se zambullen al unísono siguiendo la cuerda. Yo inicio mis respiraciones de preparación —«Inspirar uno, aguantar dos, espirar diez, aguantar dos»— y cierro los ojos, a la vez que intento calmar mis pensamientos y relajar el cuerpo. Me concentro pensando en las apneas estáticas que llevo haciendo en los últimos meses y trato de recordar lo fácil que era aguantar la respiración durante tres minutos y lo fácil que será aguantar la respiración solo un minuto mientras baje quince metros hasta el final de la cuerda y vuelva a la superficie.

Es mucho rato de automotivación, pero todos mis entrenadores me han dicho que ese animarse interno es fundamental: debo convencerme a mí mismo de que esta inmersión será sencilla y agradable. Bucear en apnea, como dijo William Trubridge, es una cuestión mental.

Cuando abro los ojos al cabo de unos minutos, estoy un poco mareado por todas esas respiraciones profundas y tengo una fuerte sensación de vértigo. Prinsloo y Marshall, cuyas diminutas siluetas nadan en círculos al final de la cuerda, parece que estén flotando en lo alto de un cielo sin nubes. La escena parece en todos los sentidos un reflejo del mundo de la superficie; no hay otras referencias —animales subacuáticos, un fondo marino o la parte inferior de una barca— para convencerme de lo contrario. Por suerte, tras meses de entrenamiento, estoy acostumbrándome a este tipo de desorientación. Me relajo y me dejo llevar.

Inspirar uno, aguantar dos, espirar diez, aguantar dos...

Empiezo mis diez exhalaciones finales. Mi mente vuelve al entrenamiento con Prinsloo en Ciudad del Cabo. Estábamos en una poza de agua dulce con otros cuatro alumnos practicando inmersiones profundas. Yo, una vez más, tenía dificultades para pasar de los seis metros. Volví a la superficie después de un intento doloroso a nueve metros cuando Prinsloo se me acercó desde el otro lado del flotador y me propuso que intentara la siguiente inmersión, la más profunda del día, con los ojos cerrados. Ese era un ejercicio de confianza, me dijo; tenía que confiar en ella y tenía que confiar en mí mismo. Yo pensé que era una idea terrible, pero no lo dije. De hecho no dije nada. Tomé aire, entorné los ojos, me zambullí y reaparecí en la superficie un minuto después habiendo completado la inmersión más profunda, más larga y más cómoda que había hecho nunca. Me había sumergido hasta unos doce metros sin sentir la menor incomodidad.

Ahora, con la mirada fija en el vacío azul del océano, observando a Prinsloo y a Marshall seis pisos por debajo de mí, intento recordar cómo me sentí al hacer aquella inmersión con los ojos cerrados. Entonces tomo una última bocanada y desciendo.

Tirando de la cuerda con la mano izquierda, me voy sumergiendo y, con la derecha, me tapo la nariz, llevo un soplo de aire del estómago a la cabeza, toso haciendo un sonido de T para que me entre aire en la boca y cierro la garganta con la epiglotis. Martilleo ese aire retenido para sacarlo de la garganta y llevarlo a los senos. Es la primera vez que uso el método de Frenzel bajo el agua. Y funciona a la perfección. Tras media docena de tirones, he superado los seis metros y voy bajando deprisa.

El tirar se vuelve más fácil cuanto más me sumerjo. Puedo sujetar con menos fuerza hasta el punto de que tiro de la cuerda solo con el pulgar y el índice de cada mano. Instantes después, suelto la cuerda del todo. Ni pateo ni tiro, pero sigo desplazándome hacia abajo. He alcanzado la flotabilidad neutra: la gravedad cero. Las puertas están abiertas. Pongo los brazos en los lados como un paracaidista y me preparo para adentrarme en las profundidades.

Primero, el chaleco del traje de neopreno empieza a apretar más. La sensación que tengo es como si hubieran envuelto mi pecho con film transparente. Los pulmones hacen presión hacia la garganta y el estómago se comprime un poco. Esto es el resultado de la presión que las profundidades del océano ejercen sobre mi exterior; esta presión también está dentro de mí, succionando mi cuerpo hacia dentro como un agujero negro.

La enorme bocanada que he tomado en la superficie ha desaparecido. No es que la haya expulsado; la he estado aguantando todo este rato. Pero ahora está comprimida a la mitad de su volumen, suficiente para que tire de los tejidos blandos de mis pulmones y mi garganta. Eso suena incómodo, pero no lo es. La sensación es inesperadamente cálida, como si alguien me hubiera envuelto con una sábana. Es la sensación que produce la vasoconstricción periférica, consecuencia de que fluya sangre oxigenada de mis brazos, piernas, manos y pies a mi torso.

Acabo de encender el Interruptor General.

Meses atrás, cuando estaba en Grecia, le pregunté a una apneísta deportiva qué sensación producía bucear a gran profundidad, tener 6.900 hectopascales presionando tu cuerpo. En ese momento, su respuesta me pareció de un misticismo estrafalario: dijo que era como si el océano la estuviera abrazando. Pero es justo como me siento, como si la masa más grande del planeta me diera un generoso estrujón.

Sigo deslizándome agua abajo. Noto una acumulación de presión en mis oídos, y es más dolorosa que cualquier otra que haya experimentado nunca. Me tapo la nariz con los dedos e intento compensar la presión, pero no puedo; el aire que tenía retenido en las cavidades sinusales, al igual que el resto de mi cuerpo, se ha reducido a la mitad de su volumen. También tengo la sensación de que mis pulmones están vacíos del todo, pero sé gracias a mi sesión formativa con Ted Harty que eso es una ilusión. Siguen conteniendo mucho aire que podré aprovechar.

Aunque he soltado la cuerda, en ningún momento me he desviado de ella, y ahora la agarro de nuevo con la mano izquierda para detener mi descenso, luego subo unos pocos metros para dejar que el aire vuelva a expandirse en mis senos y se alivie el dolor de oídos. Vuelvo a taparme la nariz con los dedos y saco otro poquito de aire de mis pulmones para llevarlo a la cabeza y luego lo reparto entre la nariz y los oídos. Los oídos se me abren con un pitido audible y luego se destapan. Suelto la cuerda, pateo con la aleta para reanudar el descenso y sigo sumergiéndome.

El lastre atado al extremo de la cuerda ve pasar todo mi cuerpo: mi pecho, mis piernas, mis pies y al fin mis aletas. Desciendo más o menos al mismo ritmo que una hoja planea por el aire. Delante de mí, ya no hay cuerda. Todas las direcciones brillan con la misma luz azul neón y se extienden hacia el infinito.

Una parte de mí quiere seguir bajando, continuar explorando este espacio desconocido. No siento que vaya a sufrir convulsiones, no tengo una necesidad acuciante de respirar, no tengo frío, ni siquiera una intensa sensación de estar bajo el agua. Pero sé que lo que estoy oyendo es la tentación de la apnea deportiva: *Go deeper* («Ve a mayor profundidad»), me dice. Y no es esa la clase de buceo en apnea que he venido a aprender aquí.

Me agarro de las rodillas haciéndome una bola y agito la aleta derecha para girar mi cuerpo en una voltereta a cámara lenta. El mundo se pone del revés y reaparece el vértigo que he experimentado en la superficie.

Ahora ya no parece que esté flotando en el extremo de la cuerda, sino cerniéndome desde arriba, preparándome para caer a tierra. Pateo para subir unos metros, agarro el lastre con la mano derecha y me quedo ahí colgado un instante.

Los primeros tirones requieren cierto esfuerzo; la fuerza de 90.000 kilos de agua me aprieta el cuerpo e intenta arrastrarme hacia abajo. Tras algunos tirones fuertes y unos cuantos empujones con las piernas, vuelvo a encontrarme en la zona de gravedad cero. Aquí tirar es mucho más fácil. El aire que se había desvanecido de mis pulmones y mi cabeza a más profundidad ahora regresa milagrosamente. Es como si me hinchasen el pecho con una bomba de aire. No hace falta compensar la presión de los oídos durante la ascensión; el aire que se expande dentro de mi cabeza lo hace de forma automática. Y puedo ascender tan deprisa como me apetezca. Mi cuerpo, como el de todos los humanos y el de la mayoría de los mamíferos, está adaptado especialmente para procesar el intercambio de oxígeno y nitrógeno que tiene lugar durante una inmersión profunda: un desencadenante del Interruptor General.

Ahora tiro de la cuerda con las dos manos y muevo las aletas con más fuerza. La misma mano invisible que me ha arrastrado a las profundidades ahora me eleva de vuelta a la superficie. Estoy ascendiendo al doble de la velocidad a la que he descendido. He alcanzado la zona de flotabilidad positiva.

Al acercarme al extremo superior de la cuerda, miro hacia el cielo y veo el brillo de la superficie del agua; el flotador y la parte inferior de la barca ahora están a menos de seis metros. El aire que tengo dentro de los pulmones se expande otro tercio. Es como si algo vivo intentase salir. Abro la boca, relajo la epiglotis en el interior de la garganta y sale de mi boca una nube de burbujas y vapor. Segundos después, mi cabeza sale a la atmósfera de la superficie y escupo gotitas de agua, respiro aire fresco y parpadeo ante la luz de la mañana, reluciente como la de una bombilla.

No hay rastro de enrojecimiento en mi cara; no siento temblores en el estómago; no tengo la necesidad de jadear; no me duelen los oídos, ni tengo palpitaciones en la cabeza ni ninguna sensación de mareo. No siento nada de dolor.

Marshall y Prinsloo están flotando a unos metros a mi lado. Prinsloo me ha estado observando durante toda la inmersión. No me dice nada; ni me felicita ni me pregunta hasta qué profundidad he buceado. Ni siquiera reconoce que me ha estado vigilando durante la inmersión. Aquí no se presume ni hay jueces a los que impresionar. Esto no es una competición.

Sin decir palabra, los tres hacemos las respiraciones preparatorias, nos inclinamos y entonces, los tres juntos, volvemos a sumergirnos hasta cruzar las puertas de las profundidades.

-10.930

Tiene que pasar mucho tiempo para que uno se convierta en sedimento marino. Primero tienes que morir, luego tienen que devorarte y excretarte, luego otro organismo tiene que comerse esos excrementos, luego otro animal tiene que comerse el organismo que se haya comido los excrementos, etcétera. Este ciclo se repetirá hasta que lo único que queda de ti sean algunos millones de moléculas esparcidos como una constelación de estrellas por los océanos del mundo. Y, llegados a este punto, aún tienen que pasar varios miles de años hasta que te conviertas en sedimento.

En algún punto de este camino, uno de esos cachitos minúsculos de ti se apartará del ciclo alimenticio y será arrastrado hasta unas aguas más profundas. Durante ese descenso, vas a estar rodeado de fitoplancton, que te degradará hasta convertirte en pedacitos aún más pequeños. Cuando ese fitoplancton muera al cabo de unos días, el último cachito de lo que quede de ti —algún cúmulo de moléculas— irá a la deriva en el interior de los esqueletos microscópicos. Esos esqueletos se unirán a billones de otros esqueletos diminutos para formar una tormenta de nieve infinita de detritus que irán descendiendo hasta aguas más profundas.

La mayoría de esas partículas ya se habrán reciclado

cuando lleguen a los tres mil metros. Solo una pequeña parte del 1 % llegará al fondo del mar, por debajo de los seis mil metros, una profundidad tan oscura y aciaga que los científicos han denominado zona hadal, adjetivo derivado de la palabra griega *Hades*, el infierno.

Pero ahora viene lo difícil. Para convertirte en sedimento, esos últimos pedacitos pequeñitos de ti deben permanecer en el fondo del océano, intactos, y solidificarse a lo largo de cientos, miles o incluso millones de años.

Ese sedimento de esqueletos microscópicos tapiza más de la mitad del fondo de los océanos. Hace miles de millones de años, cuando el océano cubría el planeta, los sedimentos formaban una capa en lo que ahora es tierra. Si miras a tu alrededor, verás sus restos por todas partes. Las pirámides de Guiza se construyeron con caliza, una roca compuesta de sedimentos. El Palacio de Westminster, en Londres, y el Empire State Building también se construyeron a partir de caliza. La acera de hormigón que hay delante de tu casa está llena de sedimentos. Es probable que te hayas cepillado los dientes con sedimentos esta mañana. (Esa sustancia blanca del dentífrico está hecha de carbonato de calcio, un compuesto blanquecino que contiene antiguos esqueletos de fitoplancton.) El silicio de los chips informáticos que hacen funcionar los libros electrónicos con que algunos de vosotros estáis leyendo estas palabras proviene de las mismas microscópicas cáscaras silíceas que se sedimentaron en el fondo del mar hace millones de años. Nuestro mundo está construido sobre unos cimientos de huesos microscópicos.

Doug Bartlett, un hombre larguirucho con gafas redondas y ojos amables, lo sabe todo de los sedimentos. Ahora mismo me está señalando un poco de esa sustancia: está en una muestra de agua de mar que Bartlett guarda dentro de un tubo de acero inoxidable presurizado. Bartlett investiga la genética microbiana marina en la Institución de Oceanografía Scripps, con sede en La Jolla, en California. Lleva veinticinco años estudiando los sedimentos y se ha pasado una década recogiendo muestras.

Estamos en una cámara frigorífica que hay justo al final del pasillo que sale de su despacho, un almacén que contiene decenas de tubos con muestras de agua de los océanos más profundos del planeta. Dentro de estos tubos hay fitoplancton y microbios que algún día se convertirán en sedimentos. Cada tubo se mantiene a la presión de la profundidad a la que se tomó la muestra, que en algunos casos es de más de un millón de hectopascales. Esto permite a Bartlett y a su equipo estudiar los microbios en su forma original, en su entorno natural y, en algunos casos, crear cultivos microbianos, una sustancia parecida a un yogur de las profundidades marinas.

—Somos como astrónomos que observan los cielos y ven millones de estrellas —dice Bartlett—. En lugar de telescopios, utilizamos microscopios y vemos miles de millones de formas de vida microbiana.

Me cuenta que hay más diversidad entre los microbios que en cualquier otra forma de vida y que las profundidades de los océanos albergan mayor diversidad de microbios que cualquier otro entorno del planeta. Estudiando esos microbios, Bartlett y su equipo tienen la esperanza de descubrir cómo se pudo formar la Tierra hace miles de millones de años, dónde empezó la vida en el planeta y, quizá, en qué dirección podría evolucionar la vida en un futuro.

Estas preguntas son difíciles, pero las dificulta más aún la ubicación de las respuestas: a una profundidad de entre 6.000 y 10.930 metros. Esta es la profundidad de la zona hadal, la región oceánica de mayor hondura del mundo y el lugar en el que Bartlett recolecta sus muestras más valiosas. Para llegar a esos lugares, Bartlett y su equipo han construido unos robots no tripulados, llamados *landers* («aterrizadores»), que envían al fondo marino para que succionen agua y la guarden en recipientes presurizados, recojan muestras y tal vez capturen algunos animales nunca vistos. Hundir un *lander* en las aguas profundas es relativamente sencillo. Lo dejas caer y la gravedad se ocupa del resto. El problema está en volver a subirlo. A diferencia de los ROV, las batisferas y otras embarcaciones para explorar las profundidades, los *landers* no están anclados a un barco de apoyo y no llevan motores. Por el contrario, utilizan un sistema casi pintoresco de pesos y sacos de aire.

El *lander* que están preparando los ingenieros de Bartlett fuera de su despacho para una expedición inminente tiene una plataforma de casi veintitrés kilos de pesos muertos atada a su parte inferior que lo arrastrará hasta el fondo del mar. Cuando el *lander* alcance el fondo del océano, los ingenieros mandarán una señal acústica desde un maletín de cubierta (en esencia, un sonar) que le dará la orden de succionar agua y verterla en un recipiente presurizado. Bartlett no sabrá en qué punto el *lander* tocó el fondo marino ni qué muestras habrá recogido hasta que lo recupere cuando el aparato vuelva a su embarcación. Estos robots van a ciegas.

Más o menos una hora después de recoger las muestras, los ingenieros ordenarán al *lander* que suelte la plataforma con peso, lo que hará que regrese a la superficie. Un radiotransmisor instalado en un costado enviará las coordenadas a una nave de recuperación. La embarcación se desplazará hacia la ubicación de las coordenadas al tiempo que supervisará las aguas que tenga debajo. Unas balizas parpadeantes ayudarán a localizar el *lander* si sale a flote por la noche.

Así es, por lo menos, como se supone que será el proceso. La investigación con *landers* es un método relativamente nuevo y solo media docena de científicos hacen este tipo de labores en la zona hadal. Siempre hay cosas que salen mal. En la década que Bartlett lleva recolectando muestras, ha visto como se le estropeaban, se le averiaban y se le perdían *landers*. Y, en algunos casos, todo a la vez.

La investigación en la zona hadal es más complicada todavía por el hecho de que la mayor parte de los océanos más profundos del planeta están situados a cientos de kilómetros de la tierra firme, a menudo frente a la costa de países lejanos. Enviar un contenedor lleno de miles de kilos de esa sustancia al otro extremo del océano hasta un puerto destartalado de Guam o México (algo que Bartlett ha hecho en numerosas ocasiones) es una pesadilla logística y algo muy caro. Además, deben contabilizarse los días que hay que permanecer en el mar hasta alcanzar las aguas profundas, un viaje que puede costar decenas de miles de dólares por el combustible y las tarifas del flete de las embarcaciones.

Cuando se tiene en cuenta todo eso, uno empieza a entender por qué son tan pocos los científicos —y ni un solo investigador que actúe por su cuenta— que hacen investigación en la zona hadal. Ningún científico aficionado tiene esa cantidad de dinero. La mayoría de las universidades e instituciones de investigación tampoco. Bartlett es uno de los microbiólogos expertos en el fondo marino más respetados del mundo y trabaja en una de las instituciones oceanográficas de mayor prestigio. Y, aun así, él y su equipo solo consiguen salir a investigar en el «laboratorio» una vez al año, si tienen suerte.

Yo pude ver de primera mano lo difícil que es llevar a cabo una investigación en la zona hadal. Durante una entrevista por teléfono, Bartlett mencionó que le interesaba volver al abismo de la Sirena, una depresión que se hunde más de 10.500 metros en la fosa de las Marianas, la más profunda del mundo. Él me propuso que le acompañara. Luego propuso que ayudase a organizar el viaje. Reservamos algunas fechas en verano y empecé a hacer llamadas.

La ventaja de ir al abismo de la Sirena, dijo Bartlett, es que está situada a tan solo 145 kilómetros al sur de la isla de Guam, en el norte del Pacífico, que está situada «solo» a quince horas de avión de California, donde vivimos. La desventaja, como supe poco después, es que Guam es un territorio estadounidense, lo que significa que todas las naves que toman tierra allí deben cumplir la legislación marítima de Estados Unidos. Y eso hace que fletar un barco de investigación sea casi imposible. En una semana, había generado una factura considerable de llamadas internacionales. Hablé con todos los jefes portuarios de Guam para encontrar una embarcación que pudiera hacer el viaje de forma legal.

La mayoría de las barcas de pesca con un tamaño suficiente para transportar los *landers* y nuestra tripulación de cinco personas no tenían la capacidad de combustible o instalaciones para alojarse: las pocas que cumplían los requisitos tenían prohibido llevar a civiles a más de 30 kilómetros de la costa en virtud de la legislación estadounidense. Los barcos comerciales, como los remolcadores, tenían la capacidad y la autorización necesarias, pero su coste era prohibitivo. Un capitán me mandó un presupuesto de 80.000 dólares por un flete de dos días: unas diez veces lo que permitía el presupuesto de Bartlett.

Así pues, fue un éxito inesperado que, en octubre de

2014, solo cuatro meses antes de la publicación de este libro en tapa dura, Bartlett volviese a ponerse en contacto conmigo. Él y su equipo habían conseguido al fin organizar una expedición de una semana a la fosa de las Marianas, el punto más profundo de los océanos del planeta. Y había una cama libre en la nave.

Su plan era el siguiente: desplegar *landers* que pudieran extraer muestras de agua, microbios y otras formas de vida desconocidas hasta ese momento. También intentarían hacer grabaciones de audio en alta definición en la fosa para entender cómo los animales podían usar el sonido para cazar, aparearse y tal vez comunicarse en ese entorno negro y de elevadísima presión. Sería hacer investigación puntera a una profundidad mil quinientos metros superior a la altitud del Everest.

Y, lo mejor de todo, la expedición tendría lugar a bordo del buque oceanográfico Falkor, una embarcación científica alemana de ochenta y tres metros de eslora propiedad del Schmidt Ocean Institute, una institución de investigación oceanográfica fundada por el director ejecutivo de Google Eric Schmidt y su esposa, Wendy. El Falkor no solo es uno de los barcos de investigación más avanzados tecnológicamente para explorar las profundidades, también es uno de los más lujosos. Atrás quedaban los días de cruasanes secos y gaseosa barata caliente en barcas de pesca desvencijadas, las camas infantiles infestadas de pulgas y la piel quemada por el sol. Viajaría en el Queen Mary 2 de los barcos de investigación científica, un Club Med flotante para oceanógrafos.

El día después de hablar con Bartlett, compré un billete de avión de Buenos Aires, donde estuve viviendo un mes, a Hagåtña, en Guam, a unos 16.000 kilómetros en dirección noroeste a través del Pacífico, donde desembarcaría el

Falkor. Sería mi último chapuzón a las profundidades, esta vez hasta el punto natural más profundo del planeta.

Imagina que estás mirando las montañas más altas del mundo en un mapa topográfico tridimensional. Ves cordilleras en todos los continentes: el Everest y el K2 en la cordillera del Himalaya, el Kilimanjaro en la costa oriental de África, el Mont Blanc en los Alpes franceses, el monte McKinley, en la cordillera de Alaska, etcétera. Ahora imagina que das la vuelta al mapa y miras todas esas montañas altísimas desde abajo. Ves que los picos más altos del mundo se han convertido de repente en las fosas más profundas del planeta. Así es el fondo de los océanos, y esas fosas profundas que salpican el fondo marino es lo que los científicos denominan zona hadal.

Las fosas de la zona hadal, al igual que las montañas más altas del mundo, están esparcidas por todo el planeta, separadas cientos, a veces miles, de kilómetros. Dicho de otro modo, la zona hadal no es un área continua. Lo que esas zonas discretas tienen en común, y lo que permite clasificarlas en una sola zona, es que están situadas a una profundidad de entre 6.000 y 10.930 metros.

A esas profundidades, la presión es entre 600 y 1.050 veces superior que en la superficie. Si pudieras bajar nadando hasta allí —que no podrías—, sentirías más o menos lo mismo que si tuvieras que aguantar la torre Eiffel encima de tu cabeza. Y luego está la temperatura, que apenas supera los cero grados. No hay luz, por supuesto, e incluso el oxígeno es escaso.

A pesar de que ninguno de los elementos clave típicos para que exista la vida —luz del sol, oxígeno, calor— está presente en esas aguas, de algún modo la vida persiste.

En 2011, Bartlett y un equipo de investigadores hundió un *lander* equipado con luces y cámaras de vídeo en el abismo de la Sirena hasta una profundidad de 10.668 metros. Esperaban ver camarones de aguas profundas, quizá algunas rocas y un poco de sedimento. Pero lo que descubrieron fue una congregación de amebas gigantes del tamaño del puño de un hombre grande arraigadas en el fondo marino, cada una cubierta de una capa de apéndices con volantes que parecían los pliegues de una camisa de fiesta de los años setenta.

Esos organismos, llamados xenofióforos, tenían un diámetro de más diez centímetros y, aun así, cada uno era una sola célula. Los xenofióforos no tienen cerebro ni sistema nervioso, pero eran capaces de aparearse y alimentarse entre los depósitos de detritus de hace millones de años, al parecer sin que les afectase el millón de hectopascales de presión que pesaban sobre su cuerpo. Para hacer la escena aún más estrambótica, a la mitad del vídeo, pasaba nadando perezosamente una medusa, la que se ha encontrado a mayor profundidad de la historia.

Bartlett había descubierto la especie más grande del mundo de organismos unicelulares, que habitaba en el océano más profundo del planeta.

Un año después, en 2012, un grupo de investigadores de la zona hadal de la Universidad de Aberdeen, en Escocia, soltó una trampa de metal a una profundidad de 6.705 metros en la fosa de Kermadec, la segunda más honda del mundo, que está situada frente a la costa de Nueva Zelanda. Al cabo de unas horas, extrajeron del mar un camarón albino del tamaño de un gato doméstico.

Cuatro años antes, ese mismo grupo de investigación había descubierto bancos de peces de varias decenas de centímetros, llamados peces babosos, a profundidades inferiores a los 7.620 metros. Aquellos peces tenían unas aletas en forma de alas de pájaro y, en lugar de ojos, utilizaban unos sensores de vibración ubicados en su cabeza para orientarse.

Hasta hace muy poco, los científicos pensaban que la zona hadal era un desierto. Los pocos animales que vivían allí abajo se suponía que eran viscosos, flacuchos, pequeños e inactivos, como los que habitan las aguas más superficiales. Pero los peces babosos eran rechonchos y de aspecto feliz, y nadaban con brío por el fondo marino, interactuando entre ellos como si fueran miembros de la misma familia.

Nadie esperaba tal profusión de vida porque nadie había echado un vistazo a esos lugares; las tecnologías que Bartlett y el equipo de la Universidad de Aberdeen usaban eran nuevas y cada uno de los *landers* se había diseñado para su misión en particular.

En el momento de escribir este libro, los científicos han descubierto por lo menos setecientas especies animales únicas en la zona hadal. Se calcula que el 56 % de esos animales son especies endémicas de las aguas hadales, lo que significa que es probable que no vivan en ninguna otra parte del océano. Además, solo un 3 % de esos animales endémicos de las zonas hadales se han encontrado también en otras áreas hadales.

Lo que esos hallazgos invitan a pensar es que cada una de las zonas hadales que existen en el fondo oceánico podría tener sus propias formas de vida características. Y esas formas de vida podrían haber seguido un camino evolutivo propio durante millones de años.

Es como si hubiera un archipiélago de islas Galápagos soterrado bajo ocho kilómetros de aguas negras, que está separado del resto del mundo y ha desarrollado formas de vida nuevas de maneras asombrosas. Y llevan ahí millones de años, esperando solo a que nosotros arrojemos luz sobre ellas.

Esta teoría de la multiplicidad de mundos solo puede demostrarse o descartarse haciendo más investigación en las aguas profundas. Por desgracia, no hay mucha gente que esté ojeando esas zonas. Aparte del equipo de Bartlett y del grupo de la Universidad de Aberdeen, solo un puñado —Bartlett los contó, literalmente, con los dedos de una mano— de investigadores en el mundo tienen los recursos y el interés para explorar la vida por debajo de los 6.000 metros.

Hoy en día, la zona hadal sigue siendo uno de los hábitats menos investigados del planeta.

Un mes después de comprar el billete, estoy en el puerto de Guam arrastrando una maleta por la pasarela del buque de investigación Falkor. Son casi las ocho de la noche y en el barco hay ajetreo. Chavales en vaqueros holgados y cascos blancos circulan deprisa de aquí para allá por la cubierta de popa. Un hombre alto que lleva la gorra de capitán y que habla con acento alemán da órdenes por un *walkie-talkie*. Se abren y se cierran pequeñas puertas de metal como las puertecitas de un reloj de cuco.

Una mujer menuda con el pelo largo castaño, una amplia sonrisa y *brackets*, me saluda en la puerta trasera. Se llama Adrianna y va a hacerme una breve visita por el barco. Me hace pasar por una puerta estrecha con las esquinas redondeadas y por un laberinto de escalerillas. En una de las paredes de acero blanco del pasillo hay un mapamundi con varias decenas de chinchetas que marcan todos los puertos, fosas y océanos que el Falkor ha visitado desde que empezó a llevar a cabo misiones científicas en 2012: las aguas más profundas del mar del Caribe, fuentes hidrotermales frente a la costa de Papúa Nueva Guinea, barcos hundidos desde hace doscientos años cerca de Groenlandia, corales inexplorados en aguas profundas en Roatán, vertidos de petróleo en el golfo de México y volcanes submarinos frente a la costa de Oregón.

La misión del Falkor, según Wendy Schmidt, esposa de Eric y cofundadora del Schmidt Ocean Institute, es «aportar información a la sociedad sobre el funcionamiento de los océanos para que a los ciudadanos puedan importarles esas áreas». Con este objetivo, los Schmidt han invertido decenas de millones de dólares de su bolsillo para convertir el Falkor, una antigua nave de control pesquero, en uno de los buques de investigación oceanográfica independiente más avanzados del mundo.

El consejo del Falkor selecciona alrededor de media docena de equipos cada año para llevar a cabo estudios oceanográficos desde el barco. Los afortunados acceden a una nave de última generación y cuentan con una tripulación de veinte personas a su disposición por un período de hasta cuarenta días: a coste cero. Y, como el Falkor es privado y no está asociado con ninguna institución ni organización, aquí las investigaciones pueden hacerse con rapidez, agilidad y sin buena parte del papeleo de las instituciones públicas o académicas. Esto es, en esencia, una iniciativa de aficionados parecida a DareWin o Stanley Submarines, solo que con mucha más categoría.

Adrianna me conduce por el pasillo hasta uno de los tres laboratorios que hay a bordo del Falkor. El primero, bautizado como Dry Lab («laboratorio seco»), opera a modo de centro de control de los ROV que suelen desplegarse desde la cubierta de popa. La sala parece un set de rodaje de Star Trek. En la parte trasera del laboratorio, veintisiete monitores de varios tamaños me devuelven la mirada. Encima de esas pantallas, un enorme reloj de led y unos marcadores electrónicos parpadean y van mostrando la temperatura y la hora cada pocos segundos. Las mesas están abarrotadas con decenas de teclados, palancas, teléfonos, servidores informáticos y demás artilugios electrónicos varios que no sé identificar. En el centro de todo eso, hay cuatro descomunales butacas de mando. Aquí lo único que falta es la tripulación. Resulta que están en un nivel inferior, en la cantina, terminando de cenar.

Dos chefs *gourmet* que trabajan a bordo del Falkor preparan tres comidas al día para la tripulación. El menú de esta noche incluye muslo de cordero en su jugo, ensalada de quinoa, ensalada verde, ensalada de pasta, salsa de tomate, boniatos asados, puré de patatas, espárragos y budín de pan de chocolate blanco de postre, todo ello servido en platos calientes y con la opción de elegir entre vino tinto o blanco. Yo cojo una copa de Pinot Noir y Adrianna me conduce de vuelta a mi litera.

Mis aposentos son casi tan estrechos como una habitación de hotel en Nueva York, pero el doble de limpios y con dos ojos de buey que dan justo por encima de la superficie del agua.

—Que disfrutes de tu estancia —me dice Adrianna al cerrar la puerta.

Dejo la copa de vino en el escritorio, me tumbo en el colchón de espuma viscoelástica, me arrebujo con las sábanas con alta densidad de hilos y empiezo a reírme entre dientes. Siempre había pensado que cuanto mayor fuera la profundidad que explorara del océano, más desvencijados y desagradables serían mi medio de transporte y mi entorno. El Falkor me ha demostrado que estaba equivocado. Sí, voy a pasarme la próxima semana atrapado detrás de sesenta centímetros de acero en el casco de un barco enorme, sin nadar por las aguas profundas —o ni siquiera tocarlas— que he venido a explorar, pero, de alguna forma, estando aquí tumbado en una habitación con aire acondicionado, medio borracho por una copa de un corpulento Pinot de Sonoma, no puedo quejarme ni mucho menos.

El Doug Bartlett de los años setenta, y uno de los fundadores de la investigación científica de las profundidades acuáticas, fue un geólogo marino de la Universidad Estatal de Oregón llamado Jack Corliss. En 1977, Corliss fletó un buque oceanográfico frente a la costa de Ecuador y navegó 320 kilómetros hasta la fosa de las Galápagos. Empezó a rastrear el fondo del océano en busca de fuentes hidrotermales: géiseres subacuáticos que escupen lava y un agua a alta temperatura rica en sustancias químicas que procede del núcleo fundido de la Tierra. Corliss sospechaba que existían las fuentes hidrotermales, pero nunca había visto ninguna. Nadie había visto ninguna. Corliss quería ser el primero, y tenía el presentimiento de que la fosa de las Galápagos era un buen sitio para iniciar la búsqueda.

Las fuentes hidrotermales no son precisamente fáciles de encontrar. Están repartidas por cordilleras situadas en las profundidades del mar que se han formado debido a movimientos tectónicos. Juntas, esas cordilleras se extienden a lo largo de más de 74.000 kilómetros y pueden contener numerosas fuentes, a veces unas cerca de otras, a veces separadas cientos de kilómetros.

La mañana del primer día navegando por encima de la fosa, la tripulación de Corliss soltó un ROV llamado Angus en el agua y lo preparó para el primer descenso. Mientras los cables se desenrollaban desde la cubierta y el ROV iba hundiéndose, Corliss subió a la cubierta de observación. Desde un monitor fue siguiendo como el Angus se sumergía, trescientos, seiscientos, novecientos metros. A unos 2.400 metros, el indicador de temperatura registró una subida enorme: era una buena señal. Que hubiera agua caliente a esa profundidad del océano significaba que podía haber una fuente hidrotermal cerca.

Los ingenieros que controlaban el Angus dieron la orden a la cámara que llevaba el ROV de que tomara una serie de fotografías. Subieron el Angus de vuelta a la cubierta, sacaron el carrete de la cámara subacuática y revelaron la película. En aquellas fotografías borrosas en blanco y negro no solo vieron la presencia de fuentes hidrotermales activas, sino también cangrejos, mejillones y langostas. Allí abajo había vida, y mucha, que se desarrollaba alrededor de una columna de agua con una temperatura suficiente para fundir plomo (casi cuatrocientos grados). El agua no se convertía en vapor de la misma forma que lo haría en la superficie debido a la tremenda presión a esas profundidades. Habían encontrado una olla a presión de vida. Poco después, el Alvin, un submarino para inmersiones profundas de la Institución Oceanográfica de Woods Hole, llegó a ese lugar. Dos pilotos se metieron en el minúsculo sumergible, se zambulleron en el agua y siguieron las coordenadas del Angus hasta las fuentes. Justo donde les habían indicado, a poco más de 2.400 metros, vieron aumentar el indicador de temperatura. Miraron por los ojos de buey y avanzaron con prudencia hacia un saliente de rocas blancas humeantes y ardientes.

—¿Pero no se supone que las profundidades oceánicas son un desierto? —dijo uno de los pilotos al hidrófono conectado con el barco de apoyo que había en la superficie.

—Sí —respondió un miembro de la tripulación.

—Pues aquí está lleno de animales... —contestó el piloto.

Delante del Alvin había criaturas parecidas a las gambas, cangrejos albinos, mejillones, langostas, peces, anémonas y almejas. Unos gusanos de varios centímetros, rayados como un bastón de caramelo, una especie desconocida, se mecían entre las corrientes como el trigo en un campo. Corliss bautizó ese lugar como el Jardín del Edén.

De vuelta a la orilla, los científicos escucharon con un escepticismo extremo lo que les contaron sobre ese lugar. Y ¿quién podría culparlos? Hasta 1977, la idea generalizada era que todas las formas de vida requerían luz solar. Los árboles y las plantas necesitan la energía del sol para convertir el dióxido de carbono y el agua en alimento. Los animales comen árboles y plantas. Incluso los organismos que viven a gran profundidad bajo la tierra o a cientos de metros bajo el agua y nunca ven la luz del sol dependen de los nutrientes creados por la energía solar que hay en la superficie. Pero ese no era el caso de aquellos animales. Corliss y su equipo habían dado no solo con una nueva especie, sino con todo un nuevo sistema biológico alimentado por sustancias químicas. Los científicos lo denominaron vida quimiosintética.

El Jardín del Edén sería reconocido como uno de los descubrimientos científicos más significativos de la historia de la humanidad.

Lo que se descubrió sobre la vida quimiosintética condujo a otro descubrimiento alucinante. Resultó que las fuentes hidrotermales solo eran hogares temporales. Las fuentes se extinguen y aparecen de repente otras nuevas. Las formas de vida quimiosintética necesitan sustancias químicas y agua caliente para sobrevivir. Mientras que algunos animales, como las gambas, podían alternar entre entornos fotosintéticos y quimiosintéticos, otros animales hidrotermales, como los mejillones, no podían hacerlo. (Los mejillones apenas se mueven y desde luego no podrían desplazarse cientos o miles de kilómetros hasta la siguiente fosa para encontrar otra fuente. Morirían por el camino.)

Y, aun así, de algún modo, esos mejillones, cangrejos, gusanos tubulares y otros organismos hidrotermales seguían apareciendo en cada nueva comunidad que se descubría en torno a una de esas fuentes. Los investigadores calculan que por el fondo de los océanos del planeta existen cientos de fuentes hidrotermales y que la mayoría no las ha visto nunca nadie. Pero, incluso con las exploraciones limitadas que se han llevado a cabo hasta la fecha, los científicos han descubierto seiscientas especies nuevas de vida quimiosintética.

No solo las zonas hadales acogen animales y organismos únicos; las fuentes termales también. El mar parece ser el hogar de cientos, quizá miles, de pequeñas biosferas aisladas.

Los investigadores descubrieron que cuanto más inhóspito era el entorno, más vida parecía haber. En las áreas cercanas a las fuentes, por ejemplo, la cantidad de vida era hasta cien mil veces superior a la que había en las aguas de los alrededores, las que ya no reciben el calor de las fuentes. Mucho más adelante se descubrió que el territorio pelágico profundo, las aguas situadas a una profundidad de entre 4.000 y 10.600 metros, albergaban las mayores comunidades animales, el mayor número de individuos y la mayor biodiversidad animal no solo del océano, sino de cualquier lugar de la Tierra.

¿De dónde ha salido todo aquello?

Nadie lo sabe con certeza, pero cada vez hay más datos que hacen pensar que aquello salió del interior de las fuentes. Tal vez la vida en la Tierra no empezó en la superficie iluminada por el sol, sino a gran profundidad, en las aguas tóxicas e hirvientes de los océanos más profundos del planeta.

En nuestro tercer día de navegación, el Falkor llega al abismo de Challenger, un enorme agujero situado en el extremo sur de la fosa de las Marianas y el que los científicos creen que es el punto de mayor profundidad del planeta. Solo tres personas se han aventurado a bajar a esas aguas infernales.

En 1960, el ingeniero suizo Jacques Piccard y el teniente de la Marina estadounidense Don Walsh se zambulleron en esas aguas en la nave Trieste. Los dos hombres se acuclillaron dentro de un batiscafo, una esfera de acero del tamaño de una cabina telefónica, que estaba sujetada a la parte inferior de un depósito de unos dieciocho metros de longitud que tenía compartimentos llenos de gasolina y bolitas de hierro. (Cuando se soltasen los bolitas de hierro al fondo marino, la gasolina, que es menos densa que el agua, llevaría el vehículo de regreso a la superficie.) Durante el descenso se rompió una ventana, y Piccard y Walsh permanecieron solo veinte minutos en el fondo marino, pero lograron regresar a la superficie sanos y salvos tras una inmersión de ocho horas. El indicador de profundidad que llevaba a bordo el Trieste marcó 11.521 metros (dato que más tarde se corrigió a 10.910 metros): más de 11 kilómetros de profundidad. Medio siglo después, en marzo de 2012, el cineasta James Cameron llevó un sumergible llamado DeepSea Challenger hasta una profundidad de 10.898 metros, con lo que se convirtió en la tercera persona de la historia —y el primer ciudadano privado— en alcanzar el fondo marino del abismo de Challenger. Desde entonces nadie ha vuelto a intentarlo y es improbable que nadie vaya a intentarlo en un futuro cercano.

Los científicos saben poquísimo acerca de la vida a esas profundidades porque son muy pocos los investigadores que han explorado esas aguas negras y siniestras. En los últimos veinte años, menos de una docena de expediciones científicas han llegado al abismo de Challenger, y menos todavía han sido capaces de hacer investigaciones valiosas una vez allí. Las condiciones marítimas y meteorológicas en esa área del océano suelen ser inclementes; el viento, el oleaje y las tormentas violentas son la norma. Y luego están las profundidades en sí, donde las presiones pueden ser de más de 1,1 millones de hectopascales. Pocos ROV pueden resistir tales tensiones. Por este motivo, los *landers* son la herramienta de investigación por la que suelen optar los investigadores, pero incluso esas máquinas a menudo fallan.

—Es una partida de póker, desde luego —dice David Barclay, profesor asociado de la Universidad Dalhousie en Halifax, en Nueva Escocia.

Barclay, de treinta y dos años, con la barba poblada y porte de Jack Black, está apoyado en la barandilla de la azotea que hay encima de la cubierta de navegación del Falkor. Son casi las cuatro de la tarde y Barclay lleva ahí dos horas, con la mirada fija en el mar, esperando divisar la baliza parpadeante de su *lander* en algún punto del horizonte. Ayer por la noche, Barclay echó al mar el Deep Sound 3, un *lander* equipado con un ordenador de a bordo y un conjunto de hidrófonos con la esperanza de captar las muestras de audio más profundas del mundo. El Deep Sound 3 tendría que haber vuelto a la superficie a las ocho de la mañana de hoy. Es decir, hace ocho horas. La baliza instalada en la parte superior del aparato tenía que enviar las coordinadas de geolocalización cada pocos minutos, pero Barclay no ha recibido nada.

—La cosa no pinta bien —dice, y toma un sorbo de un refresco—. Tenemos la esperanza de poder avistar la baliza cuando se haga de noche.

A Doug Bartlett y su equipo las cosas no les van mucho mejor. Ayer por la mañana, soltaron al agua un *lander* llamado ARI, en honor a Art Yayanos, un investigador de las aguas profundas jubilado de la institución Scripps. El ARI estaba equipado con recipientes especializados para recoger agua del abismo de Challenger y almacenar las muestras a la misma presión y temperatura ambientales que en el fondo marino. De esta forma, se conservarían vivas las bacterias en el interior de los recipientes, lo cual permitiría a Bartlett y a su equipo tener una visión infrecuente de cómo puede sobrevivir la vida en las profundidades hadales. Estaba previsto que el ARI volviera a la superficie en torno a la medianoche. Bartlett no ha recibido ninguna señal de GPS ni ha visto rastro alguno del *lander*. Ahora, cuando se acerca el atardecer, parece como si nuestro equipo hubiera perdido sus dos artilugios más importantes en su primera misión, con un coste de unos 200.000 dólares.

Me agarro a la barandilla del lado de estribor enfrente de Barclay y juntos escudriñamos en silencio las fauces del océano, que hoy tienen un tono violáceo, el color de un moratón de hace días. El agua de aquí no solo tiene un aspecto distinto a la de cualquier otro océano que haya visto: también es distinta la sensación que me transmite. Puede que esto solo ocurra en mi cabeza, pero tengo una extraña sensación de vértigo al saber que estoy merodeando por encima de esas profundidades. Es la misma sensación que tienes cuando te asomas desde lo alto de un rascacielos, pero justo lo contrario. En lugar de sentir mareo, tienes una sensación constante de atracción hacia abajo, como si tu cuerpo estuviera cubierto con una capa pesada. Si de pronto vaciaran toda el agua que tenemos debajo, caeríamos el equivalente de veinticinco Empire State Buildings hasta tocar el suelo. Y, si de repente tuviéramos el fondo del mar por encima, estaría en la estratosfera, la altitud a la que vuelan los aviones de larga distancia.

Estas analogías del abismo de Challenger siguen dándome vueltas por la cabeza —la Estratosfera del Mar, el Everest del Espacio Interior— hasta que los minutos se hacen horas y el día se hace noche. Barclay y yo suspiramos, observamos y esperamos.

En los años ochenta, cuando Günter Wächtershäuser expuso por primera vez en revistas académicas la idea de que la vida se había originado en las profundidades del océano, nadie le prestó atención. Al fin y al cabo, Wächtershäuser no era un académico, no era un científico profesional. Era un abogado que ejercía como experto en la legislación internacional de patentes en Múnich, en Alemania. Y era imposible ignorar el hecho de que su argumento sonaba a chifladura. Wächtershäuser pensaba que toda la vida en la Tierra había empezado a partir de una reacción química entre dos minerales, el hierro y el azufre. Aquella reacción desencadenó un proceso metabólico que creó una única molécula. Una vez que se hubo iniciado ese proceso, impulsó la creación de compuestos moleculares más complejos, que irían evolucionando hasta originar formas de vida y, en última instancia, darían lugar a nosotros.

Tú, yo, los pájaros y las abejas, los arbustos y los árboles: todos provenimos de esas rocas. Y esas rocas provenían de las aguas negras e hirvientes de las fuentes hidrotermales. Wächtershäuser lo denominó la teoría del mundo de hierro-azufre.

Para entender lo polémica que es la teoría de Wächtershäuser, hay que tener presente cuál era la visión imperante en la época sobre el origen de la vida. En los años ochenta, los científicos suscribían alguna versión de la teoría del caldo primigenio. Esta teoría —que aquí se explica de una forma muy simplificada— sostenía que, hace unos cuatro mil millones de años, las sustancias químicas contenidas en el caldo primigenio, con el aporte de fuentes de energía como los rayos, reaccionaron para formar los primeros compuestos orgánicos. Esos compuestos terminaron formando estructuras más complejas, que con el tiempo evolucionaron y devinieron las primeras formas de vida.

Wächtershäuser, que se doctoró en química orgánica, creía en la teoría del caldo primigenio durante su etapa académica. Luego se hartó del mundo universitario y se dedicó a la química solo como pasatiempo mientras ejercía de abogado. Durante ese tiempo, analizó la teoría del caldo primigenio y halló numerosas lagunas.

Por ejemplo, esa teoría postulaba que las sustancias químicas se mezclaron libremente en el agua y el aire para formar moléculas más complejas. El problema era, pensaba Wächtershäuser, que las sustancias químicas no son estables durante mucho tiempo en un entorno tridimensional donde flotan libremente: en la superficie de una roca, por el contrario, las sustancias químicas eran estables y podían combinarse para formar estructuras más complejas.

En la mayoría de los modelos de la teoría del caldo primigenio (y hay muchos), se parte de la base de que la membrana celular fue el primer elemento de la vida. Pero, si ese fue el caso, ¿cómo lograba el alimento penetrar la membrana celular y entrar en la célula? Sin alimento, la célula no tenía forma de mantenerse con vida. *Strike* dos contra el caldo.

Ninguno de esos problemas afectaba al sulfuro de hierro. En las aguas calientes y presurizadas de las fuentes hidrotermales, las sustancias químicas podían combinarse y recombinarse sobre las superficies bidimensionales de esos minerales con relativa rapidez y facilidad.

Durante años, Wächtershäuser defendió sus argumentos en secreto. Pero, en 1997, él y una investigadora de la Universidad Técnica de Múnich decidieron poner a prueba la hipótesis combinando los gases que se encuentran en las fuentes de aguas profundas con sulfuros de hierro y níquel. El resultado sorprendió a todo el mundo. A partir de aquella mezcla simple, se originó una forma activa de ácido acético, un compuesto orgánico formado por dos átomos de carbono unidos. Esta forma de ácido acético puede reaccionar con otras sustancias químicas, lo que significa que la reacción pudo haber sido el primer paso del origen de la vida. Los resultados del experimento se publicaron en el número de abril de 1997 de la revista *Science*.

En abril del año 2000, unos investigadores del Laboratorio Geofísico de la Institución Carnegie en Washington dieron un paso más en la teoría del hierro-azufre. No solo combinaron los gases hidrotermales y los minerales de hierro que Wächtershäuser había usado en 1997, sino que pusieron toda la mezcla en una cámara de presión de acero que imitaba las presiones del agua en las profundidades del océano.

«Nos hemos encontrado con un resultado inesperado», dijo en declaraciones al *New York Times* George Cody, el investigador principal del estudio. La mezcla presurizada producía piruvato, una molécula compuesta por tres átomos de carbono enlazados. El piruvato es un componente clave de las células vivas y un componente fundamental de muchos compuestos orgánicos.

Wächtershäuser cantó victoria y escribió que los experimentos «refuerzan sobremanera la esperanza de que un día pueda ser posible comprender y reconstruir los comienzos de la vida en la Tierra».

Años después, en otros ensayos encaminados a comprobar la teoría del hierro-azufre se obtuvieron revelaciones más asombrosas. En un artículo publicado en el número de enero de 2003 de la revista *Philosophical Transactions of the Royal Society*, los investigadores Michael Russell y William Martin sostuvieron que ciertas estructuras de las fuentes hidrotermales eran unas incubadoras perfectas para las moléculas orgánicas. Russell ya había demostrado esa idea en 1997 disolviendo gases hidrotermales en un laboratorio y añadiendo una solución rica en hierro a la mezcla. Al cabo de un minuto, apareció un panal de varios centímetros con compartimentos. Más impresionante aún es que las membranas de las rocas recién formadas separaban dos soluciones con una concentración de iones distinta, lo que crea un voltaje entre ambos lados de la membrana de unos seiscientos milivoltios. Ese voltaje, que duraba varias horas, era más o menos el mismo que el que se da entre los dos lados de una membrana celular y podía ser suficiente para facilitar la formación de compuestos.

«Es un pedacito de roca que nos recuerda de dónde venimos», dijo Russell.

De ser correcta, la teoría del mundo hierro-azufre invita a pensar que la vida no solo pudo haberse originado en las fuentes hidrotermales, sino que tuvo que originarse allí. Ningún otro entorno tenía la presión y los componentes químicos necesarios para producir los compuestos orgánicos que darían lugar a las primeras formas de vida. El proceso que tenía lugar en las fuentes era tan fiable y constante que lo más probable era que la vida hubiera emergido de cientos y miles de fuentes más o menos al mismo tiempo: billones de células distintas reproduciéndose en el agua hirviente del núcleo de la Tierra en muchos sitios del fondo del mar.

Unos seres nacidos de la totalidad de los océanos del mundo.

Es jueves, dos días después de haber perdido de vista los *landers*, y estoy en la cubierta de popa del Falkor. Una docena de miembros de la tripulación, con cascos amarillos, bermudas cargo y botas de goma hasta la rodilla, están tirando de media docena de cuerdas que van desenrollándose desde la cubierta hasta las agitadas aguas. Las cuerdas rodean una caja rectangular blanca del tamaño de una nevera pequeña, que está flotando a unos treinta metros detrás de la cubierta. Esa caja se llama LEGGO, el último *lander* de aguas profundas que ha sobrevivido de la expedición, y acaba de volver a la superficie tras una inmersión de dieciséis horas. El compañero investigador de Bartlett, David Price, mandó el LEGGO al abismo de Challenger con una red llena de pollos con la esperanza de atraer algunas formas de vida hadal de vuelta a la superficie. Y ha funcionado. Chapoteando en la red, hay un montón de formas de vidas de un color entre rosáceo y blanco, lo que podría ser una nueva especie de vida hadal. La tripulación debe actuar con celeridad. Cuanto más tarden en poner el LEGGO otra vez en la cubierta, mayor será la probabilidad de que pierdan el valioso cargamento por culpa del oleaje.

—¡Cuidado! ¡Cuidado! —grita un hombre con acento británico.

Enganchada a una de las cuerdas hay una carabela portuguesa, un animal violento, parecido a una medusa, que puede infligir una picadura extremadamente dolorosa que algunas veces es letal.

—¡No lo toquéis! —grita alguien—. ¡Apartadlo de la cuerda!

El proceso es de una lentitud angustiante, a pesar de las prisas. Si el LEGGO se acerca demasiado al Falkor antes de que lo levanten hasta la cubierta, una ola podría destrozarlo al golpearlo contra el casco, con lo cual se perdería toda la vida hadal y se romperían los aparatos de grabación.

Un miembro de la tripulación baja una grúa encima de la proa y levanta el extremo suelto de las cuerdas. Ahora el LEGGO se balancea a unos palmos de la superficie. Pero aún no ha pasado el peligro. Vienen más olas que hacen subir y bajar el *lander* (que pesa varios cientos de kilos) hasta que se balancea con violencia de un lado para otro como una bola de demolición. Con cada vaivén, algunos puñados de las formas de vida rosáceas y blancas se escapan de la red y caen al océano, donde desaparecen para volver a su hogar hadal.

Al fin, la tripulación consigue conducir el LEGGO de vuelta a la cubierta y asegurarlo con cables. Se inicia un aplauso espontáneo.

—Pues nada, científicos —dice el hombre británico—. Ya podéis venir a recoger lo vuestro.

El equipo se acerca a la red a empujones, la abre y entonces vacía con cuidado lo que contiene en tubos de ensayo, platos de plástico y bolsas. Las formas de vida —sean lo que sean— parecen gambas: cada ejemplar mide unos cinco centímetros, es rosa e, incluso desde seis metros, siento su olor fétido y sulfúreo. El equipo de científicos lleva a toda prisa las muestras a un laboratorio húmedo e inicia el proceso, que dura varias horas, de etiquetar los animales y almacenarlos para que no se deterioren antes de que el equipo pueda llevar las muestras al laboratorio de San Diego y determinar con exactitud qué es eso que acaban de descubrir: ¿una nueva especie, una nueva forma de vida, quizá alguna nueva enfermedad que exterminará toda la humanidad?

—Deberíamos saber más cosas dentro de algunas semanas —afirma Bartlett con una sonrisa de oreja a oreja, mientras se desplaza ajetreado por el laboratorio—. Ya sabes, si podemos descubrir algo nuevo a partir de esto, algo que no sabe nadie más, será muy emocionante.

Antes de volver al puerto, me queda por hacer una última cosa.

Cuando empecé este proyecto en 2012, mi objetivo era participar en la mayor cantidad posible de expediciones de investigación en aguas profundas. A fin de cuentas, estaba escribiendo sobre la conexión humana con el océano; no ver y sentir esa conexión en primera persona me parecía hipócrita y erróneo. Eso no ha sido posible con la investigación en todas las profundidades. Por ejemplo, no he podido ver ni sentir exactamente cómo es el agua a 3.000 metros, pero por lo menos pude ver los misteriosos animales que habitaban esos lugares cuando vinieron a las aguas superficiales, más accesibles. Y sí que los vi y tuve la suerte de nadar junto a ellos y notar que me veían con su ecolocalización que hace temblar los huesos.

La zona hadal fue una excepción. No hay ningún animal hadal que pueda nadar hasta la superficie; muchos ni siquiera suben por encima de los 6.000 metros. Y, aun así, estaba decidido a experimentar en persona esas profundidades de algún modo. Como mínimo, quería dejarles algún recuerdo.

Así pues, mientras Bartlett y su equipo estaban ocupados procesando sus capturas hadales, yo regreso a mi camarote, saco de mi maleta una bolsita de plástico con cierre hermético y subo por la pasarela hasta la azotea de la cubierta de navegación. Dentro de la bolsita hay un recipiente de plástico blanco del tamaño de una pelota de tenis que contenía crema de la marca Daggett & Ramsdell para aclarar la piel de rodillas y codos, fórmula extrafuerte. Dentro de ese recipiente hay un recuerdo que echaré al abismo de Challenger.

Nunca he usado crema para aclarar la piel del codo y ni siquiera sabía que eso existiera hasta el año pasado, cuando hice mi primer recuerdo a prueba de aguas profundas, que solté en la fosa de Puerto Rico, el punto más hondo del océano Atlántico. Resulta que ese bote redondo de cuarenta y cinco mililitros que contiene crema para el codo es ideal para lo que hay en el exterior de un barco de doble casco capaz de sobrevivir a las presiones devastadoras de la zona hadal. Y el pequeño recipiente de cristal que contiene bálsamo Golden Cup, una pomada tailandesa para aliviar el dolor muscular, es una excelente cámara de presión.

He vaciado el contenido de ambos productos, he colocado mi recuerdo dentro del recipiente de la pomada, lo he metido dentro del bote de crema para el codo, he rellenado ambos recipientes con aceite de silicona y los he sellado. Una combinación perfecta. Ni siquiera una burbujita pequeñita de aire podría hacer implosionar este recipiente en su viaje hacia las profundidades. El aceite de silicona ha quitado todo el aire y también protege todo el objeto ante la presión aplastante a más de 10.600 metros. Cualquier líquido va bien; yo he utilizado aceite de silicona para no estropear el delicado componente electrónico que he metido dentro.

Ahora, sobre la cubierta, saco el recipiente de plástico blanco de la bolsita, arqueo el brazo hacia atrás y lo lanzo por la borda del Falkor. Observo como choca contra el agua y forma una corona de espuma, se balancea un instante y luego se desliza agua abajo, descendiendo a cámara lenta, centímetro a centímetro, metro a metro, hasta que desaparece del todo y no deja sino una estela blanca titilante sobre un espacio azul y vacío. Pero ahora, a diferencia de hace un año y medio, sé que este espacio que me rodea no está vacío en absoluto.

Hay más seres vivos aquí y más formas de vida distintas en el océano que en cualquier otra parte del universo que conocemos. Y, mientras mi recuerdo improvisado va planeando hacia el fondo del océano como un satélite que orbita a varios kilómetros de altitud, me sorprende, y no es la primera vez, que cuanto más descendemos hacia las profundidades afóticas de los mares, más cerca estamos de entender nuestros orígenes: nuestros reflejos anfibios, nuestros sentidos olvidados y de dónde venimos.

Dentro del recipiente de plástico que acabo de echar al mar hay un ejemplar digital del libro que acabas de leer. Estas palabras que estás leyendo están yendo a la deriva hacia las aguas más profundas del planeta, a kilómetros de la superficie iluminada por el sol. Pero no se han perdido en un mundo distante y extraño. El mar es el lugar en el que empezó toda la vida hace miles de millones de años y donde todos los seres vivos volverán algún día.

Horas después, cuando iniciamos el largo trayecto de regreso al puerto, imagino que el recipiente llega abajo, sin hacer ruido, a los valles y colinas sin sol del fondo marino más profundo del planeta, donde permanecerá durante los próximos miles de años e irá quedando empolvado por la perpetua tormenta de nieve de esqueletos microscópicos que algún día cubrirán una futura Tierra.

Tan deprisa como empezó, el viaje hacia las profundidades ha terminado. Por fin hemos llegado a casa.

Ascensiones

-10.930

El *lander* LEGGO había alcanzado una profundidad de casi 10.930 metros, lo que es probablemente la inmersión más profunda que se haya hecho nunca. Y las «gambas» que el LEGGO trajo a la superficie en sus redes son, con toda probabilidad, las formas de vida más profunda que se hayan capturado. Ahora Bartlett y su equipo están diseccionando las muestras y extrayendo microbios de los intestinos de esos organismos. En las próximas semanas, meterán los microbios en recipientes, los presurizarán para imitar las profundidades hadales e intentarán hacerlos crecer de nuevo en esos cultivos. «Queremos ver cómo esas cosas pueden sobrevivir bajo una presión tan descomunal —me dijo Bartlett cuando hablé con él por teléfono—. Sencillamente no sabemos qué formas de vida podría haber allí abajo; ni en ninguna otra parte.»

Las grabaciones que hizo David Barclay en las profundidades del océano fueron igual de reveladoras. Con el *lander* restante, el Deep Sound 2, Barclay grabó sonidos a casi nueve kilómetros bajo la superficie. Descubrió que el sonido generado en la superficie no podía penetrar por debajo de los 4.875 metros; en lugar de bajar, rebotaba de nuevo hacia arriba. En consecuencia, a esas profundidades del océano reinaba un silencio absoluto. Aunque los investigadores habían teorizado que el sonido podría tener ese comportamiento, nadie lo sabía a ciencia cierta. Nadie había hecho nunca grabaciones en esas zonas. Ahora Barclay está procesando las grabaciones por debajo de los 4.875 metros para ver si los animales oceánicos podrían usar esa zona silenciosa para comunicarse o algo más.

Y, a pesar de que Barclay no logró recuperar el Deep Sound 3, no todo se perdió. Al analizar las grabaciones de los hidrófonos instalados en los laterales del Falkor, Barclay detectó unos enormes picos acústicos 247 minutos después de soltar el Deep Sound 3 al agua. El primer pico era el sonido del Deep Sound 3 implosionando a 8.230 metros; el segundo era su eco al chocar contra el fondo del mar a más de 10.660 metros: la implosión más profunda jamás registrada.

–3.050

La grabación «potente e importante» de Fabrice Schnöller, que hizo desde una lancha en Trincomalee, podría resultar ser, en efecto, potente e importante. Schnöller cree haber captado un «disparo»: la más infrecuente y desconcertante de las vocalizaciones de los cachalotes.

El sonido está vinculado, creen los científicos, con una técnica de caza de los cachalotes. A diferencia de las ballenas barbadas, que usan unas tiras que parecen pelos para filtrar el agua y obtener plancton, un cachalote tiene unos cuarenta dientes en su mandíbula inferior. Los balleneros suponían que los cachalotes utilizaban esos dientes para atacar a sus presas, pero hay investigaciones que apuntan en otra dirección. Al analizar los estómagos de cachalotes muertos (cada individuo tiene cuatro), se ha observado que no mastican la comida. Los calamares gigantes, una fuente de alimentación primordial para los cachalotes, nadan a una velocidad de hasta 56 kilómetros por hora y alcanzan una longitud de más de dieciocho metros. Los cachalotes tienen una velocidad máxima de unos 40 kilómetros por hora. ¿Cómo podrían atrapar, y no digamos matar, un calamar gigante sin morderlo mientras les pasa por delante? Y ¿de qué te sirve tener dientes si no masticas la comida?

Pues algunos investigadores, entre ellos Schnöller, creen que los cachalotes utilizan los dientes a modo de pequeñas antenas que los ayudan en la ecolocalización, o incluso en la comunicación holográfica. Es probable que, para cazar, los cachalotes usen clics de disparo superpotentes para aturdir o matar a las presas antes de devorarlas.

Solo se han hecho dos grabaciones de disparos de cachalotes en la historia: en 1987 y 1999, ambos en Sri Lanka y los dos los hicieron científicos. Schnöller cree que la grabación que hizo él con el escurridor, el palo de escoba y un hidrófono de fabricación casera es el tercero. «Sé que es un disparo», me dijo en un mensaje. «Ahora voy a seguir un protocolo científico apropiado para demostrarlo».

-760

Karl Stanley ha tenido bastantes disputas con las autoridades a lo largo de su vida, y muchas agencias de viajes siguen negándose a promocionar sus excursiones submarinas. No obstante, dice que, en los últimos años, la mayoría de esos problemas se han resuelto y que tanto los lugareños como las autoridades ven con buenos ojos su presencia en Roatán. Después de nuestra expedición en 2011, me contó que llevó al presidente y al vicepresidente de Honduras en una inmersión hasta una profundidad de doscientos metros. En marzo de 2012, completó la inmersión más larga que haya hecho nunca, en la que se pasó veinticuatro horas sumergido en la fosa de las Caimán. Catorce de esas horas se las pasó por debajo de los setecientos treinta metros.

En agosto de 2013, el Instituto de Exploración de las Profundidades Marinas de Roatán y el submarino turístico que se sumerge a mayor profundidad seguían operativos.

–305

En septiembre de 2013, después de destinar cinco años y miles de dólares a la construcción de sus propios aparatos de grabación de delfines y cachalotes, Fabrice Schnöller creó una nueva empresa llamada Click Research (http://clickresearchs.com), que ofrece a científicos privados equipamiento asequible para hacer investigaciones oceánicas organizadas por ellos mismos. Entre los productos de Click Research, que fueron diseñados con el ingeniero de Dare-Win Markus Fix, podemos encontrar un aparato para monitorizar tiburones, un transmisor que envía canciones de cachalotes en vivo al equipo de música de tu casa y un analizador de vocalizaciones de delfines que identifica individuos a partir de sus silbidos distintivos. Schnöller tiene la esperanza de que un día pueda usar una versión mejorada del analizador de delfines para traducir los silbidos de esos animales al inglés. «Es posible que sea dentro de un par de años —me dijo—. Pero es un muy complicado, ya sabes.»

Schnöller y el resto del equipo de DareWin tienen previsto llevar esos artilugios —además del aparato de comunicación holográfica con treinta y nueve altavoces— a una expedición de dos semanas a una playa desierta situada frente a la costa del estado árabe de Omán en 2016. Será el primer ensayo de la historia en que se analizará la comunicación holográfica sobre el terreno.

«¡Tienes que venir! —me dijo a voz en grito por la rechinante línea telefónica—. ¡Va a ser una pasada!»

-245

Un año después de su fallida inmersión sin límites con la que pretendía batir el récord mundial sumergiéndose hasta los 245 metros en Santorini, en Grecia, el austríaco Herbert Nitsch sigue arrastrando problemas neurológicos. Nitsch no recuerda bien los nombres y tiene dificultades para hablar y andar. Le tiembla la voz y ha perdido buena parte de la movilidad del brazo derecho. No deja de mejorar día tras día, dice, y ahora trabaja en su programa de rehabilitación con el mismo entusiasmo y determinación con que se entrenaba para las inmersiones de apnea sin límites. Incluso ha empezado a bucear a pulmón de nuevo, pero solo hasta una profundidad de unos tres metros.

Ahora Nitsch dedica la mayor parte de su tiempo al activismo por los océanos. Junto con el campeón del mundo de surf Kelly Slater y el legendario apneísta Enzo Maiorca, ha entrado a formar parte del Consejo Asesor para la Defensa de los Océanos de la organización Sea Shepherd para contribuir a acabar con la matanza de fauna salvaje y la destrucción de los mares del mundo.

Cuando un periodista le preguntó a Nitsch cuál consideraba que era el actual récord mundial de apnea sin límites, Nitsch respondió: «Si le digo la verdad, ahora ya no me importa».

–200

Justo después del éxito del programa piloto de Shark-Friendly que se llevó a cabo en diciembre de 2011, las autoridades locales iniciaron un programa propio de rastreo e identificación de tiburones y, a lo largo del siguiente año, colocaron transmisores acústicos a más de un centenar de tiburones sarda cerca de la costa occidental de La Reunión. Si bien el sistema de identificación rastreó con éxito los movimientos de los tiburones sarda, no logró evitar que atacaran a nadadores. Entre enero de 2012 y agosto de 2013, la isla de La Reunión ha sufrido otros tres ataques de tiburón letales. Las autoridades bloquearon el acceso a las playas de La Reunión y, según las últimas informaciones, tenían previsto matar noventa tiburones sarda.

Fred Buyle predice que eso no será nada positivo y que, con toda probabilidad, provocará aún más ataques en los próximos años. «Los surfistas saben que esas situaciones son peligrosas, pero salen al mar de todos modos y luego culpan a los tiburones», me dijo. «Las personas deben aprender que, cuando están en el océano, están nadando en la naturaleza. La única solución es la educación: no nades en aguas turbias; no te metas en el agua cuando ha llovido mucho; no nades cerca de un río. Pero nadie hace caso de las advertencias.»

Casualmente, la solución al problema de La Reunión con los tiburones podría no venir de Buyle y Schnöller, sino de Jean-Marie Ghislain, el experto en los tiburones que conocí en Ciudad del Cabo gracias a Hanli Prinsloo. En septiembre de 2013, Ghislain me visitó en San Francisco durante tres días y me explicó su propuesta. Había estado haciendo consultas con una empresa belga, AquaTek, para crear un sistema de disuasión de tiburones llamado Shark Repelling System (SRS). El SRS alteraría la capacidad de electrorrecepción de los tiburones generando un campo magnético en el agua. En decenas de ensayos que se han hecho tanto con tiburones en cautividad como en estado salvaje, ha tenido un índice de éxito del cien por cien, y a menudo ha asustado a los tiburones desde decenas de metros. Para los tiburones, me contó Ghislain, no conllevaba ningún efecto negativo y, como el sistema afecta solo a los animales con electrorrecepción —los tiburones y las rayas— los demás animales marinos no se ven perjudicados aunque entren en contacto con ese sistema.

AquaTek está negociando con las autoridades de La Reunión para instalar el SRS en Boucan Canot, Saint-Gilles y otras playas de la costa occidental de La Reunión en 2014. «Eso podría suponer un gran cambio de paradigma en nuestra estrategia con los tiburones —me dijo Ghislain—. Es muy probable que con eso los salvemos..., y que nos salvemos nosotros.»

-90

Dave King, el apneísta británico que sufrió un paro cardíaco después de completar un intento de inmersión con monoaleta hasta los ciento dos metros en el campeonato mundial de apnea celebrado en Kalamata, en Grecia, se encontraba mucho mejor. El síncope no le ha dejado efectos negativos. «No soy un apneísta temerario», me escribió algunos meses después del accidente. Afirma que la pérdida del conocimiento en Grecia fue su único desmayo en diez años practicando el buceo en apnea. Me dijo que su horario laboral no le permite entrenar tanto como otros buceadores de élite y que solo le dio tiempo a hacer tres inmersiones antes de la competición. «Llegué a los ciento dos metros compensando la presión con facilidad —me decía en el mensaje—. Solo tuve problemas al llegar a la superficie.»

–20

En junio de 2011, un mes después de mi visita a la base submarina Aquarius en Cayo Largo, la Administración Nacional Oceánica y Atmosférica (NOAA), la agencia federal estadounidense que gestiona el Aquarius, retiró la financiación a la base y canceló todas las misiones futuras. Poco después, se clausuró el último hábitat subacuático del mundo.

Pero más adelante, a principios de 2013, la Universidad Internacional de Florida, negoció con la NOAA para asumir las operaciones. En septiembre de 2013, se reabrió el Aquarius y los acuanautas volvieron al hábitat, donde permanecen medio desnudos en la fría y húmeda cocina, drogados de nitrógeno, comiendo Oreos aplastadas y desentrañando los secretos del océano y de los seres humanos a veinte metros bajo la superficie.

Epílogo

Cinco días antes de que se cumpliera el plazo para entregar el borrador final de este libro, el 17 de noviembre de 2013, recibo un correo electrónico de Fred Buyle. «James, ¿recuerdas aquella conversación en la que te dije que algún día alguien moriría en una competición de apnea? —me decía en el mensaje—. Pues ha ocurrido hoy.»

A la 1:45 de la tarde, hora local, Nicholas Mevoli, un hombre de treinta y dos años de Brooklyn, falleció como consecuencia de las complicaciones derivadas de las lesiones pulmonares que sufrió poco después de completar una inmersión sin aletas de setenta y dos metros. La zambullida tuvo lugar durante el Vertical Blue, una competición anual de apnea organizada por William Trubridge en el agujero azul de Dean, en las Bahamas.

Mevoli era un novato en ese deporte. Solo dieciocho meses antes, en mayo de 2012, había hecho su debut en la apnea deportiva con una inmersión con monoaleta hasta noventa metros: una profundidad inaudita para un principiante. El año siguiente, participó en decenas de competiciones e intentó sumergirse a profundidades aún mayores. A menudo perdía el conocimiento. Con frecuencia salía a la superficie sangrando por la nariz y la boca. En repetidas ocasiones sufrió desgarros pulmonares, que le hacían escupir sangre días después de las competiciones. Pero Mevoli hizo caso omiso de esas señales de alerta. Siguió buceando. Y empezó a batir récords.

El 16 de noviembre en el Vertical Blue, Mevoli intentó una inmersión de noventa y seis metros, un récord nacional estadounidense en la disciplina de la inmersión libre. Llegó casi a los ochenta metros y luego, de repente, reculó. Los buzos de salvamento tuvieron que arrastrar su cuerpo inconsciente hasta la superficie. Cuando Mevoli volvió en sí, le salían gotas de sangre por la boca. Golpeó el agua enfadado y se insultó a sí mismo. «Los números infectaron mi mente como un virus y la necesidad de perfeccionarme se convirtió en una obsesión... La obsesión puede matar», había escrito en un blog meses antes. Por desgracia, Mevoli no hizo caso de sus propios consejos.

Al día siguiente, el 17 de noviembre, aún bajo los efectos del síncope, Mevoli anunció que batiría otro récord estadounidense, esta vez en la disciplina de la inmersión sin aletas, la más exigente de la apnea deportiva. Su objetivo era alcanzar una profundidad de setenta y dos metros. A las 12:30 del mediodía, se puso las gafas, tomó una última bocanada y empezó a bajar siguiendo la cuerda con los pies descalzos. Instantes después, desapareció entre las sombras de las profundidades acuáticas.

Desde la superficie, un juez seguía su descenso. Mevoli bajaba con rapidez; superó los quince metros, los treinta, los cuarenta y cinco, los sesenta. Entonces, a sesenta y ocho metros, cuando solo le quedaban unos pocos metros para alcanzar la profundidad prevista, se detuvo de forma inesperada. Pasaron unos segundos y Mevoli no se movía. Al cabo de un rato, inició la ascensión, volvió a pararse, se dio la vuelta y se forzó a bajar hasta la bandeja que había al final de la cuerda. Quince apneístas, jueces y sanitarios que esperaban en la cubierta, en la superficie, se estremecieron. Sabían que era una decisión temeraria. Mevoli agarró una etiqueta de la bandeja a setenta y dos metros y subió nadando a lo largo de la cuerda.

De alguna forma, aún estaba consciente cuando llegó a la superficie. Hizo un gesto de OK e intentó completar el protocolo de superficie diciendo: «Estoy bien». Pero no le salieron las palabras. Segundos después, perdió el conocimiento. Los trabajadores sanitarios arrastraron el cuerpo inconsciente de Mevoli hasta la plataforma de salto e iniciaron las maniobras de reanimación. Salía sangre por la boca de Mevoli. La frecuencia cardíaca se le había acelerado. Quince minutos después, perdió el pulso, y los sanitarios le cortaron el traje de neopreno y empezaron a hacer compresiones con fuerza sobre su pecho. Le inyectaron adrenalina. Los intentos de reanimación siguieron durante casi noventa minutos. Luego lo metieron en una camioneta y lo llevaron a un hospital cercano, donde los trabajadores de emergencias continuaron la reanimación y un médico le extrajo casi un litro de líquido de los pulmones. Poco después, se certificó la muerte de Mevoli.

Era la primera muerte en veintiún años de historia de las competiciones de apnea sancionadas por la AIDA. Buyle estaba triste y a la vez furioso.

Tras el fallecimiento del apneísta, Buyle publicó una carta abierta en Nektos.net, su página web, en la que explicaba cómo la nueva generación de buceadores deportivos se había desconectado del mar, de ellos mismos y de la verdadera naturaleza del buceo a pulmón.

Buyle mencionaba que él había tardado diez años en acostumbrar el cuerpo y había tenido que hacer inmersiones constantes para llegar a las profundidades a las que Mevoli se sumergía tras solo un año y medio. Los nuevos buceadores iban demasiado lejos, demasiado deprisa y estaban saltándose lo que Buyle llamaba «la fase de adaptación necesaria para sobrevivir a una inmersión profunda». También se ponían en situaciones de riesgo grave. «Al final empezó a preocuparme que pudiera ocurrir algún accidente grave», escribía Buyle. Esos buceadores, decía, «se estaban buscando problemas de forma deliberada».

La muerte de Nicholas Mevoli apareció en la prensa internacional. Tres días después de recibir el correo de Buyle, me pidieron que hiciera unas declaraciones sobre la tragedia para la cadena Al Jazeera. Al día siguiente, estuve en el programa *Weekend Edition* de la National Public Radio de Estados Unidos. En los dos años desde que había conocido el buceo en apnea, de alguna forma me había convertido en una autoridad en la materia. Eso era halagador, pero al mismo tiempo me parecía absurdo. Había asistido únicamente a dos competiciones de apnea, pero con eso ya había asistido a dos más que la mayoría de los periodistas. Y, sin lugar a dudas, había visto lo suficiente para tener una opinión formada. Por encima de todo, quería dejar las cosas claras.

Lo que dije en declaraciones a la NPR y a Al Jazeera y al resto de la prensa, padres, amigos y apneístas recreativos que me llamaron y me escribieron esa semana —y lo que he intentado explicar con la mayor claridad posible en este libro— era que la apnea deportiva era algo totalmente distinto del buceo en apnea que yo había investigado y practicado.

La mayoría de los apneístas deportivos no observan el entorno oceánico por el que descienden, no lo perciben y lo desconocen. Actúan contra los instintos de su cuerpo, ignoran sus límites y explotan sus reflejos anfibios hasta unos extremos críticos. Y lo hacen para sumergirse un poco más que el tipo que lo intenta después. Algunas veces llegan a la profundidad que se proponían; otras no. A veces salen a la superficie inconscientes o paralizados, o peor.

El buceo en apnea que aprendí de Prinsloo, Buyle, Schnöller, Gazzo y las ama era lo contrario de ese enfoque egocéntrico y obsesionado por las cifras. Para ese grupo, bucear a pulmón consistía en conectar con el entorno subacuático, fijarse con mayor detenimiento en tu alrededor, centrarte en tus sensaciones e instintos, respetar tus límites y dejar que el océano te abrazara: y no forzarte nunca a llegar a alguna parte sin motivo. Se trataba de una práctica espiritual, una forma de usar el cuerpo humano como un vehículo para explorar las maravillas del espacio interior de la Tierra.

Y el buceo en apnea también era una herramienta. A mis profesores les concedía un acceso al océano que nadie más tenía. Con esa herramienta, ese grupo contribuía a rebatir muchas antiguas suposiciones sobre el océano y sus habitantes. (Los cachalotes no quieren devorarnos; los delfines intentan hablarnos; los tiburones pueden ser dóciles y juguetones cuando nos acercamos a ellos en sus condiciones.) Ese grupo también contribuía a hacer descubrimientos de mayor calado que algún día podrían tener un efecto significativo en la forma en que vemos la vida en la Tierra y cuál es nuestro lugar en ella.

¿Cuándo y qué sabremos con certeza? Si la historia nos ha de servir de guía, la teoría de Schnöller sobre la comunicación holográfica y con clics tardará años, o quizá décadas, en ser demostrada o refutada. Ese el caso siempre de los grandes descubrimientos científicos que cambian el paradigma.

Hasta los años ochenta, unos veinte años después de los experimentos de Friedrich Merkel con los petirrojos europeos, los científicos no demostraron la existencia de la magnetorrecepción. El abogado experto en patentes Günter Wächtershäuser trabajó en secreto durante una década hasta que su teoría del mundo de hierro-azufre se demostró y obtuvo apoyo y respeto científico. Y así sucesivamente.

Me doy cuenta de que la idea de hablarle a un delfín o la de intercambiar imágenes tridimensionales con cachalotes parecen una locura. Sin duda, a mí me sonaba a chifladura cuando empecé este proyecto, y aún quiero sacar mis notas cuando estoy charlando con un desconocido sobre el tema, solo para estar armado hasta los dientes con datos reales.

Sin embargo, la realidad es que no tenemos tiempo para dudar de Schnöller o de las otras personas que exploran las profundidades. El océano está cambiando. Los mares van subiendo. El coral está muriendo y es probable que dentro de cincuenta años haya desaparecido por completo. A mar abierto, abundan los peligros medioambientales —vertidos de petróleo, desechos, contaminación acústica, residuos nucleares, etcétera— y todo ello, al menos en parte, está matando cachalotes, delfines y especies que ni siquiera sabemos que existen. Cada año se matan cien millones de tiburones en los océanos del mundo. Podría ser que esos animales se hubieran extinguido antes de que tengamos siquiera la oportunidad de comprenderlos del todo.

Y, aprendamos lo que aprendamos sobre ellos, eso nos va a llevar, sin lugar a dudas, de vuelta a nosotros mismos.

Durante los últimos dos años, se me ha hecho evidente que todavía no sabemos quiénes somos. Y ahora esa verdad es como una campana que no deja de sonar dentro de mis oídos.

La oí por primera vez, de una forma muy clara, en Sri Lanka.

Era el último día que estábamos juntos en aquella lancha desvencijada; Schnöller y Prinsloo llevaban discutiéndose desde el amanecer, la temperatura había alcanzado los cuarenta y tres grados y se vislumbraban por todas partes señales de educado motín. Estábamos flotando en las aguas profundas del cañón de Trincomalee y nos habíamos dado hasta el mediodía para ver cachalotes. Llegó el mediodía. Ni rastro de cachalotes. Y tampoco veíamos tierra. Nada más que aguas calmas en todas direcciones, y sol.

Yo propuse que nadásemos un poco. Lo dejaremos todo en la cubierta, añadí, cámaras, itinerario, estrategias, planes y conversaciones. Bucearíamos juntos y punto, solo esta vez, única y exclusivamente porque parecía algo divertido. Todo el mundo estuvo de acuerdo. Nos pusimos los trajes de baño y saltamos al agua, uno detrás de otro.

Poco después, todos habían desaparecido y habían cruzado las puertas de las profundidades y más allá.

Tomé aire, me apreté la nariz con los dedos, me incliné y me zambullí para juntarme con ellos. Primero vi a Guy Gazzo. Estaba aprovechando la flotabilidad neutra, con los dedos entrelazados detrás de la cabeza como si estuviera echando una siesta en una tumbona imaginaria. Schnöller extendió todo su cuerpo a mi lado y se puso a girar dibujando círculos horizontales imprecisos como un bastón arrojado. Por debajo de ellos, a unos siete pisos de la superficie, Prinsloo y su novio, Marshall, trazaban dobles hélices nadando uno alrededor del otro hasta que todos se desvanecieron entre las sombras.

«¿Qué somos?», pensé para mis adentros. Y, con cada respiración que aguanto, sigo preguntándomelo.

Agradecimientos

Hace dos años, estaba sentado en la proa de un velero con los pies colgando mientras escribía a toda prisa en un cuaderno intentando describir la tensión, el entusiasmo, el horror y la profundidad de las competiciones de apnea. Al final del primer día de competición, lo único que tenía eran algunos nombres, tiempos y citas. Solo datos. Después de seguir un campeonato de buceo en apnea, no sabía qué decir; y, por tanto, tampoco qué escribir.

Esa noche, Alex Heard, mi editor en la revista *Outside*, me llamó para preguntarme cómo iba el encargo. Recuerdo que murmullé algo parecido a que «el buceo en apnea es como estar en el espacio, pero se hace en el agua; es como volar, pero estás sumergiéndote. Es lo más..., lo peor..., lo mejor..., lo más sangriento». Supongo que cuando colgó Alex estaría más confuso de lo que estaba antes de la llamada. Pero, a lo largo de las siguientes semanas, me ayudó a poner mis impresiones en palabras. El artículo resultante, publicado en el número de marzo de 2012, fue el desencadenante de este libro. Estoy muy agradecido a Alex y al equipo de *Outside* por mandarme diez días a Grecia a cubrir una competición deportiva sobre la que no sabía nada.

Hacer trabajo de campo es duro. Hacer trabajo de campo en el mar es más duro. Hacer trabajo de campo a varios kilómetros de la costa de un país en vías de desarrollo en una barca destartalada con un grupo de investigadores aficionados con un presupuesto limitado utilizando equipamiento de fabricación casera para estudiar a los mayores depredadores del océano, a menudo roza el suicidio. El hecho de que nadie sufriera ninguna lesión grave durante la escritura de este libro da fe de la espectacular capacidad de improvisación de los equipos con los que he tenido la suerte de compartir el último año y medio. O tal vez solo haya sido suerte.

Gracias, Fabrice Schnöller, Hanli Prinsloo y Fred Buyle, por dejarme entrar en vuestro mundo acuático. Gracias por decir cosas como que «los delfines suelen ser afables, pero a veces podrían intentar violarte» y luego decirme a gritos que me metiera en el agua... con delfines. Gracias por mentirme cuando dijisteis que no había tiburones en la playa en la que acabábamos de bucear. Gracias por agarrarme del brazo y arrastrarme agua abajo para que unos cachalotes me traqueteasen los huesos. Gracias por no reíros de mi francés más de tres veces al día. Sin vuestra insistencia persistente, dudo que me hubiera zambullido nunca.

Aunque había vivido cerca del océano toda mi vida, no sabía casi nada de lo que sucedía bajo la superficie. Decenas de amables, pacientes y brillantes científicos que estudian el mar me ayudaron a alumbrar el camino hacia las profundidades más oscuras. Respondieron a mis correos, me devolvieron las llamadas, se pasaron horas explicándome cosas que tardé meses en comprender del todo. Y lo hicieron por nada más que una pobre remuneración verbal que solía contener expresiones como «Superútil», «¡Oh! ¡Magnífico!» o «Esto es fantástico». Me refiero a Stan Kuczaj, de la Universidad de Misisipí Meridional; a Saul Rosser, de Advanced Diving Systems; a Alan Jamieson, de la Universidad de Aberdeen; a Fabienne Delfour, de la Universidad de París; a Robert Vrijenhoek, del Instituto de Investigación del Acuario de la Bahía de Monterey; a Bart Shepherd, de la Academia de las Ciencias de California; a John Bevan, de Submex, y a Douglas Bartlett y Paul Ponganis, de la Institución de Oceanografía Scripps. Y, por último —y no quiero que se me olvide—, al inteligente y brutal Kim McCoy, de Ocean Sensors, que compartió conmigo su larguísima lista de contactos y sus décadas de experiencia oceánica un montón de veces. (Quedar con Kim te sale barato: invítale a un expreso en una cafetería del centro de La Jolla y te contará cualquier cosa que quieras saber, todo ello deprisa y corriendo.)

Hay una fina línea entre revisar un texto y reescribirlo. Afortunadamente para mí, Danielle Svetcov, de la Agencia Literaria Levine Greenberg, cruzó esa línea muchas veces cuando yo más lo necesitaba. Una agente literaria que te coge el teléfono es un regalo. Una que sabe cómo revisar es un tesoro. Pero ¿qué calificativo merece una que no se acuesta hasta las tres de la madrugada porque está releyendo decenas de páginas de borradores de capítulos que hay que mandar a la editorial a la mañana siguiente y hace esto no una vez, ni dos, sino un montón de veces? ¿Y que lo hace con una alegría insobornable? ¿Y que, aun así, te devuelve las llamadas al día siguiente? Para mí una persona así es de aúpa. Gracias, Danielle Svetcov. Y ahora, por favor, duerme un poco.

Si reuniéramos toda la tinta de todos los agradecimientos de todos los libros publicados durante las dos últimas décadas que elogiaban el ingenio letal, la pericia editorial y la erudición filosófica de Eamon Dolan y extendiésemos esa tinta en un solo trozo de papel y colocásemos ese papel encima de la tierra, cubriría la superficie de Guyana. (Consulta un mapa y verás que Guyana es bastante grande, ocupa unos 215.000 kilómetros cuadrados.) Los rumores son ciertos: Eamon Dolan existe. Su apoyo persistente y paciente y sus consejos de experto fueron inquebrantables desde el comienzo, incluso durante las oscuras horas de lo que terminó siendo un arduo esprint hasta la línea de meta. Así que, ya lo tienes: más tinta. Muy previsible, ya lo sé, pero, por otro lado, muy merecido. (Gracias, Eamon: te prometo que no voy a usar nunca más las palabras *increíble* y *tremendo* para describir algo.)

¿Sale sangre disparada por los ojos, si no se lleva ninguna protección ocular, a una profundidad de 1.500 metros? ¿Cuánto tarda un pato en morir ahogado? ¿Qué sucede si meas dentro de un traje de buceo atmosférico? Esta clase de preguntas desagradables son las que llegaron al buzón de Julie Coombes día tras día durante la mayor parte de un año. Julie ayudó en la investigación histórica y científica de este libro y lo hizo con una imperturbable diligencia (una expresión que ella con acierto habría cambiado por «muy bien», en caso de que este texto hubiera caído en sus manos). Y me ahorró patinazos fácticos en un sinfín de ocasiones. Gracias, Julie Coombes, por tu buen humor y tus tarifas por hora, aún mejores.

Hay decenas de personas más que contribuyeron de formas menos directas en la investigación y la escritura de este libro. Algunas de ellas se convirtieron en personajes secundarios; otras me proporcionaron una información de gran valor; unas cuantas solo me invitaron a una cerveza de vez en cuando y me escucharon mientras me quejaba de la terrible selección de películas de los vuelos internacionales de United Airlines. Son Markus «Aguafiestas» Fix, Max Landes, Stig Severinsen, de Breatheology, Bertrand Denis,

Captain Jose, Steven Keating, del MIT Media Lab, David Lang, de OpenROV, Marc Deppe, de Triton Submarines, Tad Panther y Adam Fisher. Daniel Crewe, de Profile Books (UK), me dio ánimos descaradamente al principio del proyecto e hizo unas modificaciones geniales al final. Gracias, Daniel.

También estoy muy agradecido por el apoyo y la profesionalidad con neutralidad suiza que me brindaron Emmanuel Vaughan-Lee y el equipo de Go Project Films. Esos tipos fueron los que sufrieron más en el episodio de los cachalotes en Sri Lanka, pero nunca se quejaron. A esta lista hay que añadir también a Jean-Marie Ghislain, cuyas fotografías subacuáticas son de las mejores que he visto nunca y cuyas finas habilidades en el arte belga de la diplomacia mantuvieron a flote nuestro viaje hacia las profundidades.

Las fotos impresionantes y sobrenaturales que aparecen en las páginas centrales de este libro son cortesía de Fred Buyle (nektos.net), Jean-Marie Ghislain (ghislainjm.com), Yann Oulia, Olivier Borde (olivierborde.tumblr.com) y Annelie Pompe (anneliepompe.com). *Merci les gens merveilleux qui sont français, belge, et ceux qui ne sont pas français!* («¡Gracias a las personas maravillosas que son francesas, belgas y a las que no son francesas!»)

Mientras busques todo esto por internet, pásate, por favor, por la página de Hanli Prinsloo, I Am Water (iamwater.co.za), y la de DareWin (darewin.org). Estas dos organizaciones emplean una estrategia práctica y de acción directa en la exploración y conservación oceánicas y, hasta la fecha, les funciona. Y lo hacen con el más limitado de los presupuestos limitados. Ponte en contacto con ellos si quieres involucrarte en estas cuestiones.

Will Cockrell, de *Men's Journal*, de algún modo convenció a su jefe de enviar a un escritor con el que nunca había colaborado a una isla de la que ninguno de los habíamos oído hablar para cubrir un proyecto que era muy probable que fracasara. Ese proyecto, SharkFriendly, fue el tema del artículo «The Shark Whisperer» [El hombre que susurraba a los tiburones], publicado en el número de junio de 2012 de *Men's Journal*. De no ser por Will, nunca habría ido a La Reunión y nunca habría conocido a Schnöller; es muy probable que los dos últimos años sumergiéndome en las profundidades no hubieran tenido lugar. Gracias, Will y equipo de *MJ*, por jugárosla. (Y a ti: no te dejes engañar por los relucientes aparatos y los tíos cachas que a veces salen en la portada: *Men's Journal* es una de las mejores revistas que existen.)

Si no te has dado cuenta todavía, bucear en apnea puede ser un pasatiempo peligroso y un deporte letal. Muchos apneístas se engañan para pensar que no es así. Por eso muchos mueren todos los años en accidentes que son fáciles de evitar. El método de calidad y sin tonterías que ofrecen Eric Pinon en Performance Freediving International y Ted Harty en Immersion Freediving me ha salvado la vida y se la han salvado a miles de apneístas novatos. Si quieres bajar a las profundidades, empieza por arriba. Fíjate en esos tipos. Y recuerda: conoce tus límites; nunca bucees solo; nunca pierdas el control.

Sin lugar a dudas, a William Trubridge no le parecerá bien este libro, y a mí, sin lugar a dudas, no me parece bien su forma de ver el buceo en apnea, pero aun así quisiera agradecerle las cinco horas que se pasó hablando conmigo en Grecia y dándome la inspiración para zambullirme.

¿Sabes ese friki que has visto despatarrado debajo de una hilera de sillas con una camiseta encima de la cara, durmiendo durante un trasbordo de diecisiete horas en el aeropuerto de Dubái? Pues yo fui ese tipo durante un año y medio. Ni que decir tiene que no estuve mucho en casa. Brent Johnson y Maile Sievert cuidaron de mi perro, Face, durante los meses en que no estuve. Amanda, de Amanda Bilecki Moler Acupuncture, arreglaba mi cuerpo destrozado cuando regresaba. Circle Community Acupuncture hacía que todo funcionase (gracias, Jenn, David y Melissa).

Mi madre me alertó hace siete años de que nunca dejase mi trabajo fijo. En eso estaba equivocada, pero ha tenido razón en muchas más cosas. Gracias, mamá. Te prometo que seguiré reenviando mis confirmaciones de itinerario de Kayak de cualquier viaje futuro.

Este libro se escribió entre encargos laborales en el espacio de cotrabajo de San Francisco The Writers' Grotto, varias cabañas de alquiler en Inverness, en California, y el escritorio de la segunda planta, entre los montones de libros de artes decorativas, de la biblioteca del Mechanics' Institute, en San Francisco.

Ĉi tiu libro estas dediĉita al tiuj,
kiuj klaki la Majstro Switch.

Este libro está dedicado a los que encienden el Interruptor General.

Notas

–20

1. Desde que se descubrió la freza anual en masa de los corales, en 1981, el fenómeno ha dejado a los científicos asombrados. El coral es un animal primitivo que carece de sentido de la vista o del oído, y, aun así, logra comunicarse con los demás corales de formas más sofisticadas que las nuestras.

En 2007, un grupo de investigadores australianos e israelíes intentó averiguar cómo. Descubrieron que el coral tenía un gen llamado CRY2 que le permitía detectar leves cambios de luz. Muchas plantas y animales, también los seres humanos, comparten ese gen, que está asociado con el control de los niveles de luz y la detección de leves cambios en los campos magnéticos. En los humanos, las proteínas del CRY2 ayudan a ajustar los ritmos circadianos del sueño y tal vez estén relacionados también con la depresión y los trastornos emocionales. Los corales usaban ese gen a modo de ojos, los más diminutos y primitivos que existen.

«Este gen concreto permite al coral detectar la luz azul y determinar en qué fase se encuentra la luna», explicó Bill Leggat, uno de los autores del estudio, en el número publicado el 22 de octubre de 2007 de la revista *Science*. Y, utilizando esos genes CRY2 —creían Leggat y los demás científicos—, los corales eran capaces de percibir el paso de las estaciones y, por tanto, ajustar su desove masivo a la luz concreta de un día concreto.

Los corales no tenían telepatía ni mucho menos; sencillamente reaccionaban a las señales del entorno y contaban los días.

Si bien aquello fue una epifanía para algunos, la teoría de Leggat no encajaba con muchos de los conocimientos del ámbito.

Por ejemplo, el artículo de Leggat no tenía en cuenta que los corales desovaban en sincronía incluso en ausencia de luz. Dicho de otro modo, un trozo de coral de una especie que no viera nunca la luz natural desovaría igualmente al mismo tiempo que otros corales que estuvieran a treinta metros o a cientos de kilómetros. Las personas que tienen acuarios en todo el mundo a menudo son testigos de este fenómeno.

Teorías aparte, en 2007, el simple hecho de que los corales tuvieran el gen CRY2 ya era algo relevante. Para Leggat y otros científicos, era un ejemplo de la estrecha vinculación de los humanos con los océanos e incluso con las formas más primitivas de animales que habitan en ellos.

«El CRY2 se preservó durante cientos de millones de años antes de que lo heredasen los corales cuando se desarrollaron hace unos doscientos cuarenta millones de años, y hoy en día sigue estando presente en los animales y los seres humanos actuales», dijo Leggat. Ove Hoegh-Guldberg, director de ciencias del mar de la Universidad de Queensland, dijo acerca del descubrimiento del CRY2: «Es un indicador de que los corales y los humanos son, de hecho, parientes lejanos, que comparten un antepasado común de hace mucho tiempo».

Al parecer, la conexión humana con el océano se extiende incluso a las masas crujientes de roca blanca que hay en el fondo marino.

−90

1. Los primeros experimentos sobre los reflejos anfibios de los animales los llevó a cabo veinte años antes el fisiólogo francés

Paul Bert. En los años setenta del siglo xix, Bert empezó a ahogar patos y pollos y a cronometrar cuánto tardaban en morir. De forma sistemática, los patos duraban entre siete y dieciséis minutos bajo el agua, mientras que los pollos solo sobrevivían durante tres minutos y medio. Desde una perspectiva científica, aquello no tenía mucho sentido. Los animales eran muy parecidos desde un punto de vista biológico —con el mismo volumen pulmonar, el mismo peso y el mismo sistema circulatorio— y, aun así, el agua parecía que prolongaba la vida de los patos, pero ahogaba los pollos más deprisa.

Bert siguió buscando respuestas en una serie de experimentos descabellados a los que llamó «muerte en recipientes cerrados», un ejercicio horrible pero revelador. Desangraba patos hasta que tenían el mismo volumen sanguíneo que los pollos y luego ahogaba a unos y otros para ver qué animales morían antes. (También en este caso, los pollos morían entre dos y tres veces más deprisa que los patos.) Metía gatitos recién nacidos en campanas de cristal, las cerraba herméticamente y luego cronometraba cuánto tardaban en morir. (Aguantaban con vida más o menos lo mismo que los gatos adultos cuando se les estrangulaba.) Extrajo sangre de un perro, lo mató, le introdujo un cable eléctrico por la boca y lo sacó por el ano, electrificó el cadáver y comprobó si los niveles de oxígeno cambiaban. (No lo hacían.) Orinó en varias botellas y expuso los recipientes a distintas presiones atmosféricas durante varios días. Los resultados fueron, en palabras de Bert, «completamente turbios, muy alcalinos y horriblemente asquerosos».

Después de seiscientos cincuenta experimentos, Bert había matado decenas de perros, gorriones, ratas, gatos, conejos, cachorros de gato, búhos, pollos y patos y se había ahorrado algunas idas a la letrina, pero no estaba más cerca de entender por qué los patos sobrevivían durante más tiempo bajo el agua que los pollos u otros animales. Lo que sí descubrió, no obstante, fue que respirar altas concentraciones de oxígeno podía producir una intoxicación por oxígeno (lo que más adelante se denominó efecto Paul Bert). El libro de mil cincuenta páginas *Barometric Pressure: Researches in Experimental Physiology* [La presión barométrica: Estudios sobre fisiología experimental] se convirtió en un clásico al instante cuando se publicó en 1878 y sentó las bases del submarinismo y de los vuelos a gran altitud en el siguiente siglo. Hoy en día, Bert está considerado el padre de la medicina aeroespacial.

2. A finales de los años sesenta, la investigación sobre la fisiología de los animales que se sumergen se volvió cada vez más estrafalaria. Y grotesca. Pero ninguno de los experimentos superó los de Robert Elsner, estudioso de la fisiología de los animales marinos. Entre los experimentos de Elsner, publicados en 1969 en el *Yale Journal of Biology and Medicine*, alguno consistía en abrir de un corte el vientre de ovejas preñadas para comprobar las respuestas de la madre y el feto a la asfixia. Elsner, junto con sus compañeros D. D. Hammond y H. R. Parker, también viajó a la Antártida y llevó a cabo experimentos similares con focas de Weddell. Lo que descubrieron fue que los fetos de oveja y de foca respondían a la asfixia de una forma parecida: se les reducía la frecuencia cardíaca y se desviaba sangre a los órganos vitales.

3. Puede acumularse nitrógeno en la sangre hasta alcanzar niveles peligrosos durante inmersiones muy profundas con la ayuda de pesos pesados o máquinas, o cuando un buceador desciende por debajo de los treinta metros varias veces a un ritmo rápido en el decurso de algunas horas. Los antiguos pescadores de perlas del sur del Pacífico que hacían entre cuarenta y sesenta inmersiones al día, a veces hasta más de cuarenta metros, sufrían una enfermedad grave llamada *taravana*, cuyos síntomas —mareo, entumecimiento, confusión visual— se parecían mucho a lo que más adelante se conocería como síndrome de descompresión. En los años setenta, el doctor Edward Lanphier mostró que el síndrome de descompresión podía evitarse con facilidad sumergiéndose a menor profundidad o permaneciendo el doble de tiempo en la superficie que el tiempo pasado bajo el agua: un

lapso suficiente para que el cuerpo eliminase las burbujas de nitrógeno de la sangre. (Véase <http://www.skin-diver.com/departments/scubamed/FreedivingCauseDCS.asp.>)

−200

1. Hasta la fecha, la electrorrecepción solo se ha medido en tiburones cuando están a muy poca distancia, a apenas un metro de sus objetivos. Los investigadores creen que los tiburones la emplean para orientar sus mandíbulas y que el ataque final sea preciso. Por ejemplo, en los últimos centímetros de un ataque, está documentado que los tiburones blancos repliegan sus ojos dentro de la cabeza para protegerlos y dejan que su sentido de la electrorrecepción los guíe. Véase <http://science.howstuffworks.com/zoology/marine-life/electroreception1.htm>.

2. Deutscher, *Through the Language Glass*.

3. De los estudiantes del grupo de control (los que no llevaban un imán encima), el 77 % señalaron en dirección a la casa con una precisión del 75 %, pero solo el 50 % de los que llevaban un imán señalaron en la dirección correcta. En ensayos posteriores se obtuvieron resultados parecidos. Véase Baker, *Human Navigation*, p. 52.

4. Hace unos diez años, unos investigadores de la Universidad de Ontario Occidental iniciaron una serie de ensayos para comprobar los efectos de campos magnéticos muy leves en el cerebro. Los datos de la mayoría de esos ensayos mostraron que los campos magnéticos muy leves tenían un efecto sistemático y a veces profundo en las áreas del cerebro que procesaban los pensamientos y sentidos inconscientes. En un ensayo, llevado a cabo en 2009, los investigadores analizaron los efectos de campos magnéticos muy leves en treinta y un voluntarios. Ese experimento estaba diseñado para identificar las áreas y mecanismos exactos del cerebro que se veían afectados por los campos magnéticos leves. Para hacerlo, los investigadores sometieron a to-

dos los voluntarios a una resonancia magnética mientras los empujaban con un palo caliente. A continuación, los investigadores dividieron a los voluntarios en dos grupos. En el grupo de control, repitieron el mismo experimento exacto sin ninguna modificación; en el otro grupo, expusieron a cada voluntario a un campo magnético de apenas doscientos microteslas (unidad de flujo magnético).

Ni el grupo de control ni el grupo expuesto declararon sentir ninguna diferencia entre los dos ensayos en el nivel de dolor infligido con el palo caliente. Sin embargo, los escáneres del grupo expuesto mostraron cambios significativos en las áreas del cerebro asociadas con el procesamiento del dolor (cíngulo anterior, ínsula, hipocampo). El cerebro del grupo expuesto al campo magnético leve procesó menos señales de dolor, a pesar de que los miembros de ese grupo no lo percibían de forma consciente.

Los resultados del estudio invitan a pensar que los efectos de los campos magnéticos leves no son patentes —es decir, no se perciben de forma consciente—, sino latentes. Dicho de otro modo, podrían afectar e influenciar las funciones cerebrales sin que nos diéramos cuenta.

El campo magnético de la Tierra oscila entre los veinticinco y los sesenta y cinco microteslas, unas cuatro veces menos que el campo que se utilizó en ese experimento. Nadie sabe, no obstante, si el sutil campo magnético de nuestro planeta sería suficiente para hacer que el cerebro humano percibiera la dirección. Sin embargo, los resultados del experimento fueron lo bastante significativos para que los investigadores de la Universidad de Ontario Occidental escribieran: «Puede que la magnetorrecepción sea más habitual de lo que se cree en la actualidad».

−245

1. Muchas personas culparon de la muerte de Mestre a Ferreras, su marido, que era el responsable de llenar la bombona de

oxígeno del lastre. Según un amigo cercano y compañero de buceo, Carlos Serra, Ferreras estaba celoso del éxito de su esposa y la pareja estaba al borde del divorcio. Serra y otras personas lanzaron la especulación de que Ferreras podría haber dejado vacía la bombona adrede. Algunos miembros de la tripulación incluso recordaban haber preguntado varias veces a Ferreras antes de la inmersión si había llenado la bombona, a lo que Ferreras respondió varias veces que sí. Aún hoy, muchos apneístas dan buena parte de la culpa de la muerte de Mestre a Ferreras. Ferreras siempre ha mantenido su inocencia. Las autoridades de la República Dominicana lo absolvieron de cualquier delito. Un año después del fallecimiento de Mestre, Ferreras hizo una inmersión en apnea sin límites hasta los 171 metros.

2. Irving descubrió que las focas de Weddell estaban tan adaptadas a sumergirse que parecían obtener oxígeno del agua cuanto mayor era la profundidad a la que nadaban. «A partir de esos relatos diversos, podemos concluir que ciertos mamíferos tienen una capacidad para resistir a la asfixia que supera de lejos la capacidad del hombre y, de hecho, supera la capacidad que esperaríamos sobre la base del oxígeno almacenado.»

3. Las investigaciones científicas posteriores que se realizaron durante el siglo XX no hicieron más que ahondar el misterio. Cuando el doctor Gito Terouka, uno de los directores del Instituto de las Ciencias del Trabajo de Japón, monitorizó las condiciones laborales en la costa sudeste de Japón, se quedó asombrado por la capacidad de buceo de las ama. Veía como un ama se sumergía a profundidades por debajo de los veinticinco metros durante dos minutos en cada inmersión. Incluso en invierno, las ama solo llevaban una fina falda de algodón, a pesar de que el agua del mar tenía una temperatura inferior a los diez grados. A Terouka, médico de profesión, aquello le parecía imposible. La presión a veinticinco metros era de unas dos veces y media superior a la de la superficie, suficiente para aplastar los órganos humanos y comprimir los pulmones. Además, las ama deberían haber sufrido hipotermia tras una hora practicando aquella acti-

vidad. Y, aun así, no les pasaba nada. Durante horas, todos los días, durante décadas, las ama se sumergían a profundidades extremas con temperaturas gélidas y gozaban, en su mayor parte, de una salud perfectamente buena. Algunas ama incluso seguían nadando agua abajo aun teniendo más de setenta y ochenta años. Terouka llevó a cabo varias pruebas a las ama. Las interrogó, las examinó y midió sus inhalaciones y exhalaciones antes y después de hacer inmersiones profundas con el objetivo de encontrar alguna pista de sus aparentes poderes anfibios. Su artículo «Die Ama und ihre Arbeit» [Las ama y su trabajo], publicado en alemán en 1932, fue el primer análisis científico sobre el buceo aguantando la respiración. Ofrecía más preguntas que respuestas. Y el mito de las ama no hizo más que crecer.

En los años cuarenta, los nazis, inspirados por el trabajo de Terouka, llevaron a cabo ensayos por su cuenta sobre la adaptabilidad del cuerpo humano bajo el agua. Reproduciendo las sesiones diarias de inmersión de las ama, los nazis sumergían víctimas desnudas en agua helada durante horas y monitorizaban los cambios moleculares, fisiológicos y conductuales que tenían lugar. Comprobaban el tiempo de recuperación arrojando a las víctimas directamente del agua helada a agua hirviente, con lo cual exponían a víctimas con hipotermia a un calor extremo, y les inyectaban sueros. Privaban de oxígeno a las víctimas hasta que se desmayaban, les hacían respirar una mezcla de gases, dióxido de carbono y otras sustancias. La mayor parte de los datos de esos experimentos monstruosos fueron destruidos posteriormente. Lo poco que quedó no es concluyente.

Quizá el descubrimiento de verdad fue lo que Terouka y los nazis no encontraron. No encontraron que las propias ama fueran especiales en ningún aspecto más allá de tener unos pulmones un poco más grandes que el promedio de las mujeres y un poco más de grasa para protegerse del agua fría. No encontraron ninguna anomalía genética ni ningún rasgo anfibio en su cuerpo. Era algo distinto por completo, un secreto que aún hoy los científicos solo están empezando a comprender del todo.

-305

1. A principios de los años cuarenta, Arthur McBride, un conservador de un parque marino de St. Augustine, en Florida, oyó hablar de esas investigaciones y empezó a sospechar que los delfines, cuyo comportamiento observaba muy a menudo a raíz de su trabajo, también podrían utilizar la ecolocalización. Llevó un registro detallado de sus observaciones durante una década, pero murió en 1950 antes de poder demostrar de forma categórica que los delfines también usaban la ecolocalización.

El psicólogo estadounidense Winthrop Kellogg continuó el trabajo de McBride. Cogió dos delfines y los metió en una piscina. En medio de la piscina, Kellogg había instalado una gran red con un agujero en cada extremo lo bastante grande para que cupiera un delfín. Kellogg observó cómo los delfines localizaban con facilidad los agujeros y nadaban deprisa de un lado al otro. A intervalos aleatorios, tapó uno de los agujeros con una pantalla de plexiglás claro, que era invisible bajo el agua. Kellogg movió la pantalla de un agujero al otro. Los delfines no tenían ni idea de qué agujero estaría tapado; bajo el agua, los dos agujeros tenían un aspecto idéntico. Y, aun así, escogieron la abertura en la que no había la pantalla noventa y ocho de cien veces.

Para Kellogg, esos experimentos demostraban que los delfines usaban algo distinto a la vista para orientarse y era probable que fuera la ecolocalización. Pero otros expertos se preguntaban si los delfines sencillamente tenían muy buena vista y podían ver un reflejo del plexiglás bajo el agua. En 1960, Kenneth Norris, un zoólogo de la Universidad de California en Los Ángeles demostró la ecolocalización de los delfines de una vez por todas.

Construyó un laberinto de tubos verticales en una piscina, separados unos de otros solo unos pocos metros. A continuación, trajo un delfín y le colocó unas ventosas encima de los ojos. Esas ventosas eran una venda eficaz, pues tapaban por completo la vista del animal. Norris soltó al delfín con los ojos vendados de forma temporal a la piscina. El animal nadó raudo por el agua y esquivó con habilidad los tubos. Entonces Norris echó un pez al laberinto. El delfín nadó al instante por entre los tubos, localizó el pez y se lo comió. Durante los cincuenta y ocho experimentos, el delfín de los ojos vendados no chocó con ninguno de los tubos. Norris había demostrado no solo la existencia, sino también la extraordinaria precisión de la ecolocalización de los delfines.

2. Lilly dijo acerca del experimento: «Pueden estar hablando con silbidos y con secuencias de chasquidos, con los silbidos y los chasquidos desfasados del todo entre ellos. Pueden estar usando el silencio del intercambio de silbidos con el intercambio de chasquidos y llenando los silencios del intercambio de chasquidos con el intercambio de silbidos, en esto cada uno es educado a su manera. Así pues, una pareja de delfines hablando puede sonar como dos parejas de delfines hablando, una intercambiando chasquidos y la otra intercambiando silbidos». (Véase Lilly y Miller, «Vocal Exchanges Between Dolphins».)

3. Mientras Kuczaj y yo picamos unos cruasanes y esperamos a que llegue el resto de la tripulación, él sigue poniéndome al corriente de la desafortunada historia de la investigación sobre el lenguaje de los delfines. En torno a la misma época en que Lilly abrió el CRI, la Marina estadounidense contrató a tres científicos para que colaborasen con el Centro Militar Subacuático Naval de Estados Unidos con el objetivo de crear una máquina que pudiera traducir el lenguaje humano a los silbidos de los delfines y viceversa. Lo bautizaron como el Proyecto de Comunicación Hombre/Delfín. En 1964, el equipo del proyecto, dirigido por el doctor Dwight Wayne Batteau, catedrático de Física e Ingeniería mecánica en la Universidad Harvard, llevaba a cabo ensayos con dos delfines, Puka y Maui, en un laboratorio secreto en Hawái. La máquina, llamada traductor hombre-delfín, funcionaba así: Batteau pronunciaba una palabra en inglés delante de un micro y la señal acústica del micrófono traducía la palabra a un silbido de delfín equivalente, que luego se retransmitía por un altavoz subacuático dentro de una piscina ubicada

fuera del laboratorio. Cuando Puka y Maui respondían, el traductor funcionaba al revés: procesaba el silbido y lo convertía en la palabra inglesa equivalente.

Patrick Flanagan, uno de los científicos que trabajaba con Batteau, afirmaba que el traductor hombre-delfín podía procesar treinta y cinco palabras compartidas entre delfines y humanos. Con el vocabulario aprendido, Puka y Maui eran capaces de elaborar frases sencillas y responder a preguntas. Flanagan predijo que, al cabo de diez años, el equipo crearía un vocabulario compartido de quinientas palabras. En 1967, el equipo terminó las investigaciones y estaba preparando un informe final. Escribieron que el proyecto había logrado establecer comunicación verbal entre humanos y delfines, y Batteau insistía en que el proyecto iba a continuar y que se ampliaría el vocabulario compartido. Sus declaraciones fueron noticia en todo el país, y Harvard invitó a Batteau a dar una conferencia sobre sus investigaciones. Por desgracia, antes de que se presentase el informe, encontraron muerto a Batteau en una playa cerca de su casa. El dictamen del forense dijo que la causa del deceso era asfixia por ahogamiento. Para algunas personas, aquello era sospechoso; Batteau era un nadador excelente y gozaba de un perfecto estado de salud. El Centro Militar Subacuático Naval de Estados Unidos canceló el Proyecto de Comunicación Hombre/Delfín y clasificó todos los archivos. La mayoría de los documentos sobre los proyectos han desaparecido.

Patrick Flanagan, quien en 1961 fue reconocido por la revista *Life* como «uno de los cien hombres y mujeres jóvenes más importantes de Estados Unidos», se puso a estudiar el poder místico de las pirámides. Ahora vende crema facial y un aditivo para el agua llamado Crystal Energy que afirma que convierte el agua del grifo en un elixir que puede mejorar la salud y la longevidad. Sus vídeos de YouTube tienen cientos de miles de visualizaciones.

En los años ochenta, dos científicos de la Academia de las Ciencias de Rusia, con sede en Moscú, afirmaron haber identificado más de 300.000 unidades de comunicación compartidas por los delfines. En un informe, el investigador principal, Vladímir I. Markov, escribió que los delfines intercambiaban información por medio de un amplio abanico de señales acústicas, parecidas a una lengua tonal como el cantonés. Esas señales se organizaban como un lenguaje humano y contenían fonemas, que los delfines combinaban para formar sílabas, luego palabras y por último frases completas. Los delfines, decía Markov, tenían un alfabeto que constaba de cincuenta y un sonidos pulsados y nueve silbidos tonales naturales. La publicación, en 1990, de su artículo «La organización del sistema de comunicación del *Tursiops truncatus montagu*» no fue un gran éxito. El año siguiente se disolvió la Unión Soviética y se canceló la financiación para los proyectos de comunicación de Markov. El propio Markov desapareció del mapa.

En las últimas tres décadas, se ha apropiado de la investigación sobre la comunicación de los delfines el movimiento New Age. Hay sitios web que hacen afirmaciones espurias y dicen que la ecolocalización de los delfines puede curar la depresión crónica, hacer revertir el síndrome de Down y corregir varias enfermedades degenerativas. Las sesiones de natación guiadas por delfines se han convertido en un negocio multimillonario, a pesar de que la investigación sobre la comunicación de los delfines se ha vuelto un aspecto científico marginal.

Los pocos investigadores válidos de este ámbito se ven forzados a menudo a trabajar fuera de las instituciones académicas o públicas y tienen que obtener financiación por su cuenta. No son muchos los que se toman la molestia de hacerlo. Uno de ellos es la doctora Denise Herzing, una bióloga marina que lleva dos décadas estudiando los delfines. Durante los últimos quince años, se ha pasado seis meses todos los años en las Bahamas intentando crear un nuevo traductor delfín-inglés. En 2011, incorporó la ayuda de unos ingenieros expertos en inteligencia artificial del Instituto de Tecnología de Georgia. El prototipo del sistema, llamado Cetacean Hearing and Telemetry (CHAT), hasta la fecha ha fracasado en todos sus ensayos en el laboratorio y sobre el terreno.

4. En 2010, Jack Kassewitz, un científico aficionado experto en delfines de Florida, afirmó que había demostrado la comunicación holográfica grabando un delfín que usaba la ecolocalización con respecto a un objeto triangular y luego reproduciendo la grabación a otro delfín, que reconoció de inmediato la señal y fue a coger el objeto triangular del fondo marino. Kassewitz aún no ha publicado detalles de su experimento ante la comunidad científica. Un investigador con el que hablé rechazó su trabajo calificando a Kassewitz como un «soñador New Age bienintencionado».

-760

1. Nadie puede ponerse de acuerdo en el número real de especies que quedan por descubrir en el océano —ni en la tierra— porque nadie lo sabe. Las cifras que he dado aquí proceden de *The Deep*, de Claire Nouvian, y de una presentación de 2012 que dio Bruce Robison, director del departamento de investigación del Instituto de Investigación del Acuario de la Bahía de Monterey. Un estudio de 2011 publicado en PLOS Biology (<http://www.plosbiology.org/article/info:doi/10.1371/journal.pbio.1001127>) sugiere que hay solo entre quinientas mil y un millón de especies por descubrir en los océanos, descontando virus y bacterias (que son casi imposibles de contar). El Censo de Investigadores de la Vida Marina (<http://www.sciencedaily.com/releases/2011/08/110823180459.htm>) sostiene que hay 6,5 millones de especies en tierra firme (un 86 % de las cuales están por descubrir) y que el porcentaje de esas especies en profundidades inferiores a los novecientos metros se desconoce, sobre todo porque los humanos han investigado menos de un 1 % de esa área. En promedio, entre un 50 y un 90 % de los organismos que se sacan con redes procedentes de profundidades por

debajo de los novecientos metros son especímenes no identificados y, en la mayoría de los casos, son organismos nuevos para la ciencia.

−3.050

1. Pero el tamaño no lo es todo. Hay varios factores que influyen en la inteligencia, por ejemplo la complejidad del córtex o la presencia de ciertas células cerebrales, como las células fusiformes. Puesto que la mayor parte del cerebro de un animal se dedica a supervisar las funciones corporales, en los años sesenta los científicos afirmaron que una forma más precisa de evaluar la inteligencia era considerar la proporción del cerebro respecto a la masa corporal. La idea es que cuanto mayor es la masa corporal de un animal, más cerebro necesitará para desempeñar sus funciones corporales; entonces, es probable que la masa sobrante —una vez ejercidas las funciones corporales— se utilice para funciones cognitivas superiores y, por tanto, podría ser un indicador de mayor inteligencia. El cálculo que diseñaron para comparar el cerebro respecto a la masa corporal se denominó cociente de encefalización (CE). Un CE de 1 significa que el animal tiene un tamaño cerebral medio respecto a la masa corporal que controla. Los humanos tienen el CE más alto, de alrededor de 7. Eso hace que el cerebro humano sea unas siete veces mayor de lo que sería previsible atendiendo al tamaño de su cuerpo. Nuestros primos los chimpancés tienen un CE de cerca de 2,5. Los perros no obtienen tan buenos resultados, con un CE de 1,7. Los gatos presentan un CE de 1: justo la media. Mientras que los delfines hocico de botella obtienen un impresionante 4,2 (el segundo cociente más alto de todos los animales), los cachalotes sacan un pésimo 0,3: aproximadamente un 30% de lo que se esperaría encontrar en un animal de sus dimensiones. El mismo CE que un conejo.

Sin embargo, hay investigaciones más recientes que sugieren

que el CE no es una forma tan adecuada para evaluar la inteligencia potencial como el tamaño cerebral total y las formas en que ha evolucionado el cerebro de un animal. Los que critican el CE hacen referencia a animales como el tiburón ballena, que puede alcanzar una longitud de doce metros y un peso de hasta veintiuna toneladas y, aun así, cuenta con un cerebro de treinta y seis gramos, lo que le confiere un CE de tan solo 0,45. Y, por otro lado, están los pájaros, que tienen unos cerebros pequeñísimos pero han demostrado tener unas funciones cognitivas extraordinarias, entre ellas la comunicación y el uso de herramientas. Otros animales, como las medusas, no tienen cerebro, pero saben cazar, aparearse y desenvolverse en entornos con una presión extrema.

Cuando hablé con Stan Kuczaj sobre los méritos del CE, él lo resumió diciendo: «Sencillamente no sabemos cómo funciona el cerebro lo bastante bien para hacer ninguna de esas suposiciones a partir de ninguna de esas ecuaciones a día de hoy».

2. http://www.newscientist.com/article/dn10661-whales-boast-the-brain-cells-that-make-us-human.html.

3. Si bien los chirridos se usan estrictamente para la ecolocalización desde distancias cortas, por lo común dentro de un área de unos cientos de metros, la ecolocalización estándar y los chasquidos sociales pueden extenderse decenas o cientos de kilómetros. Los clics lentos y de baja frecuencia de los cachalotes pueden incluso desplazarse de un extremo del planeta a otro a lo largo del llamado canal SOFAR, una profundidad de entre 600 y 1.200 metros en la que el sonido puede viajar grandes distancias sin disiparse. Es el mismo efecto que hablar por una lata atada a otra con un cordel.

En los años cincuenta, la Marina estadounidense sumergió hidrófonos hasta el canal SOFAR para escuchar submarinos enemigos distantes. Además de oír ruido de submarinos, los ingenieros empezaron a detectar unos extraños gemidos, que bautizaron como el Monstruo Jezebel, en honor al proyecto de vigilancia de espionaje de submarinos confidencial que llevaban a cabo. No era un monstruo ni mucho menos, sino las vocalizaciones de ballenas azules y rorcuales comunes. Al parecer, las ballenas usaban el canal SOFAR para mantener el contacto entre ellas desde cientos o incluso miles de kilómetros de distancia.

Décadas después, en los años noventa, un grupo internacional de científicos colaboró para construir un telescopio gigante y sumergirlo más de 2.400 metros por debajo de la superficie del océano, delante de la costa de Tolón, en Francia. El telescopio, llamado Antares, se diseñó para detectar los neutrinos, unas partículas subatómicas que los científicos creían que podían ayudar a entender los agujeros negros y la materia oscura. Cuando se puso en funcionamiento el Antares en 2008, lo primero que detectó no fueron neutrinos, sino cantos de ballena. Resultó que las ballenas habían evolucionado de tal forma que transmitían vocalizaciones por las profundidades del océano a la misma longitud de onda supereficiente que posibilita a las partículas subatómicas recorrer millones de kilómetros a través del espacio exterior.

4. Por si sirve de algo (es probable que no de mucho para la mayoría de vosotros), el relato de la leyenda de Hussey, que ahora ya tiene siglos de historia, no se corresponde con los hechos históricos. Los historiadores sostienen que, según los archivos, en esa época, «Christopher Hussy» habría sido o un niño de seis años o hubiera llevado veinte años muerto. Sospechan que el Hussey de la leyenda fue probablemente uno de los nietos de Christopher. Pero nadie lo sabe con certeza.

5. Ellis, *The Great Sperm Whale.*

6. Estas cifras proceden del documental de 2005 *A Life Among Whales* [Una vida entre ballenas] (IndiePix Films, 2009).

Bibliografía

Anderson, Kelly, «Inside Windfall Films' 'Sperm Whale'», Realscreen.com, 5 de agosto de 2011, <http://realscreen.com/2011/08/05/insidewindfall-films-sperm-whale/>.

Ashcroft, Frances, *Life at the Extremes: The Science of Survival*, Berkeley, University of California Press, 2000.

—, *The Spark of Life: Electricity in the Human Body*, Nueva York, W. W. Norton, 2012.

Baker, Robin, «Human Navigation and Magnetoreception: The Manchester Experiments Do Replicate», *Animal Behaviour* 35, 3 (1987), pp. 691-704.

—, *Human Navigation and the Sixth Sense*, Nueva York, Simon and Schuster, 1981.

Bartle, Elinor, «The Secrets of the Deep», *Mar-Eco*, último acceso 2013, <http://www.mar-eco.no/learning-zone/backgrounders/chemistry/The_Secrets_of_the_Deep>.

Begley, Sarah, «The Deepest Dive», *TheDailyBeast.com*, 23 de julio de 2013, <http://www.thedailybeast.com/witw/articles/2013/07/23/no-limits-espn-s-nine-for-ix-explores-the-tragic-tale-of-freediver-audrey-mestre.html>.

Bert, Paul, *Barometric Pressure: Researches in Experimental Physiology*, Durham (Carolina del Norte), Undersea Medical Society, 1978.

Bevan, John, *The Infernal Diver: The Lives of John and Charles*

Deane, Their Invention of the Diving Helmet, and Its First Application, Hampshire (Reino Unido), Submex Ltd., 1996.

Boyle, Rebecca, «Divers Attempt to Communicate with Dolphins Using a Two-Way Translation Device», *Popular Science*, 9 de mayo de 2011, <http://www.popsci.com/science/article/2011-05/dolphin-rosetta-stone-could-enable-two-way-communication-between-dolphins-and-humans>.

Braconnier, Deborah, «Sperm Whales Have Individual Personalities», *PhysOrg.com*, 16 de marzo de 2011, <http://phys.org/news/2011-03-spermwhales-individual-personalities.html>.

Branch, John, Adam Skolnick, William Broad y Mary Pillon, «A Diver's Rise, and Swift Death, at the Limits of a Growing Sport», *The New York Times*, 18 de noviembre de 2013.

Broad, William J., *The Universe Below: Discovering the Secrets of the Deep Sea*, Nueva York, Touchstone, 1997.

Bryner, Jeanna, «Dolphins 'Talk' Like Humans, New Study Suggests», *Livescience.com*, 7 de septiembre de 2011, <http://www.livescience.com/15928-dolphins-whistles-talk-humans.html>.

Bulbeck, Chilla, *Facing the Wild: Ecotourism, Conservation, and Animal Encounters*, Nueva York, Routledge, 2004.

«Bull Shark (*Carcharhinus leucas*)», *Arkive*, <http://www.arkive.org/bull-shark/carcharhinus-leucas/>.

Clapham, Philip, «Mr. Melville's Whale», *AmericanScientist.org* (reseña), 2011, <http://www.americanscientist.org/bookshelf/pub/mr-melvilles-whale>.

Connor, Steve, «A Million Species of Animals and Plants Live in the Ocean Say Scientists», *Independent.co.uk*, 15 de noviembre de 2012, <http://www.independent.co.uk/news/science/a-million-species-of-animalsand-plants-live-in-the-ocean-say-scientists-8320295.html>.

Cranford, Ted, «Faculty Profile», Universidad Estatal de San

Diego — Biología, último acceso 2013, <http://www.spermwhale.org/SDSU/cranford.html>.

Cromie, William, «Meditation Changes Temperatures: Mind Controls Body in Extreme Experiments», *Harvard University Gazette Archives*, 2002, <http://news.harvard.edu/gazette/2002/04.18/09-tummo.html>.

Deutscher, Guy, *Through the Language Glass: Why the World Looks Different in Other Languages*, Nueva York, Picador, 2011.

Discovery News, artículo que cita la revista *Current Biology*/Marine Register people, <http://news.discovery.com/animals/whales-dolphins/marine-species-unknown-121115.htm>.

Dolin, Eric J., *Leviathan: The History of Whaling in America*, Nueva York, W. W. Norton, 2008.

«The Dominica Sperm Whale Project», *thespermwhaleproject.org*, último acceso 2013, <http://www.thespermwhaleproject.org/>.

Downey, Greg, «Getting Around by Sound: Human Echolocation», *PLOS Blogs: Neuroanthropology*, 14 de junio de 2011, <http://blogs.plos.org/neuroanthropology/2011/06/14/getting-around-by-sound-humanecholocation/>.

Ellard, Colin, *You Are Here: Why We Can Find Our Way to the Moon but Get Lost in the Mall*, Nueva York, Doubleday, 2009.

Ellis, Richard, *The Great Sperm Whale: A Natural History of the Ocean's Most Magnificent and Mysterious Creature*, St. Lawrence, University Press of Kansas, 2011.

Elsner, Robert, «Cardiovascular Defense Against Asphyxia», *Science* 153, 3739 (1966), pp. 941-949.

—, «Circulatory Responses to Asphyxia in Pregnant and Fetal Animals: A Comparative Study of Weddell Seals and Sheep», *Yale Journal of Biology and Medicine* 42, 3/4 (1969), pp. 202-217.

— y Brett Gooden, *Diving and Asphyxia*, Nueva York, Cambridge University Press, 1983.

«Embryos Show All Animals Share Ancient Genes», *Discovery News*, 2013, <http://news.discovery.com/animals/ancient-genes-embryos.html>.

Ferretti, Guido, «Extreme Human Breath-Hold Diving», *European Journal of Applied Physiology* 84, 4 (2001), pp. 254-271.

Finkel, Michael, «The Blind Man Who Taught Himself to See», *Mensjournal.com*, marzo de 2011, <http://www.mensjournal.com/magazine/the-blind-man-who-taught-himself-to-see-20120504>.

Gambino, Megan, «A Coral Reef's Mass Spawning», *Smithsonian.com*, 2009, <http://www.smithsonianmag.com/arts-culture/A-Coral-Reefs-Mass-Spawning.html#ixzz1sEz3mD7z>.

«Giant Amoebas Discovered 6 Miles Deep», *CBS News — Our Amazing Planet*, 2011, <http://www.cbsnews.com/8301-205_162-20124830/giant-amoebas-discovered-6-miles-deep/>.

Goldenberg, Suzanne, «Planet Earth Is Home to 8.7 Million Species, Scientists Estimate», *TheGuardian.com*, 23 de agosto de 2011, <http://www.theguardian.com/environment/2011/aug/23/species-earth-estimate-scientists>.

Gregg, Justin, «Dolphins Aren't As Smart As You Think», *Wall Street Journal Online — Life and Culture*, 18 de diciembre de 2013, <http://online.wsj.com/news/articles/SB10001424052702304866904579266183573854204>.

Hagmann, Michael, «Profile: Gunter Wachterhauser Between a Rock and a Hard Place», *Science* 295 (2002), pp. 2006-2007, <http://www.nytimes.com/1997/04/22/science/amateur-shakes-up-ideas-on-recipe-for-life.html?pagewanted=all&src=pm>.

Hansford, Dave, «Moonlight Triggers Mass Coral 'Romance'», *National Geographic News*, 2007, <http://news.nationalgeographic.com/news/2007/10/071019-coral-spawning.html>.

Herman, L. M., «Seeing Through Sound: Dolphins (Tursiops Truncatus) Perceive the Spatial Structure of Objects Through Echolocation», *Journal of Comparative Psychology* 112, 3 (1998), pp. 292-305.

Hoare, Philip, «The Cultural Life of Whales», *TheGuardian.*

com, 2010, <http://www.guardian.co.uk/science/2011/jan/30/whales-philip-hoare-hal-whitehead>.

—, *Leviathan or The Whale*, Londres, Fourth Estate, 2008.

Hughes, Howard C., *Sensory Exotica*, Cambridge (Massachusetts), MIT Press, 1999.

«Humans and Gills», *Ask a Scientist!* DOE Office of Science, 2012, <http://www.newton.dep.anl.gov/askasci/bio99/bio99850.htm>.

Irving, Laurence y Scholander, P. F., «The Regulation of Arterial Blood Pressure in the Seal During Diving», *American Journal of Physiology* 135, 3 (1942), pp. 557-566.

Johnsen, Sonke y Kenneth Lohmann, «Magnetoreception in Animals», *Physics Today*, marzo de 2008, pp. 29-35.

Kaharl, Victoria, *Water Baby*, Oxford, Oxford University Press, 1990.

Kemp, Christopher, *Floating Gold: A Natural (and Unnatural) History of Ambergris*, Chicago, University of Chicago Press, 2012.

Klimley, Pete, «Electroreception in Fishes: The Sixth Sense», *Biotelemetry* UC Davis, último acceso 2013, <http://biotelemetry.ucdavis.edu/papers/WFC121_Electroreception.pdf>.

Lang, T. G. y H.A.P. Smith, «Communication Between Dolphins in Separate Tanks by Way of an Electronic Acoustic Link», *Science* 150, 3705 (1965), pp. 1839-1844.

Langdon, J. H., «Umbrella Hypothesis and Parsimony in Human Evolution: A Critique of the Aquatic Ape Hypothesis», *Journal of Human Evolution* 33, 4 (1997), pp. 479-494.

Layton, Julia, «How Does the Body Make Electricity — and How Does It Use It?», *Science.howstuffworks.com*, último acceso 2013, <http://science.howstuffworks.com/life/human-biology/human-body-makeelectricity1.htm>.

Lilly, J. C. y A. M. Miller, «Vocal Exchanges Between Dolphins», *Science* 134 (1961), pp. 1873-1876.

Lilly, John C., *Communication Between Man and Dolphin: The*

Possibilities of Talking with Other Species, Nueva York, Crown, 1978.
—, «Critical Brain Size and Language», *Perspectives in Biology and Medicine* 6 (1963), pp. 246-255.
—, *Man and Dolphin*, Nueva York, Doubleday, 1961.
—, *The Mind of the Dolphin: A Nonhuman Intelligence*, Nueva York, Doubleday, 1967.
Lindholm, Peter y Claes E. G. Lundgren, «The Physiology and Pathophysiology of Human Breath-Hold Diving», *Journal of Applied Physiology* 106 (2009), pp. 284-292.
«The Living Sea», *Oceans Alive*, último acceso 2013, <http://legacy.mos.org/oceans/life/index.html>.
Martinez, Dolores, *Identity and Ritual in a Japanese Diving Village: The Making and Becoming of Person and Place*, Honolulu, University of Hawai'i Press, 2004.
Marx, Robert F., *Deep, Deeper, Deepest: Man's Exploration of the Sea*, Flagstaff, Best Publishing, 1998.
Matsen, Brad, *Descent: The Heroic Discovery of the Abyss*, Nueva York, Vantage, 2005.
«Meet Jonathan Gordon», *Nature: Sperm Whales — the Real Moby Dick*, último acceso 2013, <http://www.pbs.org/wnet/nature/spermwhales/html/gordon.html>.
Milius, Susan, «Moonless Twilight May Cue Mass Spawning», *ScienceNews.org*, 2011, <https://www.sciencenews.org/article/moonless-twilight-may-cue-mass-spawning>.
Mind Matters, «Are Whales Smarter Than We Are?», *Scientific-American.com*, 15 de enero de 2008, <http://www.scientificamerican.com/blog/post.cfm?id=are-whales-smarter-than-we-are>.
«Moby Dick's Boom Box: Sound Production in Sperm Whales», *Ocean Portal, Smithsonian Museum of Natural History* (vídeo en el sitio web), 2013, <http://ocean.si.edu/ocean-videos/moby-dicks-boom-box-sound-production-sperm-whales>.
Mora, Camilo y Derek P. Tittensor, «How Many Species

Are There on Earth and in the Ocean?», *PLOSBiology*, 23 de agosto de 2011, <http://www.plosbiology.org/article/info:doi/10.1371/journal.pbio.1001127>.

Morelle, Rebecca, «'Supergiant' Crustacean Found in Deepest Ocean», *BBC News Science and Environment*, 2 de febrero de 2012, <http://www.bbc.co.uk/news/science-environment-16834913>.

Morgan, Elaine, «Elaine Morgan: I Believe We Evolved from Aquatic Apes», *TED.com* (vídeo de una conferencia TED), 2009, <http://www.ted.com/talks/elaine_morgan_says_we_evolved_from_aquatic_apes.html>.

Morgan, Kendall, «A Rocky Start: Fresh Take on Life's Oldest Theory», *Science News* 163, 17 (26 de abril de 2003), p. 264.

Mueller, Ron y Arek Piątek, «Beyond the Possible: Herbert Nitsch», *Red Bulletin*, 5 de marzo de 2013, <http://www.redbull.com/cs/Satellite/en_US/Article/Freediver-Herbert-Nitsch-featured-in-April-2013-Red-Bulletin-magazine-021243322097978>.

«Muscular Problems in Children with Neonatal Diabetes Are Neurological, Study Finds», *Science Daily Science News*, 4 de julio de 2010, <http://www.sciencedaily.com/releases/2010/07/100701145525.htm>.

Nouvian, Claire, *The Deep*, Chicago, University of Chicago Press, 2007.

O'Hanlon, Larry, «Giant Whale-Eating Whale Found», *Discovery News — Dinosaurs*, 30 de junio de 2010, <http://news.discovery.com/animals/giantwhale-fossil.html>.

Palmer, Jason, «Human Eye Protein Senses Earth's Magnetism», *BBC News Science and Environment*, junio de 2011, <http://www.bbc.co.uk/news/science-environment-13809144>.

Pellizari, Umberto y Stefano Tovaglieri, *Manual of Freediving*, Nápoles (Italia), Idelson-Gnocchi, 2004.

Peralta, Eyder, «Researchers Find That Dolphins Call Each Other by 'Name'», *The Two-Way: Breaking News from NPR* (blog), 20 de febrero de 2013, <http://www.npr.org/blogs/thetwoway/2013/02/20/172538036/researchers-find-that-dolphins-call-each-other-by-name>.

PRAGER, Ellen, *Chasing Science at Sea*, Chicago, University of Chicago Press, 2008.

—, *Sex, Drugs, and Sea Slime*, Chicago, University of Chicago Press, 2011.

RAHN, H. y Tetsuro Yokoyama, *Physiology of Breath-Hold Diving and the Ama of Japan*, Washington (DC), Oficina de Investigación Naval, 1965.

RAVILLOUS, Kate, «Humans Can Learn to 'See' with Sound, Study Says», *Nationalgeographic.com*, 6 de julio de 2009, <http://news.nationalgeographic.com/news/pf/35464597.html>.

Registro Oceánico, noviembre de 2012, <http://www.independent.co.uk/news/science/a-million-species-of-animals-and-plants-live-in-the-ocean-say-scientists-8320295.html>.

REYNOLDS, V. y Machteld Roede, *Aquatic Ape: Fact or Fiction?: Proceedings from the Valkenburg Conference*, Londres, Souvenir Press, 1991.

RICH, Nathaniel, «Diving Deep into Danger», *New York Review of Books*, febrero de 2013, <http://www.nybooks.com/articles/archives/2013/feb/07/diving-deep-danger/?pagination=false>.

ROBERTSON, John A., «Low-Frequency Pulsed Electromagnetic Field Exposure Can Alter Neuroprocessing in Humans», *Journal of the Royal Society Interface* 7, 44 (2010), pp. 467-473.

ROSENBAUM, Martin, «A Hunt for the Mysterious Beasts of the Deep (pódcast)», *NPR Books: All Things Considered Author Interviews*, 21 de febrero de 2010, <http://www.npr.org/templates/story/story.php?storyId=123898001>.

SCHMIDT-NIELSEN, Knut, *A Biographical Memoir: Per Scholander, 1905-1980*, Washington (DC), Academia Nacional de las Ciencias, 1987.

SCHOLANDER, P. F., «The Master Switch of Life», *Scientific American* 209, 6 (1963), pp. 92-106.

Seedhouse, Erik, *Ocean Outpost: The Future of Humans Living Underwater*, Nueva York, Springer Praxis Books, 2010.

Severinsen, Stig Åvall, *Breatheology*, Nápoles, Idelson-Gnocchi, 2010.

Shaefer, K. E., «Pulmonary and Circulatory Adjustments Determining the Limits of Depths in Breath-Hold Diving», *Science* 162, 3857 (1969), pp. 1020-1023.

Shubin, Neil, *Your Inner Fish: A Journey into the 3.5-Billion-Year History of the Human Body*, Vantage, Nueva York, 2008.

—, *«Your Inner Fish» Lecture*, Universidad de Chicago, último acceso 2013, <http://tiktaalik.uchicago.edu/downloads/YourInnerFishLecture.ppt.pdf>.

Siebert, Charles, «Watching Whales Watching Us», *The New York Times Magazine*, 2009.

Skolnick, Adam, «A Deep-Water Diver from Brooklyn Dies after Trying for a Record», *The New York Times*, 17 de noviembre de 2013.

Smith, Hugh M., «The Pearl Fisheries of Ceylon», *National Geographic* 23, 1 (1912), pp.173-194.

Staaf, Danna, «Whales & Squid: Three Million Battles a Day», *Science 2.0: Squid a Day*, 21 de julio de 2013, <http://www.science20.com/squid_day/whales_squid_three_million_battles_day-116823>.

Stromberg, Joseph, «How Human Echolocation Allows People to See Without Using Their Eyes», *Smithsonianmag.com*, 2013, <http://blogs.smithsonianmag.com/science/2013/08/how-human-echolocation-allows-people-to-see-without-using-their-eyes/>.

Summers, Becky, «Science Gets a Grip on Wrinkly Fingers», *Nature.com*, 9 de enero de 2013, <http://www.nature.com/news/science-gets-a-grip-on-wrinkly-fingers-1.12175>.

3-D Human Body, primera edición en Estados Unidos, Nueva York, DK Children, 2011.

Touroka, Gito, «Die Ama und ihre Arbeit», *Arbeitsphysiologie* 5 (1932), pp. 239-251.

«Two-Thirds Marine Species Remain Unknown», *Discovery News*, 13 de diciembre de 2012, <http://news.discovery.com/animals/whalesdolphins/marine-species-unknown-121115.htm>.

«Underwater Exploration Timeline», *University of Wisconsin Sea Grant Institute*, 2001, <http://www.seagrant.wisc.edu/madisonjason11/timeline/index_4500BC.html>.

Verhoeven, Daan, «Freediving: Breaching the Surface of the Body's Capabilities», *The Guardian*, 16 de septiembre de 2013.

Viegas, Jennifer, «Dolphins: Second-Smartest Animals?» *Discovery News*, 2010, <http://news.discovery.com/animals/whales-dolphins/dolphins-smarter-brain-function.htm>.

—, «Dolphins Talk Like Humans», *Discovery News*, 6 de septiembre de 2011, <http://news.discovery.com/animals/dolphin-talk-communication-humans-110906.html>.

Wade, Nicholas, «Amateur Shakes Up Ideas on Recipe for Life», *The New York Times*, 22 de abril de 1997, <http://www.nytimes.com/1997/04/22/science/amateur-shakes-up-ideas-on-recipe-for-life.html?pagewanted=all&src=pm>.

—, «Experiment Backs Up Novel Theory on Origin of Life», *The New York Times*, 25 de agosto de 2000, <http://www.nytimes.com/2000/08/25/us/experiment-backs-novel-theory-on-origin-of-life.html>.

Wagner, Eric, «The Sperm Whale's Deadly Call», *Smithsonianmag.com*, diciembre de 2011, <http://www.smithsonianmag.com/science-nature/The-Sperm-Whales-Deadly-Call.html>.

«The Water in You», *USGS Water Science School*, última modificación 9 de agosto de 2013, <http://ga.water.usgs.gov/edu/propertyyou.html>.

«Whale Shark Specialty Student Manual SPC 641», *Georgia Aquarium* (junio de 2013), p. 10.

Whitlow, W. L., *The Sonar of Dolphins*, Nueva York, Springer, 1993.

Yong, Ed., «Humans Have a Magnetic Sensor in Our Eyes, but Can We Detect Magnetic Fields?», *DiscoverMagazine.com*, 21 de junio de 2011, <http://blogs.discovermagazine.com/notrocketscience/2011/06/21/humans-have-a-magnetic-sensor-in-our-eyes-but-can-we-see-magnetic-fields/#.Usy2S2RDvxq>.

Yopak, K. E. y L. R. Frank, «Brain size and Brain Organization of the Whale Shark, Rhincodon typus, Using Magnetic Resonance Imaging», *Brain, Behavior, and Evolution* 74, 2 (2009), 121-142.